Dissertationes Botanicae   Band 311

Hans Jürgen Böhmer

Vegetationsdynamik im Hochgebirge unter dem Einfluß natürlicher Störungen

mit 78 Abbildungen und 2 Tabellen

J. CRAMER in der Gebrüder Borntraeger Verlagsbuchhandlung
BERLIN · STUTTGART 1999

Anschrift des Verfassers:

Hans Jürgen Böhmer
Institut für Geographie
Friedrich-Alexander-Universität Erlangen-Nürnberg
Kochstr. 4

91054 Erlangen

Alle Rechte, auch das der Übersetzung, des auszugsweisen Nachdrucks, der Herstellung von Mikrofilmen und der photomechanischen Wiedergabe, vorbehalten.

∞ Gedruckt auf alterungsbeständigem Papier nach ISO 9706-1994

© 1999 by Gebrüder Borntraeger, D-14129 Berlin, D-70176 Stuttgart
Printed in Germany by strauss offsetdruck gmbh, D-69509 Mörlenbach

ISSN 0070-6728
ISBN 3-443-64223-3

*Allen,
die zum Gelingen beitrugen,
und ganz besonders
Susanne*

Inhaltsverzeichnis

Vorwort 5

A Theoretische Grundlagen 7
  1   Zur allgemeinen Theorie der Vegetationsdynamik 7
  1.1   Aspekte der Sukzession 9
  1.1.1 Progressive und retrogressive Sukzession 9
  1.1.2 Primär- und Sekundärsukzession 10
  1.1.3 Endogene und exogene Sukzession 11
  1.1.4 Die Klimax - der homogene Endzustand der Sukzession? 11
  1.1.5 Normalität, Zeit und Stabilität 13
  1.2   Lebensstrategien als biotische Mechanismen der Vegetationsdynamik ... 16
  2   Konzepte zu exogener und endogener Dynamik 18
  2.1   Das Konzept der „natürlichen Störungen" 18
  2.1.1 Der Begriff „Störung" 18
  2.1.2 Betrachtungsmaßstäbe 20
  2.2   Das Mosaik-Zyklus-Konzept 22
  2.2.1 Das Mosaik-Zyklus-Konzept nach REMMERT 22
  2.2.2 Zur Abgrenzung des Mosaik-Zyklus-Begriffes 24
  2.3   Zur Bedeutung beider Konzepte für den Lebensraum „Hochgebirge" ... 30

B Konzeption und Methoden 33
  1   Konzeptionelle Grundlagen 33
  1.1   Die Wahrnehmung von Mustern 34
  1.2   Die Bestimmung der Vorgänge 36
  1.3   Die Ermittlung zugrundeliegender Mechanismen 37
  1.3.1 Natürliche Störungen als grundlegende Mechanismen der Dynamik ... 37
  1.3.2 Lebensstrategien als grundlegende Mechanismen der Dynamik ... 38
  2   Die verwendeten Methoden 39
  2.1   Methoden der Datenerhebung 39
  2.1.1 Grundlegendes 39
  2.1.2 Auswahl der Probeflächen und Aufnahmedesign 39
  2.1.3 Erhobene Daten 39
  2.2   Methoden der Datenauswertung 40
  2.2.1 Dateneingabe 40
  2.2.2 Synoptischer Tabellenvergleich 40
  2.2.3 Univariate und multivariate statistische Methoden 40
  2.3   Sonstige Methoden 41
  2.3.1 Dendroökologie 41
  2.3.2 Bodenuntersuchungen 42

C Vegetationsdynamik ausgewählter Ökosysteme 43
  1   Ökosystem „Krummseggenrasen" 43
  1.1   Zum Forschungsstand der Vegetationsdynamik in Rasen 43
  1.2   Das Untersuchungsgebiet 44
  1.2.1 Lage und Abgrenzung 44
  1.2.2 Klima 46
  1.2.3 Geologie 46
  1.2.4 Geomorphologie 47
  1.2.5 Böden 49
  1.2.6 Nutzung 49
  1.2.7 Die aktuelle Vegetation im Einzugsgebiet des Glatzbaches 50
  1.2.8 Rezente natürliche Störungsregime und ihre Wirkungsweise 54
  1.3   Untersuchungsfläche und Aufnahmedesign 56

1.4	Ergebnisse	57
1.4.1	Arteninventar	58
1.4.2	Dominanzmuster	58
1.4.3	Mikrosoziologie	70
1.4.4	Diversität	72
1.5	Diskussion	74
1.5.1	Vegetationsdynamik	74
1.5.2	Verhaltenstypen	77
2	Ökosystem „Windheide"	81
2.1	Was ist eine „Windheide"?	81
2.2	Zum Forschungsstand der Vegetationsdynamik in ericoiden Heiden	81
2.3	Das Untersuchungsgebiet	83
2.3.1	Lage und Abgrenzung	83
2.3.2	Klima	85
2.3.3	Geologie	85
2.3.4	Geomorphologie	86
2.3.5	Böden	86
2.3.6	Nutzung	86
2.3.7	Die aktuelle Vegetation der waldfreien Hochlagen	88
2.4	Untersuchungsflächen und Aufnahmedesign	91
2.5	Ergebnisse	91
2.5.1	Böden	91
2.5.2	Arteninventar	95
2.5.3	Dominanzmuster	97
2.5.4	Mikrosoziologie	102
2.5.5	Diversität	106
2.6	Diskussion	111
2.6.1	Vegetationsdynamik	111
2.6.2	Verhaltenstypen	114
3	Ökosystem „Subalpiner Lärchenwald"	117
3.1	Zum Forschungsstand der Vegetationsdynamik in Wäldern	117
3.2	Das Untersuchungsgebiet	118
3.2.1	Lage und Abgrenzung	118
3.2.2	Klima	118
3.2.3	Geologie	120
3.2.4	Geomorphologie	120
3.2.5	Böden	123
3.2.6	Nutzung	123
3.2.7	Die aktuelle Vegetation im Vorfeld des Lys-Gletschers	123
3.3	Untersuchungsflächen und Aufnahmedesign	127
3.4	Ergebnisse	134
3.4.1	Arteninventar	134
3.4.2	Waldentwicklung	134
3.4.3	Mikrosoziologie	136
3.4.4	Diversität	143
3.5	Diskussion	145
3.5.1	Vegetationsdynamik	145
3.5.2	Verhaltenstypen	152
D	**Vergleichende Betrachtung, Schlußfolgerungen und Ausblick**	153
E	**Zusammenfassung**	159
F	**Literaturverzeichnis**	161

Vorwort

> „I don´t think I´ve had a single truly creative idea in my entire life. I swipe things from other people. I hope you´ll do the same; but it´s what you swipe that counts, not just the swiping."
>
> Frank E. Egler 1983

Nein, entliehen ist bei weitem nicht alles in dieser Arbeit, und auch Frank Egler dürfte obige Selbstbezichtigung nicht ohne Augenzwinkern vorgenommen haben. Aber die Schlüsselfragen des vorliegenden Versuches berühren ein so weites Themenfeld, daß die schon vorhandene theoretische Wissensfülle durch einen sehr individuellen Trampelpfad erschlossen mußte. Dessen Verlauf hing bei aller Umsicht auch von Zufällen und persönlichen Vorlieben ab. So ergab sich eine Auswahl von Konzepten, die teilweise erst durch Interpretationen zu einer brauchbaren Basis für die Untersuchung verknüpft werden konnten.

Gegenstand meiner Ausführungen ist die Vegetation der Alpen. In diesem humiden Hochgebirge sind die Ökosysteme in besonderer Weise exogenen Einflüssen ausgesetzt. Trotz der zahlreichen vegetationskundlichen Arbeiten im Gebiet entbehren viele Phytozönosen des Alpenraumes aber noch immer einer Darstellung, die Organismen und abiotische Umwelt gleichermaßen berücksichtigt und deren enge Beziehungen ausreichend würdigt. Im Rahmen des DFG-Projektes „Mosaik-Zyklus-Modelle hochdynamischer Lebensgemeinschaften des Alpenraumes" wurde versucht, das Zusammenleben von Pflanzen und einige hierfür entscheidende Faktoren auf neue Weise zu beleuchten.

Als Forschungsobjekte dienten alpine Rasen, subalpin-alpine Zwergstrauchgesellschaften und subalpiner Wald. Anhand dieser Formationen wurde der Frage nachgegangen, welche Bedeutung die An- oder Abwesenheit natürlicher Störungen für den floristischen und strukturellen Aufbau hochgebirgstypischer Pflanzengemeinschaften hat. Als vielversprechender theoretischer Ansatz zur Trennung endogener und exogener Vegetationsdynamik erschien dabei das Mosaik-Zyklus-Konzept, das mit seiner Betonung endogener Dynamik dem Konzept der natürlichen Störungen gegenübergestellt werden konnte. Natürlich können durch ein einzelnes Forschungsprojekt nur winzige Ausschnitte pflanzlichen Zusammenlebens im Hochgebirge eingehend untersucht werden. Doch bereits die hieraus gewonnenen Erkenntnisse ermutigen uns zu weiteren Schritten auf dem eingeschlagenen Weg... .

Ich möchte mich an dieser Stelle bei allen Personen und Institutionen bedanken, die bei der Umsetzung des Forschungsvorhabens und der Entstehung dieses Buches mitgewirkt haben. Der erste Rang gebührt dabei den Geldgebern: der „Deutschen Forschungsgemeinschaft (DFG)" für die dreijährige Projektförderung, meinen „Mäzenen" Johanna und Karl Heinz Plack für die Übernahme der Druckkosten sowie der „Dr. Dr. Richard Zantner-Busch-Stiftung" für einen Reisekostenzuschuß.

Der persönliche Einsatz und die stete Gesprächsbereitschaft des Projektleiters Prof. Dr. Uwe Treter ermöglichten einen raschen und reibungslosen Fortgang der Arbeiten. Auch vielen weiteren Kollegen am Erlanger „Institut für Geographie" schulde ich Dank für Hilfestellungen und anregende Diskussionen, namentlich Prof. Dr. Michael Richter, Prof. Dr. Werner Bätzing, Dr. Andreas Stützer, Dr. Thomas Sokoliuk, Dipl.-Geogr. Irmgard Brixy und Dipl.-Biol. Martin Sommer.

Wesentliche Horizonterweiterungen verdanke ich dem Nürnberger „Institut für angewandte ökologische Studien" (IFANOS), hier vor allem Dipl.-Biol. Florian Bemmerlein-Lux, Dr. Roland Lindacher sowie Dr. Hagen S. Fischer. Dipl.-Biol. Andrea Lux danke ich insbesondere für zahlreiche „helpful comments" zum Manuskript. Kartographisches Know-how vermittelte das „Ingenieurbüro für Kartographie Spachmüller" in Schwabach.

Prof. Dr. Hermann Remmert (Marburg), Prof. Dr. Giovanni Mortara (Turin), Prof. Dr. Gerhard Hard (Osnabrück), Dr. Kurt Jax (Jena) und Dr. Urs Weber (Basel) halfen mir auf schriftlichem Wege weiter. Besonders herzlich danke ich Prof. Dr. Dieter Mueller-Dombois (Honolulu) für die freundliche Unterstützung. Den mittlerweile vollendeten Diplom-Geographen Hermann Bösche, Verena Loibl, Mignon Ramsbeck und Stefan Rausch danke ich für ihre engagierte und kompetente Mitarbeit im Gelände und bei der Datenauswertung.

Außerhalb des Wissenschaftsbetriebes erfuhr ich in den Untersuchungsgebieten wertvolle Unterstützung von

– den Forstbehörden der Region Aosta, vor allem dem „Assessorato all´Agricultura, alle Foreste e all´Ambiente Naturale" in Quart
– meiner über alle Maßen hilfsbereiten Dolmetscherin Heidi Munscheid (Fontainemore/Turin)
– Rudolph und Henrike Caspari (Fontainemore/Stuttgart)
– den Menschen im Valle di Gressoney, besonders Willi Monterin (D´Eyola), Familie Arese (Fontainemore/Turin) und Familie Murer (Issime)
– Alfred Sobian (Knappenberg/Kärnten) und Christian Oberlohr (Kals/Osttirol).

Ferner bedanke ich mich herzlich bei Alexander, Angelika, Anke, Babsi, Bernhard, Hartmut, Helde, Jenny, Jutta, Martina, Mirjam, Norbert, Oliver, Red, Stefan, Uta, Wolfgang und meinen Eltern für logistische, fachliche und moralische Unterstützung

und bei Susanne, meinem steten und geduldigen Rückhalt in schwerer Zeit.

Erlangen, im September 1998   Hans Jürgen Böhmer

A Theoretische Grundlagen

> „Eine normal gebaute Wahrheit wird nun einmal 12, 15, höchstens 20 Jahre alt; dann fängt sie an, eine Lüge zu werden."
>
> Friedrich Kummer (1908)

Vorbemerkung

Natürlich müßte im einleitenden Kapitel einer Arbeit, die zahlreiche Aspekte der Geobotanik berührt, von vielen essentiellen Ansätzen und deren Urhebern die Rede sein. Wenn manche dieser Namen und Theorien hier gänzlich oder zumindest vorläufig unerwähnt bleiben, hat dies zweierlei Gründe: Erstens ist die Fragestellung der vorliegenden Arbeit so vielschichtig, daß die Wiedergabe von Inhalten, die anderswo nachzulesen sind oder nicht unmittelbar den Kern der Fragestellung betreffen, auf das absolut notwendige Mindestmaß beschränkt bleiben muß; zweitens ist die Literaturfülle auch zu vermeintlichen Spezialgebieten am Ende des Zwanzigsten Jahrhunderts so unüberschaubar geworden[1] (vgl. u. a. KRETSCHMER & FOECKLER 1991), daß ein Anspruch auf vollständige Berücksichtigung aller möglicherweise relevanten Publikationen nicht mehr realistisch ist. Und sollte tatsächlich eine vollständige Materialsammlung zusammengestellt werden können (sofern ein Konsens über „Vollständigkeit" überhaupt zu erzielen ist) - eine umfassende Auswertung der Inhalte ist im Rahmen herkömmlicher Projektspannen nicht zu leisten. Dies ist eine bittere und deshalb oft tabuisierte Wahrheit, ihr Leugnen aber garantiert nur den Fortgang des Wissenschaftsbetriebes, keinesfalls den Erkenntnisgewinn. Ich halte es für meine Pflicht, auf diese Rahmenbedingungen hinzuweisen und nehme lediglich für mich in Anspruch, *nach bestem Wissen* alle für meine Arbeit wesentlichen Beiträge berücksichtigt zu haben.

1 Zur allgemeinen Theorie der Vegetationsdynamik

Belebte wie unbelebte Systeme sind einem räumlichen und zeitlichen Wandel unterworfen. Selbst im Falle dauerhaft gleichförmiger Strukturen von Lebensgemeinschaften ergibt sich schon aus individuellen Vorgängen wie „Geburt", „Wachstum" und „Tod" eine unvermeidliche Dynamik. Diese Erkenntnis mag banal erscheinen, doch selbstverständlich ist ihre Berücksichtigung in vegetationskundlichen Arbeiten nicht. Dort steht eher die Abgrenzung handhabbarer Vegetationseinheiten im Vordergrund des Bemühens. TREPL (1994: 162) veranschaulicht diese Problematik sehr treffend, wenn er schreibt, für die Pflanzenökologie sei „... die Gesellschaft in gewisser Weise das Primäre: Man sieht den Wald *vor* den Bäumen." So gewinnt

---

[1] nach GLENN-LEWIN & VAN DER MAAREL (1992: 11) spricht MILES (1987) von einer gewaltigen Literaturfülle zum Themenkomplex „Vegetationsdynamik", in der die „allgemeine Verwirrung um den Forschungsgegenstand" zum Ausdruck komme

man auch bei Durchsicht neuerer Veröffentlichungen bisweilen den Eindruck, das Erscheinungsbild mancher Pflanzengesellschaften sei als etwas geradezu zeitloses anzusehen, vor allem dann, wenn die Lebenszyklen strukturell bedeutsamer Arten vergleichsweise lange währen. Die so suggerierte, oft nur relativ zur menschlichen Lebenserwartung existierende Beständigkeit erweist sich offensichtlich mitunter als Hemmschwelle auf dem Weg zu einem dynamischen Verständnis pflanzlicher Lebensgemeinschaften.

Dennoch reicht die Wahrnehmung der „Vegetationsdynamik" weit in die Vergangenheit. KERNER VON MARILAUNS „Das Pflanzenleben der Donauländer" (1863) oder WARMINGS „Lehrbuch der ökologischen Pflanzengeographie" (1896) sind hier als Pioniertaten zu nennen, und wahrscheinlich gibt es noch ältere Quellen, die das Themenfeld berühren[2]. Die erste mir bekannte Arbeit, die sich explizit mit dynamischen Phänomenen der Pflanzendecke beschäftigt, ist die von Henry C. COWLES (1899), der an Dünen eine fortwährende dynamische Wechselwirkung zwischen der Vegetation und geomorphologischen Prozessen (und damit einen kontinuierlichen Wandel der Pflanzendecke) beobachtete. Bedeutende Meilensteine sind auch die Arbeiten von SERNANDER (1936), der die Windwurf-Dynamik in Fichtenwäldern Upplands (Schweden) beschrieb[3], und AUBREVILLES Mosaik-Studien in westafrikanischen Wäldern (1938).

Die Initialzündung für eine breiteres Interesse an der „Fleckendynamik" bzw. der internen Dynamik von Pflanzengemeinschaften lieferte erst der TANSLEY-Schüler Alexander Stuart WATT (1892-1985) mit seinem 1947 publizierten Aufsatz „Pattern and process in the plant community". Diesem Werk hatte WATT u. a. den bereits 1923 erschienenen Beitrag „On the ecology of British beechwoods with special reference to their regeneration" vorausgeschickt. Derlei Überlegungen konnten aber offensichtlich erst im Verlauf der ökologischen Zeitenwende um 1950 (vgl. TREPL 1994) fruchtbaren Boden finden. VAN DER MAAREL (1996: 19) resümiert, WATT habe damit ein Konzept eingeführt, das irgendwann als „patch dynamics" geläufig wurde und spätestens seit Mitte der 1980er Jahre (vgl. PICKETT & WHITE 1985) zu einem populären Forschungsgegenstand geworden ist. Dies mag einerseits zwar stimmen, ist andererseits aber mißverständlich, da im Zentrum der Untersuchungen WATTS eher die natürliche zyklische Regeneration als Ausdruck einer vorwiegend endogenen Dynamik stand, heute unter „patch dynamics" aber sehr allgemein jegliche Veränderung von Mustern in der Vegetation und inzwischen sogar Tierpopulationen bzw. -gemeinschaften (z. B.

---

2) McCOOK (1994) z. B. erwähnt THOREAUS „The succession of forest trees" (1860), KNAPP (1982b) zitiert DE SAINT HILAIRES „Tableau de la vègètation primitive dans la province de Minas Gerais" (1831)

3) wenngleich BRADSHAW & HANNON (1992) nachwiesen, daß im „Naturwald" von Fiby mindestens 2000 Jahre lang Waldweide stattfand und die kleinräumige, als natürlich postulierte Dynamik eher eine Folge der Nutzungsaufgabe sein dürfte

CONNELL & KEOUGH 1985) behandelt wird. Deshalb birgt VAN DER MAARELS Betrachtung der Aussagen WATTS im Kontext des gegenwärtigen „patch dynamics"-Begriffes und REMMERTS „Mosaik-Zyklus"-Konzeptes (u. a. 1992) die Gefahr einer unzulässigen Verallgemeinerung (vgl. JAX 1994a, BÖHMER 1997).

Gegenstand vegetationskundlicher Forschung ist im wesentlichen die Suche nach Mustern (bzw. Einheiten, Gruppen, etc.), die Beschreibung der Vorgänge, die zur Entstehung von Mustern führen, und die Erforschung der diese Vorgänge steuernden Mechanismen (vgl. ANAND 1994). Dem statischen Aspekt des Musters, dessen Wahrnehmung v. a. vom Betrachtungsmaßstab abhängt, ist ein späterer Abschnitt (B 1) gewidmet. Inhalt der folgenden Kapitel sind die Vorgänge, die in der Bildung von Mustern zum Ausdruck kommen, sowie pflanzliche Strategien und natürliche Störungen als Mechanismen. Weitere Typen der Vegetationsdynamik wie die bei DIERSCHKE (1994: 361) unterschiedenen (jahreszeitliche Rhythmik, Fluktuation und Vegetationsgeschichte) spielen dabei eine untergeordnete Rolle.

1.1 Aspekte der Sukzession

Sukzessionen, d. h. ein gerichteter Wandel der Artenzusammensetzung an einem bestimmten Ort im Laufe der Zeit (vgl. AGNEW et al. 1993), sind seit langer Zeit ein vielbeachteter vegetationskundlicher Forschungsgegenstand. In den letzten Jahrzehnten trat jedoch neben die üblicherweise deskriptiven Sukzessionsstudien eine eher mechanistisch orientierte Analyse der Vegetationsdynamik. Da beide Sichtweisen für die nachfolgenden Untersuchungen von Bedeutung sind, sollen ihre wesentlichen Gesichtspunkte hier kurz skizziert werden.

1.1.1 Progressive und retrogressive Sukzession

Wenn von „Sukzession" die Rede ist, ist üblicherweise progressive Sukzession gemeint, d. h. ein gerichteter Vorgang, der von einem Initialstadium (Pioniergesellschaft) über eine Reihe von Entwicklungsstadien zu einer reifen, mehr oder weniger stabilen Schlußgesellschaft (Klimax) führt („klassisches progressives Modell", d. h. Sukzession im Sinne z. B. von COWLES und CLEMENTS). ODUM (1969) und WHITTAKER (1975) stellen heraus, daß dieses Modell u. a. steigende Artenvielfalt, wachsende Komplexität, größere Biomasse und floristische Stabilität impliziert.

Retrogressive Dynamik bzw. Retrogression (Regression) hingegen beschreibt die Rückentwicklung zu früheren Stadien mit weniger Arten, geringerer Produktivität und Biomasse (CLEMENTS 1916, GLEASON 1927, TANSLEY 1935, WOODWELL 1967, WHITTAKER 1975), wobei der Begriff bei verschiedenen Autoren unterschiedliche Verwendung findet. IVERSEN (1964) z. B. bezieht den Begriff auf langfristige Umweltveränderungen wie Bodenauslaugung, während etwa WOODWELL &

WHITTAKER (1968) auch kurzfristige Folgen erheblichen Umweltstresses als Retrogression ansehen. BÖHMER & RICHTER (1996: 627) verstehen unter „Retrogression" einen natürlichen „...Einbruch im Regenerationsverlauf, der sowohl durch plötzliche Ereignisse (Feuer, Überschwemmungen, etc.) als auch durch allmähliche Veränderungen stattfinden kann (z. B. Nährstoffveränderungen im Boden)." Nicht einbezogen sind hier anthropogene Entwicklungen, die eher dem Begriff „Degradation" zugeordnet werden.

MILES (1987) betrachtet progressive wie regressive Vegetationsdynamik pragmatischerweise grundsätzlich als floristischen Wandel; andere Autoren (z. B. ODUM 1969, WHITTAKER 1975, AUSTIN 1981) beziehen auch Veränderungen der Gesellschaftsstruktur mit ein. BAKKER (1989) belegt, daß im selben Vegetationskomplex ein progressiver floristischer Wandel, bezüglich Artenvielfalt und Komplexität aber eine Retrogression vorliegen kann. Zu bedenken ist ebenfalls, daß diese klassischen Modelle z. T. von Anfangs- bzw. Endzuständen ausgehen, die möglicherweise gar nicht der Realität entsprechen (vgl. 1.1.4). Das unterstreichen auch GLENN-LEWIN & VAN DER MAAREL (1992:13): „The notions of progressive and retrogressive succession may have more heuristic usefulness than theoretical importance."

1.1.2 Primär- und Sekundärsukzession

Der Begriff „Primärsukzession" bezeichnet die Vegetationsentwicklung „in statu nascendi", d. h. auf neu entstandenem, vormals unbewachsenem, nährstoffarmem Substrat ohne entwickelten Boden (vgl. GLENN-LEWIN & VAN DER MAAREL a. a. O., DIERSCHKE 1994: 422f.). Primärstandorte besitzen weder eine Diasporenbank noch sonstiges organische Material; jegliche Organismen müssen erst einwandern. Dagegen ist unter einer „Sekundärsukzession" die Etablierung einer Ersatzgesellschaft oder die Regeneration vormals bereits existenter Vegetation zu verstehen. Dementsprechend findet ein solcher Vorgang üblicherweise auf entwickelten Böden statt, ein Großteil der Vegetation regeneriert sich aus bereits am Ort vorhandenen Diasporen (vgl. POSCHLOD 1991).

Trotz der scheinbar klaren Trennung beider Begriffe gibt es natürlich auch hier viele Übergänge. Manche Störungen (s. u.) können Vegetation und Boden eines Standortes scheinbar völlig vernichten; dennoch ist häufig nicht mit absoluter Sicherheit auszuschließen, daß organische Reste auf der Störfläche verblieben sind. GLENN-LEWIN & VAN DER MAAREL (1992:14) erwähnen z. B. Flußdeltas, in denen zwar permanent Primärstandorte entstehen, deren Substrat aber sehr wahrscheinlich schon organisches Material enthält. Ähnlich verhält es sich mit der in Kapitel C 1 beschriebenen Kryoturbation im alpinen Krummseggenrasen, die Vegetation und Boden praktisch vollständig ausräumt. Bestimmte Pflanzen sind jedoch in der Lage, aus winzigen Wurzelresten wieder auszutreiben. Angesichts dieser Tatsachen erfordert die Handhabung beider Begriffe eine gewisse Flexibilität: „Like many other dichotomies in ecology, the concepts of primary and secondary are helpful ways of *organizing our observations* of nature, but not every observation will fit neatly into one or the other category; intermediate situations exist" (GLENN-LEWIN & VAN DER MAAREL: a. a. O., Hervorhebung v. Verf.). Jede Klassifikation ist letztendlich nur eine Krücke zum Verständnis der Wirklichkeit und beinhaltet immer eine anthropozentrische Sichtweise (vgl. WIEGLEB 1986: 368).

1.1.3 Endogene und exogene Sukzession

Nicht unproblematisch ist auch die Unterscheidung endogener (bzw. autogener) und exogener (bzw. allogener) Sukzession. Normalerweise wird der Begriff „endogene Sukzession" gleichgesetzt mit Vegetationsveränderungen, die das Ergebnis biotischer Interaktionen bzw. biotischer Modifikationen der Umwelt sind (u. a. TANSLEY 1935). „Exogene Sukzession" liegt demnach vor, wenn der Vegetationswandel Ergebnis „äußerer" Einwirkungen der abiotischen Umwelt ist. Daß diese Unterscheidung nicht immer aufgeht, betont u. a. JAX (1994a: 109f., vgl. Kapitel A 2). Grundsätzlich ist festzuhalten, daß der Verlauf vieler Sukzessionen von endogenen und exogenen Faktoren gesteuert wird („endo-exogene Sukzession", vgl. DIERSCHKE 1994: 417) und schon deshalb eine undifferenzierte Zuordnung wohl nur in Ausnahmefällen möglich und sinnvoll ist (vgl. GLENN-LEWIN & VAN DER MAAREL 1992: 15). Hier gilt also ebenfalls die oben gemachte Feststellung bezüglich der Relativität solcher Klassifikationen. Klare Aussagen lassen sich eigentlich nur für Pioniergesellschaften und „Klimax" treffen, denen am ehesten eine exogene bzw. endogene Dynamik zuzuweisen ist. Fraglich bleibt, welchen Nutzen eine plakative Zuordnung für Folgegesellschaften (vgl. DIERSCHKE 1994: 420) brächte. Schon das „Drei-Wege-Modell" (CONNELL & SLATYER 1977: 1121, vgl. Abb. 1) deutet trotz seiner Unvollständigkeit (vgl. MCCOOK 1994: 129f.) an, wie differenziert Wege der Sukzession betrachtet werden müssen, weil (abiotische) Umweltfaktoren und Lebensstrategien eng verflochtene, noch kaum berechenbare Steuermechanismen dieser Vorgänge sind.

1.1.4 Die Klimax - der homogene Endzustand der Sukzession?

Die klassische Vorstellung von Sukzessionen suggeriert, daß am Ende der Vegetationsentwicklung eine statische, homogene Schlußgesellschaft (Klimaxgesellschaft) steht, die sich „... mit ihrer Umwelt in einem relativ stabilen biologischen Gleichgewicht..." befindet (DIERSCHKE 1994: 420). Daß auch sie einer permanenten Entwicklung unterworfen sein könnte, ist eine Vorstellung, die sich erst in den letzten Jahrzehnten allmählich durchsetzt (u. a. KNAPP 1982b, REMMERT 1985).

Die Monoklimax-Theorie (CLEMENTS 1916, 1936, vgl. TREPL 1994: 145ff.), nach der die Vegetationsentwicklung eines Gebietes in ein vom Großklima determiniertes, einheitliches Endstadium mündet, verhalf der anglo-amerikanischen

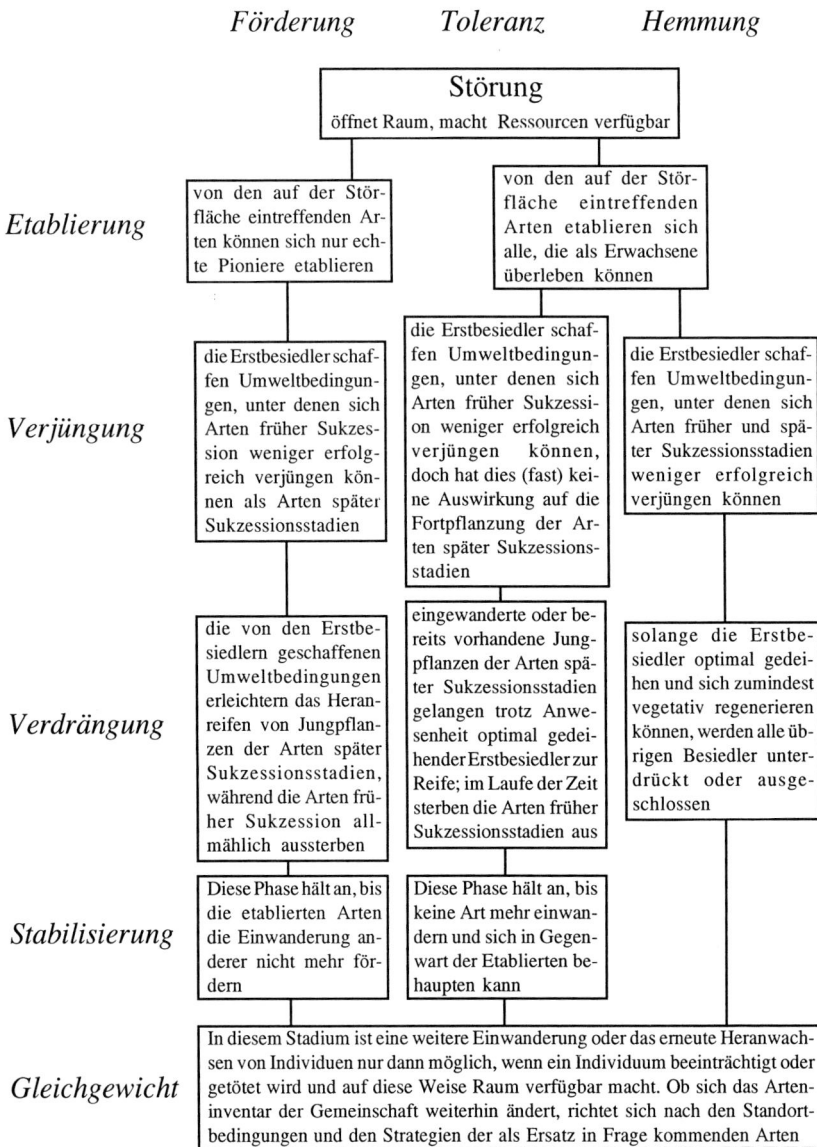

Abb. 1: „Drei-Wege-Modell" der Gesellschaftsentwicklung bzw. der Mechanismen, die die Abfolge der Arten im Sukzessionsverlauf steuern (nach Connell & Slatyer 1977: 1121 und McCook 1994: 128, übertragen und verändert vom Verfasser); zur Kritik vgl. McCook, a. a. O.

Vegetationsforschung paradoxerweise schon zu Beginn des Jahrhunderts zu einer stärkeren Beachtung dynamischer Aspekte, weil diesbezügliche Arbeiten „...großräumig und dynamisch-genetisch..." (TREPL, a. a. O.) ausgerichtet waren. Dabei stand für die Verfechter der Idee die Einheit des „Organismus", der sich aus der gesamten Sukzessionsreihe („Vollserie", vgl. DIERSCHKE 1994: 418) zusammensetzt, außer Zweifel („organismisches Konzept", „Superorganismus-Theorie"). CLEMENTS (1916, zitiert nach TREPL 1994: 116) kommt zu dem sehr weit gehenden Schluß: „Das Studium der Vegetationsentwicklung beruht notwendigerweise auf der Annahme, daß die *unit* bzw. *climax formation* ein organisches Wesen ist. Die *formation* entsteht, wächst, reift und stirbt als Organismus." Zwar stellte bereits GLEASONS „individualistisches Konzept" (1926) einen radikalen Gegenentwurf hierzu dar, doch erst WHITTAKER (1953) lieferte den empirischen Nachweis, daß sowohl Monoklimax als auch die zwischenzeitlich diskutierte Polyklimax (u. a. TANSLEY 1939) letztlich Fiktionen sein müssen. Nach WHITTAKER bestehen die sogenannten Klimaxgesellschaften zumindest räumlich aus einem Kontinuum von Klimaxtypen, die sich entlang von Umweltgradienten fortschreitend ändern und höchstens zufällig in diskrete Stadien trennen lassen (Klimaxmuster-Hypothese). Dieser Erkenntnis um räumliche Inhomogenität hatte bereits WATT (s. o.) die Erkenntnis um zeitliche Inhomogenität vorausgeschickt. Damit war die Vorstellung einer statischen, langfristig und großräumig homogenen Klimax eigentlich obsolet.

Die seither vollzogene Entdogmatisierung des Klimax-Begriffes ebnete den Weg für die gegenwärtige Einschätzung, nach der „die Wahrheit" irgendwo zwischen den extremen Sichtweisen CLEMENTS` und GLEASONS liegt, dabei jedoch näher beim individualistischen Konzept zu suchen ist (u. a. COLLINS et al. 1993). BEGON et al. (1991: 695) fassen den Kenntnisstand folgendermaßen zusammen: „Ob Lebensgemeinschaften mehr oder weniger deutliche Grenzen haben, ist eine wichtige, aber keine grundlegende Frage. Die Ökologie von Lebensgemeinschaften ist die Untersuchung der *Organisationsebene der Lebensgemeinschaft* und nicht die Untersuchung einer räumlich und zeitlich definierbaren Einheit. Sie beschäftigt sich mit dem Wesen der Interaktionen zwischen Arten und ihrer Umwelt, mit der Struktur und den Aktivitäten und dies meistens an einem bestimmten Punkt in Raum und Zeit" (vgl. WIEGLEB 1986).

1.1.5 Normalität, Zeit und Stabilität

Beschreibungen des aktuellen Landschaftswandels in Mitteleuropa unter Berücksichtigung von Sukzessionsstudien sind im Verlauf der letzten Jahre häufiger geworden (z. B. LUDEMANN 1992, SIEBEN & OTTE 1992, BENDER 1994, BÖHMER 1994b, ROTH & MEURER 1994, BEINLICH & MANDERBACH 1995). Vor allem die in diesem Zeitraum verstärkte Naturschutzforschung dürfte mit ihrer Abkehr von konservierenden Schutzstrategien hin zum „Prozeßschutz" (STURM 1993) zu dieser „Entdeckung der Zeit" (vgl. TOULMIN & GOODFIELD 1985) wesentlich beigetragen haben, nachdem gerade die Pflanzensoziologie mitteleuropäischer Prägung über Jahrzehnte ein eher statisches Naturverständnis vermittelt hatte (vgl. HENLE 1994: 140). Bereits 1956 beklagte ELLENBERG: „Bei den meisten Schülern BRAUN-BLANQUETS trat der Ausbau einer systematischen Hierarchie von Vegetationseinheiten so sehr in den Mittelpunkt des Interesses, daß der Eindruck entstehen mußte, die Pflanzensoziologie erschöpfe sich in der Aufstellung, Benennung und Anwendung solcher Ordnungskategorien. Diese Entwicklung lag wohl kaum in der ursprünglichen Absicht BRAUN-BLANQUETS, der schon in der ersten Auflage seines bekannten Buches mehr als die Hälfte des Umfangs der Ökologie, also den kausalen Fragen einräumte" (vgl. ALLEN & HOEKSTRA 1991: 350).

So war es eine Frage der Zeit, bis das auf eine Unzahl von (Moment-) Aufnahmen gestützte, im wesentlichen von *einer* Wissenschaftlergeneration erarbeitete Klassifikationsgebäude begann, sich von der Wirklichkeit zu entfernen[4]. Die dem Ordnungsschema implizite Vernachlässigung der zeitlichen Dimension führt immer wieder zu Verwirrung und überflüssigen Kontroversen. Zuletzt demonstrierte HAGEN (1996) am Beispiel von Kalkmagerrasen, daß veränderte Nutzungsweisen und Umweltbedingungen die Existenz der vor sechzig Jahren (GAUCKLER 1938) unter völlig anderen Rahmenbedingungen beschriebenen Pflanzengesellschaften gar nicht mehr zulassen.

Wie stark aber sind diese Veränderungen der Lebensgemeinschaften, und vor allem, wie beständig sind sie? In der ersten Hälfte des Zwanzigsten Jahrhunderts wurde ein Großteil der heute bekannten Pflanzengesellschaften erstmals beschrieben. Diese Beschreibungen sind die Norm, an der wir uns heute orientieren. Dabei wissen wir aber häufig nicht, wie diese Gesellschaften *vor* der klassischen Beschreibung aussahen, d. h. ob sie zum Zeitpunkt ihrer Erstbeschreibung ein „normales" Erscheinungsbild zeigten oder in einer Entwicklung steckten bzw. ob es längerfristig überhaupt einen „Normalzustand" dieser Gesellschaften gibt. Ganz abgesehen von den vielfältigen anthropogenen Einflüssen (z. B. Nutzungsaufgabe, Immissionen) sorgten erwiesenermaßen schon die aus den letzten Jahrzehnten beschriebenen Klimaschwankungen (Wärmeoptimum in den vierziger Jahren, „Kleine Eiszeit" in den siebziger Jahren) für Verschiebungen von Arealgrenzen und Dominanzverhältnissen. Solche Schwankungen aber gab es schon immer (vgl. z. B. HÖFNER 1993, OTTO 1994: 52f.).

Die Problematik des vom Forscher betrachteten Zeitfensters spielte bereits in einer Diskussion eine Rolle, die in den 60er Jahren in der Geomorphologie geführt wurde, wo z. B. SCHUMM & LICHTY (1965) aufzeigten, daß die Unterscheidung von Ursache und Wirkung bei der Entstehung von Oberflächenformen von

---

[4] bemerkenswert ist in diesem Zusammenhang, daß der permanente Wandel von Systemen zu den Grundannahmen anderer Disziplinen, z. B. der Geologie oder der Historischen Geographie, gehört

A Theoretische Grundlagen   15

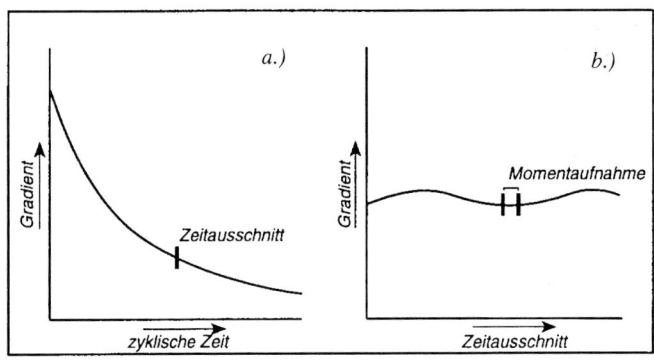

Abb. 2: *Das Gefälle eines Flußbettes in Abhängigkeit vom betrachteten Zeitausschnitt (nach Schumm & Lichty 1965: 113, verändert); a.) fortschreitende Reduktion des Flußbettgefälles im Verlauf des Erosionszyklus („zyklische Zeit"); während des „Zeitausschnittes", eines Bruchteils der „zyklischen Zeit", bleibt das Gefälle relativ konstant; b.) Schwankungen des Gefällswertes um einen Mittelwert während des „Zeitausschnitts"; für die Dauer einer kurzen Zeitspanne („Momentaufnahme") bleibt das Gefälle konstant;*

	Dynamisches Verhalten *des betrachteten ökologischen Merkmals bzw. Systems innerhalb des festgelegten raumzeitlichen Rahmens*	**Fremdfaktor** *= Faktor, der nicht zum normalen Haushalt des betreffenden ökologischen Systems gehört*	
		vorhanden	**nicht vorhanden**
Stabilität	Schwankungen oder Veränderungen gering oder fehlend	Resistenz *Fremdfaktor verursacht weder Schwankungen noch Veränderungen des ökologischen Systems*	Konstanz *ökologisches System schwankt bzw. verändert sich nicht*
	Schwankungen groß und regelmäßig	Elastizität *ökologisches System wird von Fremdfaktor verändert und kehrt dann in Ausgangslage zurück*	Zyklizität *ökologisches System zeigt regelmäßige Schwankungen*
Instabilität	irreversible, große Veränderung	exogene Veränderung *ökologisches System zeigt infolge Fremdfaktor +/- große Veränderung*	endogene Veränderung *ökologisches System zeigt von selbst große Veränderung*
	unregelmäßige Schwankungen = Fluktuationen	exogene Fluktuation *ökologisches System zeigt infolge Fremdfaktor unregelmäßige Schwankungen*	endogene Fluktuation *ökologisches System zeigt von selbst unregelmäßige Schwankungen*

Abb. 3: *Einteilung der ökologischen Stabilität aufgrund des dynamischen Verhaltens betrachteter Merkmale bzw. Systeme und des Fehlens oder Vorhandenseins von Fremdfaktoren, wobei „Fremdfaktor" kein Synonym für „Störung" ist (nach G*IGON *1984: 17, verändert)*

der betrachteten Zeitspanne und der Größe des observierten geomorphologischen Systems abhängig ist. Zur Veranschaulichung der Problematik sei dieser Arbeit die auf die Morphodynamik eines Flußbettes bezogene Abbildung 2 entnommen.

Bedeutend ist die Frage nach der Existenz bzw. Nichtexistenz eines Normalzustandes auch für die Beurteilung der „Stabilität" eines Ökosystems, denn die in diesem Zusammenhang häufig gebrauchten Begriffe wie „Schwankung" oder „Fluktuation" ergeben nur dann einen Sinn, wenn sie zu einem vermeintlichen Normalzustand in Bezug gesetzt werden können. So verlöre die Übersicht von GIGON (1984, Abb. 3) praktisch ihre Grundlage, wenn es keine „Normalität" gäbe. Solche Begriffe sind objektiv betrachtet auf die belebte Umwelt nur dann anwendbar, wenn die grundlegende Erkenntnis akzeptiert wird, daß absolut stabile Zustände nicht erhalten werden können, sondern normalerweise durch eine (zu) kurze Beobachtungsspanne und den Betrachtungsmaßstab des Bearbeiters *erzeugt* werden (vgl. SCHUMM & LICHTY 1965).

1.2 Lebensstrategien als biotische Mechanismen der Vegetationsdynamik

> „Manche werden sehr alt und leben lange, vermehren sich aber nicht starck, wodurch verhuetet wird, daß sie der Welt nicht zur Last werden: und eben der Vortheil wird auch erhalten bey anderen Thieren, die sich starck vermehren, dadurch daß sie ihr Leben nicht hoch bringen, daß sie viel verbrauchet werden, oder, daß sie den Menschen und anderen Thieren haeuffig zur Nahrung und Speise dienen muessen."
>
> W. Derham 1713 (Übersetzung v. 1750)

Die Ausbildung und Veränderung von Vegetationsmustern beruht letztlich auf dem räumlichen Verhalten von Arten (bzw. deren Populationen), insbesondere der Arten „von hohem Bauwert" (Arten von „hohem standortsänderndem Vermögen", vgl. BRAUN-BLANQUET 1951: 451) bzw. der „Schlüsselarten" („key species", vgl. EHRENFELD 1970). Dabei kann die kleinräumige Dynamik innerhalb eines Bestandes von der eigentlichen Gesellschaftsdynamik durchaus mehr oder weniger unabhängig sein (u. a. HUBER 1994).

Wesentlich für die räumliche und zeitliche Dynamik der Populationen innerhalb von Pflanzengesellschaften sind die jeweiligen Lebensstrategien. Unter der „Strategie" einer Pflanze versteht man „...die Summe oder bestimmte Teile der genetisch festgelegten physiologischen und anatomisch-morphologischen Anpassungen zur Eroberung und Behauptung eines gegebenen Wuchsortes unter möglichst optimaler Ressourcennutzung" (DIERSCHKE 1994: 436)[5]. Diese Anpassun-

---

5) Ähnlich dem Terminus „Störung" stößt die Verwendung des Begriffes „Strategie" im Zusammenhang mit Pflanzen auf Kritik (vgl. B 1). So schreiben beispielsweise GRIME et al. (1988: 3): „With ist teleological and anthropomorphic connotations the term is not ideal, and it is understandable that some biologists have preferred to use neutral expressions such as `set of traits' or `syndrome'."

gen bzw. Adaptationen erregten immer wieder dort besonderes Interesse, wo Pflanzen extremen Lebensbedingungen ausgesetzt sind, u. a. in der Arktis und den alpinen Stufen der Gebirge (vgl. u. a. SCHRÖTER 1926, LÖTSCHERT 1969, DIERSSEN 1996: 487f.).

MAC ARTHUR & WILSON (1967) lieferten mit ihrer „Theory of Island Biogeography" einen brauchbaren Ansatz zur Erklärung der Entwicklung unterschiedlicher Lebensstrategien. Demnach wird die Artenzahl auf Inseln durch ein dynamisches Gleichgewicht zwischen Immigration und Extinktion bestimmt: Arten sterben fortwährend aus und werden mittels Einwanderung durch dieselben oder andere Arten ersetzt („turnover of species"). Es gibt zwei gegensätzliche Habitattypen, r-selektierende und K-selektierende. r-Selektion begünstigt eine höhere Populationswachstumsrate und höhere Produktivität, während K-Selektion eine „...leistungsfähigere Verwertung der Nahrungsquellen" (MAC ARTHUR & WILSON o. J.: 188) bewirkt. Dementsprechend selektierte Arten werden als r- bzw. K-Strategen bezeichnet: r-Strategen sind schnellwüchsig, kurzlebig und konkurrenzschwach, weisen aber eine hohe generative Reproduktionsrate auf, wodurch sie z. B. durch Störungen entstandene, konkurrenzarme Standorte schnell erfolgreich besiedeln können. K-Strategen hingegen wachsen eher langsam, sind langlebig und konkurrenzstark bei geringem Reproduktionsaufwand. „K-Strategen sind besonders charakteristisch für längerzeitig wenig wandelbare Lebensräume, also für mittlere bis späte Stadien einer Sukzessionsserie mit vielfältig differenzierten, floristisch mehr oder weniger gesättigten Pflanzengesellschaften" (DIERSCHKE, a. a. O.).

SCHAFFER (1974) ergänzte dieses Modell um das Prinzip der Risikostreuung („bet hedging"). Seiner Auffassung zufolge erfahren *alle* Habitate zufällige Variationen der Sterberate. Ein Unterschied zu machen ist jedoch zwischen Habitaten, in

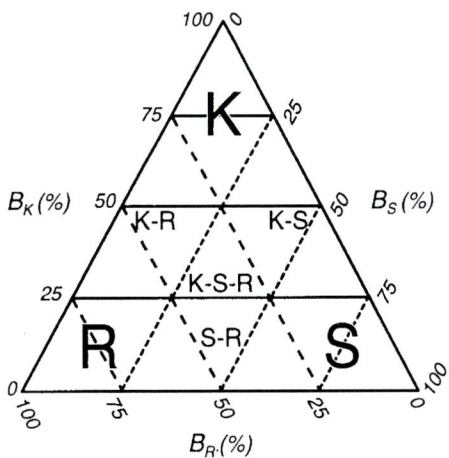

Abb. 4: Dreiecksmodell des K-R-S-Gleichgewichtes nach Grime et al. (1988: 4, verändert); Störungen und Streß begrenzen Dichte und Vitalität der Vegetation und damit den Konkurrenzdruck

K = Konkurrenzstratege
R = Ruderalstratege
S = Streßstratege
   (K-R, K-S, S-R und K-S-R bezeichnen Mischtypen);
BK = relative Bedeutung der Konkurrenz
BS = relative Bedeutung von Streß
BR = relative Bedeutung von Störungen

denen vorwiegend Adulte von der Mortalität betroffen sind, und solchen, in denen hauptsächlich Juvenile sterben. In letzterem Falle liegt nahe, daß die Adulten den Verlust des Nachwuchses aufzufangen suchen, indem Samen auch außerhalb der jeweiligen Lebensgemeinschaft positioniert werden.

GRIME (1974) greift die Ideen von MACARTHUR & WILSON auf, erweitert das Gedankengebäude aber um den Faktor „Streßtoleranz" und unterscheidet zwischen den Begriffen „Strategie" und „Primärstrategie": „Here a *strategy* is defined as a grouping of similar or analogous genetic characteristics which recurrs widely among species or populations and causes them to exhibit similarities in ecology. A *primary strategy* is recognized as one which involves the more fundamental activities of the organism (resource capture, growth and reproduction) and recurs widely both in animals and plants" (1988: 3). So entwirft er ein „Drei-Primär-Strategien-Modell" („C-S-R model"), dem die Annahme zugrundeliegt, daß die Vegetation an einem bestimmten Ort zu einem bestimmten Zeitpunkt Ausdruck bzw. Ergebnis eines Gleichgewichtes ist, das sich aus der Wirksamkeit der Faktoren Streß („constraints on production"), (Zer-)Störung („physical damage of vegetation") und Konkurrenz („the attempt by neighbours to capture the same unit of resource") ergibt (GRIME et al. 1988: 4). Analog werden Konkurrenzkraft, Streßtoleranz und Reaktionsvermögen bei Störungen als Primärstrategien ausgewiesen, denen als entsprechende Strategietypen Konkurrenz-Strategen, Streßtoleranz-Strategen und Ruderal-Strategen zuzuordnen sind. Aus den drei Primärstrategien ergibt sich ein Dreiecksmodell (Abb. 4), das auch die Existenz intermediärer Strategietypen vorsieht (Konkurrenz-Ruderal-Strategen, Konkurrenz-Streß-Strategen, Streß-Ruderal-Strategen).

2 Konzepte zu exogener und endogener Dynamik

2.1 Das Konzept der „natürlichen Störungen"

2.1.1 Der Begriff „Störung"

Die Dynamik von Lebensgemeinschaften wird nicht nur durch interne Beziehungen oder die langzeitige und großräumige Veränderung von Umweltbedingungen gesteuert, sondern wesentlich auch durch Störungen. Dies scheint zwar nicht umstritten zu sein (vgl. SOUSA 1984, PICKETT & WHITE 1985, GLENN-LEWIN & VAN DER MAAREL 1992), doch gehen die Meinungen darüber weit auseinander, was unter einer „Störung" zu verstehen ist. Je nach Betonung von Ursache und Wirkung lassen sich dabei sehr verschiedene Sichtweisen unterscheiden. Störungen werden am häufigsten aufgefaßt als

1. *Abweichung* vom „Normalzustand" eines Ökosystems" (z. B. FORMAN & GODRON 1986, VAN ANDEL & VAN DEN BERGH 1987)

2. ein die Biomasse begrenzender *Mechanismus* (GRIME 1979)

3. *Vorgang*, der Ressourcen verfügbar macht (z. B. MOONEY & GODRON 1983, SOUSA 1984, TILMAN 1985)

4. *Ereignis*, das strukturelle Veränderungen einer Lebensgemeinschaft verursacht (z. B. WHITE & PICKETT 1985)

Diskutiert wird mitunter auch, ob Assoziationen weckende Begriffe wie „Störung" oder „Katastrophe" überhaupt Eingang in die wissenschaftliche Terminologie finden sollten (z. B. STOCK ET AL. 1994), u. a. weil ein wertfreies Verständnis des Terminus „Störung" vom negativen Kontext behindert wird, in dem der Begriff in der Alltagssprache steht. Sieht man eine „hohe Biodiversität" pauschal als hohen Wert bzw. etwas Schützenswertes an[6], gerät man in eine Zwickmühle, wenn Störungen grundsätzlich als negative Erscheinungen aufgefaßt werden.

Aus der Fülle der für den Begriff „Störung" vorgeschlagenen Definitionen erscheint deshalb für die vorliegende Untersuchung die von WHITE & PICKETT angegebene am sinnvollsten: „A disturbance is any relatively discrete event in time that disrupts ecosystem, community, or population structure and changes resources, substrate availability, or the physical environment" (1985: 7). BEGON ET AL. orientieren sich an diesem Vorschlag, stecken jedoch den Rahmen etwas anders: „Wir definieren Störungen als jedes relativ diskrete Ereignis in der Zeit, das Organismen beseitigt und Raum öffnet, der durch Individuen der gleichen oder einer anderen Art besiedelt werden kann" (1991: 836). Diese Definitionen haben den entscheidenden Vorteil, daß

1. eine Störung als diskretes Ereignis aufgefaßt wird, was den Charakter vieler hochgebirgstypischer Störungen wie z. B. gravitativer Massenverlagerungen sehr treffend beschreibt;

2. sie nicht nach dem Normalzustand eines Systems fragen, sondern stattdessen die Möglichkeit bieten, Störungen als normale Ereignisse zu betrachten (was sie ja im Hochgebirge auch sind; vgl. A 2. 3). „Sie werden lediglich durch eine Kombination einer bestimmten Ursache und einer davon erzeugten Wirkung von anderen Phänomenen abgegrenzt. Das heißt auch, daß der Begriff a priori keine Wertung erhält, in dem Sinne, daß Störungen als prinzipiell gut oder schlecht anzusehen wären!" (JAX 1994b: 122).

Ein in diesem Kontext aufschlußreiches Unterfangen ist der Versuch, den Begriff „Störung" in der englischsprachigen Fachliteratur zu verfolgen, wo zwei Termini, „disturbance" und „perturbation", Verwendung finden. „Perturbation" steht bei WHITE

---

6) vgl. „Konvention von Rio" 1992, wo Forderungen zum Erhalt einer maximalen „globalen Biodiversität" gestellt wurden, möglicherweise ohne genügende Berücksichtigung der Tatsache, daß diese Forderung mit dem romantischen Ideal einer „heilen Natur" nicht grundsätzlich vereinbar ist

& PICKETT (1985: 5f.) für den Wandel eines systembestimmenden Parameters bzw. dessen Abweichung vom „Normalzustand", wobei auch hier eingeräumt wird, daß die Festlegung eines Normalzustandes auf grundsätzliche Schwierigkeiten stößt. Dennoch halten die Autoren die Verwendung des Begriffes u. a. dann für sinnvoll, wenn entweder die systembestimmenden Parameter oder Verhaltensweisen genau bekannt sind oder eine Störung erstmals auftritt, also neu für das System ist (z. B. anthropogene Störungen). Eine bestimmte Kategorie von Ereignissen kann unter diesen Umständen im englischen als „perturbation" angesprochen und so vom eigentlichen Störungsbegriff „disturbance" abgekoppelt betrachtet werden. Da im deutschen üblicherweise nur von Störungen die Rede ist und „perturbation" wie „disturbance" gleichermaßen mit „Störung" übersetzt wird (z. B. TU DRESDEN 1991), sind aus Übersetzungsunschärfen resultierende Mißverständnisse fast unvermeidlich.

2.1.2 Betrachtungsmaßstäbe

Natürliche und anthropogene Störungen

Vielfach wird die Frage gestellt, ob eine Unterscheidung zwischen anthropogenen und natürlichen Störungen überhaupt relevant sei, da der Effekt vieler Störungen derselbe ist: Individuen sterben, Ressourcen werden frei. Eine solche Unterscheidung ist aber tatsächlich relevant, wenn anthropogene Störungen andere Reaktionen des Systems verursachen als naturraumtypische, natürliche Störungen oder sogar völlig neue Systeme schaffen. Beispiel hierfür sind die Folgen Jahrhunderte andauernder Beweidung oder sommertouristischer Trittbelastung im alpinen Krummseggenrasen (BÖHMER 1993), wo Bestandslücken wegen veränderter Standortfaktoren, z. B. Staunässe infolge Bodenverdichtung, nicht von Arten des autochthonen Systems bzw. seiner Sukzessionsstadien besetzt werden können. Auch forstliche Holzentnahme hinterläßt andere Strukturen als ein natürlicher Windwurf (vgl. z. B. BfN 1995: 108). Gerade im Hinblick auf die natürlichen Störungsregime eines Hochgebirges ist die Unterscheidung höchst bedeutsam: Viele Arten wurden durch die Wirkung dieser Störungsregime herausselektiert, während der anthropogene Einfluß viel zu unwägbar und unstet ist, um eine Anpassung zu ermöglichen. Aus diesem Grunde sind für die vorliegende Untersuchung anthropogene Störungen nur von peripherem Interesse (vgl. das Begriffspaar „exogen-endogen" in Kapitel 2.2.3).

Raum, Zeit und Ausmaß

Nach GLENN-LEWIN & VAN DER MAAREL (1992: 18) sind Raum, Zeit und Ausmaß von Störungen keine völlig unabhängigen Größen. Der Umfang einer Störfläche hat Einfluß auf ihre Dynamik, da unterschiedliche Flächengrößen zum einen unterschiedliche Strategietypen bevorteilen, zum anderen die Interaktionen zwischen der Fläche und ihrer Umgebung beeinflussen. Störflächen in einem Wald haben andere Durchschnittsgrößen als solche in einem Magerrasen (vgl. BROKAW 1982, LOUCKS ET AL. 1985, LIU & HYTTEBORN 1991). Unter dem

Zeitaspekt sind Dauer und Häufigkeit von Störungen die entscheidenden Größen. Das „Ausmaß" charakterisiert die Schwere bzw. Intensität der Störung, z. B. ob ein Feuer sämtliche Organismen eines Ökosystems beeinträchtigt oder nur solche, die keine genügende Anpassung an diesen Störfaktor aufweisen.

Um besonders schwere Störungen zu charakterisieren, wird häufig der Begriff „Katastrophe" gebraucht. Aber wann wird eine Störung zur Katastrophe? REMMERT spricht gar von einem „Gleichgewicht durch Katastrophen" (1988), ausgehend von der Tatsache, daß ein Störfaktor Individuen schädigt oder tötet, die Störung also für das betroffene Individuum katastrophale Auswirkungen hat. Hier wird der Begriff „Katastrophe" wie bei einer Reihe anderer Autoren praktisch synonym zum Begriff „Störung" verwendet, was für das Bemühen um Begriffsklärungen nicht sonderlich hilfreich ist.

Den hingegen sehr bedeutenden Versuch einer Definition von „disaster" und „catastrophe" unternimmt HARPER (1977). Ein „disaster" tritt so häufig auf, daß eine Art mit großer Wahrscheinlichkeit im Verlauf weniger Lebenszyklen damit konfrontiert wird, die Störung also adaptiv wirkt; in diesem Falle wäre von einem „Störungsregime" (s. u.) zu sprechen. Dagegen sind „catastrophes" so selten, daß sie als artbildende Umweltfaktoren nicht in Betracht kommen. Sie laufen so unerwartet und einzigartig ab, daß eine Anpassung der betroffenen Arten nicht stattfinden kann bzw. konnte (vgl. 2.2).

Störungsregime

Die räumliche und zeitliche Verteilung sowie die Intensität von Störungen an einem bestimmten Standort wird häufig allgemein als „Störungsregime" bezeichnet (vgl. JAX 1994b). Im Rahmen der vorliegenden Arbeit wird der Begriff jedoch eingegrenzt auf Ereignisse, die im Sinne HARPERS (1977) als „disaster" bezeichnet werden können, also mit größter Wahrscheinlichkeit während des Lebenszyklus eines Individuums der Schlüsselart(en) auftreten und somit adaptiv wirken.

JAX (1994b: 123f.) weist darauf hin, daß ein Störungsregime nie vollständig operationalisierbar ist, sondern lediglich Teilkomponenten beschrieben werden können, „... die aufgrund einer begründeten Vorauswahl oder aufgrund von

Ursachenbezogene Variablen:	Wirkungsbezogene Variablen:
- Typ der Ursache	- Intensität der Auswirkung
- Häufigkeit	- räumliche Ausdehnung der Wirkung
- Vorhersagbarkeit (Saisonalität)	- Größe, Form und Lage der betroffenen Areale
- Intensität	- Relativer Zeitpunkt der Störung (im Hinblick auf
- Ausdehnung und Verteilung	die Lebenszyklen der betrachteten Organismen)
- Dauer	- unterschiedliche Sensibilität der Objekte

Tab. 1: Variablen von Störungsregimen (aus Jax 1994b)

Voruntersuchungen als besonders prägend für den beobachteten Lebensraum angesehen werden können. (...) Die Variablen zur Beschreibung von Störungsregimen können unterteilt werden in solche, die das störende Agens betreffen (ursachenbezogene Variablen) und solche, die die gestörte Einheit bzw. den hier erzeugten Effekt betreffen (wirkungsbezogene Variablen)."

2.2 Das Mosaik-Zyklus-Konzept

Im Gegensatz zum Konzept der natürlichen Störungen betont das „Mosaik-Zyklus-Konzept der Ökosysteme" die endogene Dynamik von Ökosystemen. Der Marburger Zoologe Hermann REMMERT führte den Begriff mit seinem 1985 erschienenen Aufsatz „Was geschieht im Klimax-Stadium?" ein. Der Ansatz steht in der Nähe von Konzepten, die im angelsächsischen Sprachraum seit langem bekannt sind, u. a. WATTS „cyclic microsuccession" und die von AUBREVILLE (1938) umrissene „mosaic theory of regeneration" (vgl. BROKAW 1985). Ein naturnahes Ökosystem entspricht REMMERTS Vorstellung zufolge einem Mosaik verschiedenster Entwicklungsstadien, in dem jeder Mosaikstein eine zyklische Abfolge jeweils systemtypischer Phasen durchläuft. Die asynchrone Entwicklung der einzelnen Mosaiksteine ist das Ergebnis der Wirkung endogener, „störungsähnlicher Effekte". Durch das so hervorgerufene räumliche und zeitliche Nebeneinander verschiedener Besiedlungsstadien wird das Gesamtsystem in einem Gleichgewichtszustand gehalten, der aus dem Zusammenwirken der kleinräumigen Ungleichgewichte resultiert. Schon aus dieser flüchtigen Skizzierung wird deutlich, daß REMMERTS Entwurf eine sehr breite Palette unterschiedlichster Gesichtspunkte der Ökosystemforschung berührt, insbesondere Fragen zum Klimax-, Gleichgewichts- und Diversitätsbegriff.

2.2.1 Das Mosaik-Zyklus-Konzept nach REMMERT

1991, als das Konzept weitestgehend ausgearbeitet war und auf dem Höhepunkt seiner Rezeption stand, gab REMMERT ein Buch in englischer Sprache heraus, versehen mit dem Titel „The Mosaic-Cycle Concept of Ecosystems". Darin versucht eine Reihe von Autoren, REMMERTS Ideen auf verschiedene Lebensräume und Weltgegenden zu übertragen (BERRY & SIEGFRIED 1991, HAFFER 1991, KORN 1991, MUELLER-DOMBOIS 1991, REISE 1991, SOMMER 1991, WISSEL 1991).

REMMERT zieht abschließend Schlußfolgerungen (1991c: 161f.), in denen er die Kernaussagen des Mosaik-Zyklus-Konzeptes folgendermaßen zusammenfaßt (Übersetzung v. Vorf.):

„1. Ein natürlicher Lebensraum wird von gleichaltrigen Schlüsselorganismen (einer oder mehrerer Arten) besiedelt; verschiedene Bereiche (Mosaiksteine) dieses Lebensraumes beherbergen unterschiedliche Altersgruppen dieser Art(en).

2. Aufgrund ihrer Gleichaltrigkeit innerhalb eines Mosaiksteins sterben die Schlüsselorganismen ungefähr gleichzeitig. Sehr oft werden sie von anderen,

wiederum gleichaltrigen Arten ersetzt. So ergibt sich ein Zyklus, der entweder auf dem Wechsel verschiedener Arten oder dem Altern von Schlüsselorganismen beruht; diese Zyklen laufen mit der gleichen Geschwindigkeit, aber nicht gleichzeitig im (Gesamt-)Lebensraum ab.

3. Da die Dauer des Zyklus auf der normalen Lebenserwartung der Schlüsselart(en) beruht, läuft er in der gleichen Gegend mit ungefähr gleicher Geschwindigkeit ab.

4. Sehr große (und alte) Organismen sind für (biotischen und abiotischen) Umweltstreß anfälliger als junge oder ausgewachsene Organismen. Dementsprechend ist die höchste Diversität eines Systems in der Alters- und Zerfallsphase, die geringste in der Wachstums- und frühen Reifephase zu beobachten.

5. Ökosysteme können demnach nicht gleichförmig sein, sondern setzen sich immer aus Mosaiksteinen mit desynchronen Zyklen zusammen. Es gibt kein Gleichgewicht im System, sondern eine fortwährende zyklische Sukzession.

6. Die Verteilung der Organismen im System ist stark geklumpt.

7. Die Alterspyramide der Schlüsselart(en) innerhalb der Mosaiksteine ist sehr unterschiedlich und entspricht (bei langlebigen Organismen) niemals einer „normalen" Alterspyramide.

8. Die Größe von Mosaiksteinen variiert stark und reicht in Wäldern von der einzelnen Baumsturzlücke (in tropischen Regenwäldern oder artenreichen Wäldern gemäßigter Breiten) bis zu mehreren Quadratkilometern (in trockenen Tropenwäldern oder Taiga).

9. Es ist nicht bekannt, ob kleinere Organismen (Kräuter) eines Systems dem selben Typ von Mosaik-Zyklen unterliegen wie beispielsweise Bäume in terrestrischen Systemen.

10. Es zeichnet sich immer deutlicher ab, daß der Zyklus mit verschiedenen Organismen am gleichen Ort von großer Bedeutung für die Beobachtung des Waldsterbens ist.

11. Gleichgewicht in einem Gesamtsystem stellt sich durch fortwährende zyklische Sukzession ein.

12. Es gibt (natürlich) enge Beziehungen zwischen Mosaik-Zyklen und stochastischer Fleckendynamik.

13. Das Modell sagt eine hohe Widerständigkeit des Systems gegen Störungen voraus.

14. Das Modell sagt sehr seltene, schleichende Schwankungen des Gesamtsystems voraus, die folgenschwer sein können, wenn das System klein ist."

Manche dieser Aussagen sind kritisch und böten reichlich Diskussionsstoff. Es ist in diesem Rahmen nicht möglich, alle strittigen Punkte anzusprechen, doch wird im folgenden Kapitel auf für die vorliegende Untersuchung bedeutende Teilaspekte der Problematik näher eingegangen.

Nimmt man REMMERTS ersten themenbezogenen Aufsatz (1985) zur Hand, fällt auf, daß der Autor nach einer kurzen Einleitung, in der er unter Berufung auf CONNELL (1978) ganz allgemein die mögliche Bedeutung von Störungen für den Artenreichtum von Ökosystemen anspricht, sein Sichtfeld recht unvermittelt eingrenzt: Die zitierte Literatur, die er nach dieser Frage „durchsieht" (1985: 505), setzt sich aus den Lehrbüchern von ELLENBERG (1978), WALTER (1973), STRASSBURGER (1983) und REMMERT (1984) zusammen. Es handelt sich ausschließlich um deutschsprachige Lehrbücher von deutschsprachigen Autoren, und alle zeichnen „...übereinstimmend das gleiche Bild..." (a. a. O.) vom in allen späteren Veröffentlichungen REMMERTS immer wieder verwendeten Beispiel, dem „Urwald".

Hier bedient sich REMMERT (bewußt?) eines doppelten Kunstgriffs. Erstens setzt er „die Literatur" an und für sich mit einer Auswahl deutscher Lehrbücher gleich, aus denen er den „Stand der Forschung" zitiert; daß der Forschungsstand an sich ein anderer sein könnte und international bezüglich dynamischer Konzepte der Ökosystemforschung schon lange ist (trotz der engen Anlehnung an die Terminologie WATTS bleibt der Engländer ebenso wie beispielsweise AUBREVILLE in der 1985er Veröffentlichung unerwähnt), bleibt zumindest vorläufig im dunkeln. Zweitens stellt er den „Urwald" als anschaulichen Inbegriff ungestörter Natur in den Mittelpunkt seiner Betrachtungen, während andere Formationen in den weiteren Ausführungen keine oder nur eine untergeordnete Rolle spielen. Diese Beschränkungen beeinträchtigen die Akzeptanz des Konzeptes bis heute.

2.2.2 Zur Abgrenzung des Mosaik-Zyklus-Begriffes

Da der Mosaik-Zyklus-Begriff bislang nirgendwo definiert wurde und letztendlich auch in REMMERTS Schrifttum keine unmißverständlichen Konturen gewinnt, kursieren mittlerweile recht unterschiedliche Auffassungen über das Wesen von Mosaik-Zyklen. Der Bogen reicht vom Inbegriff heiler Urwald-Welt über das deutsche Synonym für „patch-dynamics" (z. B. HENLE 1994, VAN DER MAAREL 1996) bis zum Allround-Schlagwort für jegliche ökosystemare Dynamik. Dies sind jedoch Auslegungen, die zumindest aus REMMERTS Texten nicht ohne weiteres abgeleitet werden können. JAX (1994a) hat deshalb bereits ausführlich dargelegt, daß die Annahme eines „Gleichgewichtes im Gesamtsystem" einen wesentlichen Unterschied zu den unter den patch-dynamics-Begriff fallenden Konzepten darstellt. Dieser Aspekt würde durchaus die Einführung des Terminus „Mosaik-Zyklus"[7] rechtfertigen. Was aber nützt letztendlich ein neu-

---

7) den REMMERT übrigens kaum als Synonym für den Begriff „patch-dynamics" angesehen haben dürfte, da er ja mit der Herausgabe des Buches „The Mosaic-cycle concept of ecosystems" eine neue englische Wortschöpfung präsentiert

es Schlagwort in der ohnehin nebulösen Fachterminologie, wenn dessen Eigenständigkeit sich auf eine sehr zweifelhafte Hypothese stützt, nämlich die von JAX nicht zu unrecht als romantisches Element enttarnte Vorstellung eines wie auch immer gearteten Gleichgewichtes (vgl. GIGON & BOLZERN 1988)?

Das Begriffspaar „endogen-exogen"

Eine weitere (und für die vorliegende Arbeit entscheidende) Möglichkeit, das Mosaik-Zyklus-Konzept als eigenständigen Ansatz anzusehen, ist folgende: Die Abgrenzung von exogenen, „echten" Störungen gegen endogene, „störungsähnliche Effekte" (1985:508). Diese klare Trennung ist mindestens ebenso wesentlich für die Eigenständigkeit des Mosaik-Zyklus-Konzeptes[8].

Zwar vertritt JAX auch unter Hinweis auf PICKETT & WHITE (1985) die Ansicht, daß „...die Unterscheidung zwischen exogenen und endogenen Störungen in vielen Fällen kaum sinnvoll zu treffen ist, da es sich bei Ökosystemen (...) nicht um von der Natur vorgegebene Systeme handelt, die ihre Grenzen selbst setzen, sondern um Systeme, die vom Beobachter in Abhängigkeit von seiner Fragestellung abgegrenzt werden" (1994a:109f.). Ein anderes, häufig gebrauchtes Argument gegen die Handhabbarkeit dieser Unterscheidung stützt sich darauf, daß die zunächst naheliegende Gleichsetzung von „endogen" mit „biotisch" und „exogen" mit „abiotisch" nicht immer aufgeht (s. u.). Dennoch dürfte unbestritten sein, daß z. B. Wirbelstürme, Vulkanausbrüche oder Bergstürze eindeutig als exogene Störungen angesprochen werden können, die nicht aus der endogenen Dynamik von Einheiten hervorgehen, die wir normalerweise als „Ökosysteme" ansprechen[9].

Auch REMMERT betont zwar immer wieder den Ausschluß exogener Störungen aus seinem Konzept (zuletzt auch REMMERT 1994 briefl.), verwischt aber durch unglückliche Beispiele die von ihm selbst gezogenen Grenzen zwischen „endogen" und „exogen". So hält er etwa Windbruch (z. B. 1991a: 6, 11) nicht für eine exogene Störung, weil seiner Ansicht nach vor allem besonders alte und damit hohe Bäume eines Waldes von Stürmen gefällt werden, deren Absterben also letztlich endogen bedingt sei. Dies mag hier und da zutreffen, ist aber nicht der Regelfall, denn Sturmschäden sind häufiger eine Folge steiler Abdrift im Lee höherer Bestände (vgl. OTTO 1994: 208).

---

8) und m. W. übrigens der einzige Punkt, an dem REMMERT selbst explizit die Eigenständigkeit seines Ansatzes festmacht: „Der vorliegende Entwurf hat meines Erachtens gegenüber CONNELLS Entwurf den Vorteil, daß er ohne Störungen von außerhalb zu störungsähnlichen Effekten kommt, die hohe Artenzahlen garantieren. (...) In meinem Entwurf sind die Störungen als integrale Bestandteile des Ökosystems aufzufassen" (1985: 508)

9) unter dem Begriff „Ökosystem" verstehe ich im Sinne ELLENBERGS (1986b: 19f.) ein „Wirkungsgefüge verschiedener Organismen"

Die Wahrscheinlichkeit, daß Ökosysteme jeglicher Art über mehrere Generationen der jeweiligen umweltgestaltenden Schlüsselarten hinweg auf ganzer Fläche von exogenen Störungen unbeeinflußt bleiben, dürfte eher gering sein. Dies bedeutet, daß rein endogen bedingte Zyklen im REMMERT'schen Sinne nur für Teile (Mosaiksteine bzw. patches) eines Gesamtsystems anzunehmen sind, die je nach naturraumabhängigem Störungsregime sogar Ausnahmen von der Regel sein können (BÖHMER & RICHTER 1996: 631). Eine dem Anspruch nach praktisch universell gültige Formel ökosystemarer Dynamik (vgl. REMMERT 1991a: 13, 1991b:1) unter Ausschluß exogener Beeinflussungen wäre nicht sonderlich sinnvoll, weil es solche natürlichen Störungen ja nun einmal gibt.

Noch eine weitere Frage ist von Interesse: Sind biogene Strukturveränderungen wie Kahlfraß durch Raupen (z. B. WEBER 1996) oder Fraßschäden durch Kleinsäuger (z. B. PEARSON 1959, PETERSON 1994) als endogene oder exogene Störungen oder überhaupt als Störungen aufzufassen? Genau genommen fällt es schwer, den von REMMERT oft angeführten Biber (z. B. 1992: 225) als endogenen Störfaktor einzustufen, weil die endogene Dynamik eines Waldstücks ohne die Aktivität des Kleinsäugers sicher anders verlaufen würde. Andererseits fällt es ebenso schwer, eine Tierart unabhängig von dem Ökosystem zu betrachten, in dem sie zuhause ist. Phytophage wohnen einer im wesentlichen von Pflanzen gestalteten Umwelt gewissermaßen als permanent oder zumindest episodisch auftretende Störung inne; sie sind somit eigentlich auch keine exogene Störung. Hier hilft zum Verständnis der Gedanken REMMERTS sein Terminus vom „störungsähnlichen Effekt" (Abb. 5) weiter. Der endogene Störfaktor wird zur „treibenden Kraft" („driving force") von Zyklen und wirkt so als Mitgestalter, nicht aber als Zerstörer des Ökosystems. Diese internen „störungsähnlichen Effekte" können als „internal processes of change" aufgefaßt werden, denen u. a. auch PICKETT & WHITE (1985) exogene Störungen („disturbances external to the community") gegenüberstellen.

Damit ist aber die begrifflich scharfe, inhaltlich jedoch schwer faßbare Grenze zwischen „endogen" und „exogen" noch nicht plausibel gemacht. Eine Hilfestellung zur Lösung des gordischen Knotens könnte die zusätzliche Unterscheidung von *inhärenten Störungen* geben (Abb. 5). Eine Störung kann dann als inhärent (hier im Sinne von „anhaftend" gebraucht) bezeichnet werden, wenn die Schlüsselorganismen des Systems an die Wirkung der Störung angepaßt sind (vgl. HARPER 1977). So böte sich ein Ausweg aus dem Dilemma, z. B. Feuer in der nördlichen Waldtundra Alaskas als exogene Störung betrachten zu müssen, obwohl die dortigen *Picea mariana*-Wälder ohne diesen Störungseinfluß zu existieren aufhören und durch Tundra ersetzt werden (vgl. TRETER 1993: 112). Diese Störung ist zwar nicht endogen im Sinne von „aus dem Ökosystem hervorgehend", aber unzweifelhaft zum System gehörig und somit inhärent („Zerstörungssystem", vgl. KIMMINS 1987). Ähnliches gilt für Auwälder, die nicht trotz, sondern wegen des fluvialen Störungsregimes existieren, oder, wenn man so will, auch für anthropogen dauergestörte Systeme wie z. B. Wirtschaftsgrünland. Deren Schlüsselorganismen (sprich: schnittfeste Futtergräser) erhalten erst durch das Störungsregime „Mahd" den entscheidenden Konkurrenzvorteil.

Mosaike und Zyklen

Ein weiterer Unterschied zu vielen unter den „patch-dynamics"-Begriff fallenden Konzepten besteht auch darin, daß die Existenz eines Mosaiks noch kein Beweis für zyklische Abläufe zur Selbstregulation des Ökosystems ist. Nicht selten sind Flecken das Ergebnis einmaliger Ereignisse, denen weder endogene noch exogene Zyklen (s. u.) zugrunde liegen. Prägend wirken in solchen Fällen also azyklische Erscheinungen, die hier als exogene, im Sinne HARPERS (1977) katastrophenartige Störungen der Bestandsstruktur aufgefaßt werden; anders betrachtet handelt es sich um zufällige Variationen der Sterberate (vgl. SCHAFFER 1974). Katastrophenartige Störungen zeichnen sich dadurch aus, daß die Organismen des betroffenen Systems plötzlich einem so neuartigen (oder so seltenen) Umweltstreß ausgesetzt sind, daß eine Anpassung nicht möglich ist (vgl. 2.1.2). Dem stehen die als inhärent bezeichneten Störungen gegenüber, die mit großer Wahrscheinlichkeit während der durchschnittlichen Lebensdauer eines Schlüsselorganismus auftreten und folglich eine Anpassung erfordern bzw. ermöglichen (vgl. Abb. 5). Dies betrifft zum Beispiel die nachstehend angesprochenen Erscheinungen exogener Zyklizität.

Exogene Zyklizität

Wenn die (nach REMMERT rein endogene) Zyklizität eines Mosaiksteins das Charakteristikum von Mosaik-Zyklen ist, kann leicht übersehen werden, daß auch Fälle exogen gesteuerter, echter oder scheinbarer Zyklizität auftreten. Beispiele zyklischer exogener Störungen sind etwa die von ZOLTAI (1993) beschriebenen, von Feuer und Permafrost beeinflußten Flechten-Fichten-Waldländer in Alberta/Kanada oder die von TRETER (1992, 1995) untersuchten, hauptsächlich von Feuerzyklen gestalteten Wälder in Labrador. Exogen hervorgerufen ist auch die Zyklizität sogenannter Steinpflaster-Windheiden subalpiner Lagen (GIMINGHAM 1996), wo ein permanent wirksamer Störfaktor (Wind) zyklische Veränderungen bedingt (vgl. C 2). Anderes Beispiel einer windgesteuerten „wave-mortality" sind die *Abies balsamea*-Wälder Neu-Englands (vgl. HARRINGTON 1986). Alle diese Ökosysteme würden ohne den permanenten Störungseinfluß nicht in der bekannten Form existieren; gemäß obigem Vorschlag ist der Störfaktor in diesen Fällen als inhärent zu bezeichnen. Zoogene Zyklen wie Kahlfraß oder ephemere Kleinsäugerkolonien in Grasland-Ökosystemen müssen als „störungsähnliche Effekte" zu den endogenen Erscheinungen gestellt werden, sofern sie mit gewisser Häufigkeit und Regelmäßigkeit, nicht aber ein- oder erstmalig (z. B. durch Invasoren) stattfinden.

Endogene Zyklizität

Mit zunehmendem Bestandesalter und damit längerwährender endogener Dynamik wird sich ein z. B. durch Brand entstandener Altersklassenwald immer stärker differenzieren (vgl. C 3). Die Altersstrukur der Bäume wird immer inhomogener, weil jedes Individuum eine individuelle Lebensdauer besitzt; mit dieser Differenzierung wächst auch diejenige der Kraut- bzw. Kryptogamenschicht. Die zunächst noch durch eine relativ homogene Altersstruktur gekennzeichnete Störstelle wird so im Verlauf einiger Generationen der Schlüsselart(en) immer unkenntlicher, ihre Grenzen verschwimmen. Damit schrumpfen auch die Abmessungen nachvollziehbarer Mosaiksteine schließlich bis auf die Größe des Einzelbaumes und dessen unmittelbare Umgebung.

Somit ist die endogene, in strukturellem Wandel sichtbare Zyklizität eines Ökosystems letztlich das Ergebnis der Lebenszyklen aller Individuen, die aufgrund ihrer Physiognomie raumprägend wirken - und so die Verteilung der

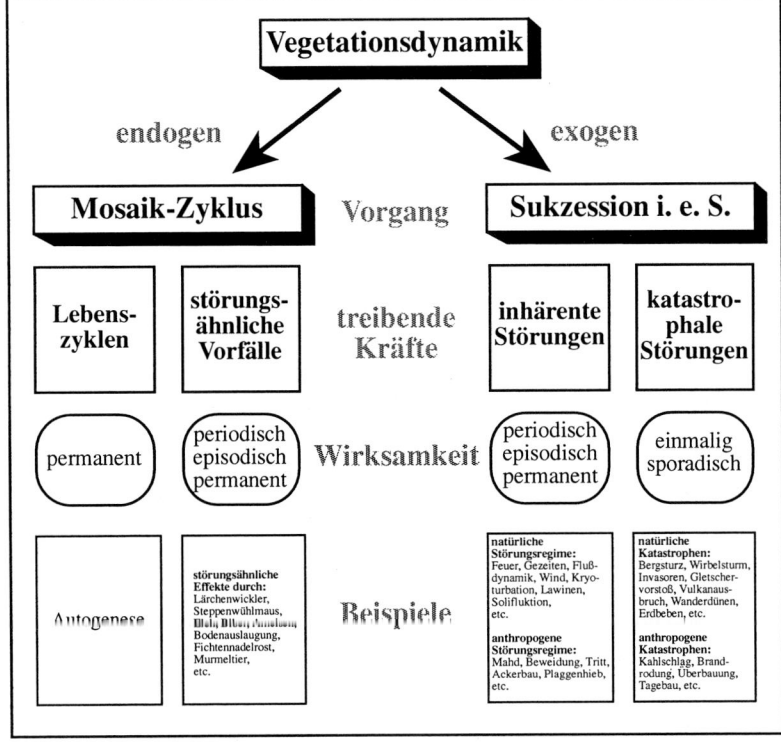

Abb. 5: Schema der Vegetationsdynamik unter besonderer Berücksichtigung endogener und exogener Mechanismen (aus Böhmer 1997)

nicht-raumprägenden Individuen, also üblicherweise der Vertreter der Nicht-Schlüsselarten, bestimmen. Hält man sich dies vor Augen, wird der Mosaik-Zyklus-Begriff zunehmend abstrakt: Mit der altersbedingt fortschreitenden strukturellen Differenzierung des Ökosystems gerät die Abmessung des Mosaiksteins immer mehr auf die Ebene des Individuums.

Bei derart konsequenter Sichtweise erwächst das alte Problem, daß an die Stelle des im Zusammenhang mit dem Mosaik-Zyklus-Konzept eher als funktionale Einheit zu begreifenden Ökosystems eine grenzenlose, sich kontinuierlich im Raum wandelnde und letztlich geradezu beziehungslos erscheinende Ansammlung von Individuen tritt (vgl. GLEASON 1926). Es ist bei Anwendung des Konzeptes deshalb ratsam, das betrachtete System nach außen klar abzugrenzen, so strittig dies im Einzelfall auch sein mag (vgl. JAX ET AL. 1992, SOLBRIG 1994). Dieser Schritt impliziert nicht notwendigerweise die Annahme, Ökosysteme seien grundsätzlich nach außen abgrenzbar; zugrunde liegt hier lediglich die pragmatische Überlegung, daß der Bearbeiter vor Ort eine Abgrenzung vornehmen muß, um für seine Untersuchungen eine Bezugsbasis zu schaffen. Das dabei auftretende Problem des Maßstabes von Mosaiksteinen könnte umgangen werden, wenn man als Bezugsgröße die Dimension raumprägender Schlüsselarten heranzieht (im Buchenwald wäre also der kleinstmögliche Mosaikstein eine einzelne Buche und die unter ihrem Einfluß stehende unmittelbare Umgebung, vgl. REMMERT 1991b).

Manche Formulierungen REMMERTS verleiten auch zu der Vorstellung, ein Ökosystem sei eine Art Organismus mit eigenem Lebenszyklus und entsprechenden Selbstheilungskräften. Beispiel hierfür ist die in den Veröffentlichungen immer wieder auftauchende Textstelle, „...alle in einem Ökosystem denkbaren Katastrophen..." seien „...ebenso wie die Reparatur solcher Katastrophen im System bereits vorprogrammiert..." (z. B. 1987: 32). „Mosaik-Zyklus" kann aber nicht den Zyklus eines Ökosystems meinen, sondern lediglich zyklische Erscheinungen von Struktur und Artverteilung in einem Ökosystem, die das Ergebnis der Lebenszyklen von Schlüsselarten sind und häufig in einer Mosaikstruktur bzw. mosaikartigen Artverteilung zum Ausdruck kommen. Eine Angepaßtheit eines Ökosystems (woran auch immer), die eine „Reparatur von Katastrophen" vorsieht, kann es eigentlich nicht geben, weil ein Ökosystem kein sich fortpflanzender Organismus ist, für den die Notwendigkeit einer Anpassung besteht. Anpassungen vollziehen sich auf der Artebene (vgl. 1.2). Dementsprechend gibt es im Prinzip auch keinen Lebenszyklus des Systems, sondern eben nur der systembildenden Arten (SOLBRIG 1994: 53).

Fazit: Die Abgrenzung des Mosaik-Zyklus-Begriffes

Wie gezeigt, beruht die Sonderstellung des Mosaik-Zyklus-Konzeptes nicht allein auf der von JAX herausgestellten Annahme eines Gleichgewichtes im

Gesamtsystem, die zudem von JAX selbst (1994: 110) als „überholt" eingeschätzt wird. Es erscheint deshalb naheliegend, die von REMMERT zwar nicht einleuchtend begründete, aber immer wieder betonte Bedeutung einer vorwiegend endogenen Dynamik stärker zu berücksichtigen (vgl. Abb. 5). Von Mosaik-Zyklen im Sinne der eingangs aufgeführten Kernaussagen sollte nur dann gesprochen werden, wenn ein Klimax-System sich letztlich durch die endogene Zyklizität seiner Mosaiksteine bzw. patches erhält. Die „treibenden Kräfte" (driving forces) dieser Dynamik gehen aus dem Ökosystem selbst hervor und werden bestimmt von den Strategien und Lebenszyklen der jeweiligen Schlüsselarten. Eine synonyme Verwendung mit den als „patch dynamics" angesprochenen Erscheinungen wie bei BEGON ET AL. (1991:836f.) ist schon allein deshalb irreführend, weil Mosaik-Zyklen lediglich eine Ursache unter vielen sind, als deren Folge „patches" entstehen (vgl. auch JAX 1994a). Der Begriff „Mosaik-Zyklus" ist somit kein überflüssiger Terminus, sondern u. a. geeignet als Sammelbegriff für endogene Vorgänge in gereiften „Klimax"-Systemen. Solche Vorgänge sind bislang nur isoliert und unter verschiedenen Bezeichnungen beschrieben worden (z. B. „cyclic microsuccession" bei WATT 1947, „shifting mosaic" bei BORMANN & LIKENS 1979, etc.).

2.3 Exkurs: Zur Bedeutung beider Konzepte für den Lebensraum Hochgebirge

TOWNSEND (1989) macht am Beispiel von Fließgewässern die Normalität eines natürlichen Störungsregimes anschaulich. Für die Lebensgemeinschaften in einem Fluß ist die exogene Dynamik der Regelfall, und ähnlich verhält es sich mit manchen Lebensgemeinschaften eines Hochgebirges[10] (vgl. Abb. 6). Die extremen Lebensbedingungen an vielen Standorten erfordern entsprechende Anpassungen der Pflanzenwelt (vgl. u. a. LARCHER 1980, FRANZ 1986, DIERSSEN 1996: 487f.). Gravitative Massenverlagerungen etwa gehören mit Selbstverständlichkeit zur Natur eines Hochgebirges, und so liegt die Überlegung nahe, daß dort, wo solche Störungen mehr oder weniger regelmäßig die belebte Umwelt treffen, von einem adaptiven Störungsregime auszugehen ist. Das gilt beispielsweise für Satzbewegungen von Gesteinsschutt; bereits SCHRÖTER (1908) versuchte, die Wuchsformen von Schuttpflanzen als Strategien deuten, indem er Schuttkriecher, Schuttstrecker, Schuttwanderer etc. auswies. Zahlreich sind im Alpenraum schon früh Arbeiten, die ganz allgemein den Einfluß der Oberflächenformen auf Pflanzenformationen behandeln [z. B. SCHARFETTERS „Über die Korrelation der Oberflächenformen und der Pflanzenformationen in den Alpen" (1914), KOEGELS „Die Pflanzendecke in ihren Beziehungen zu den Formen des alpinen Hochgebirges" (1924)]. Jüngere Untersuchungen, die sich mit speziellen Fragestellungen des Wechselspiels von Morphologie und Vegetation im Alpenraum be-

---

10) Zur vieldiskutierten Frage, was unter dem Begriff „Hochgebirge" zu verstehen ist, sei auf die umfassenden Betrachtungen von TROLL (1941, 1972), RATHJENS (1982) sowie BARSCH & CAINE (1984) verwiesen

A Theoretische Grundlagen

Störungstyp	Ökozone									
	1. Subpolare Zone	2. Boreale Zone	3. Feuchte Mittelbreiten	4. Trockene Mittelbreiten (4.1 Grassteppen / 4.2 Wüsten/Halbwüsten)	5. Subtropische / trop. Trockengebiete (5.1 Wüsten/Halbwüsten / 5.2 Dornsavannen/Dornsteppen)	6. Winterfeuchte Subtropen	7. Sommerfeuchte Tropen	8. Immerfeuchte Subtropen	9. Immerfeuchte Tropen	10. Hochgebirge
Solifluktion	●	◐	○	○ ○	○	○	○	○	○	◐
Eis- / Schneebruch	○	◐	◐	○	○	◐	○	○	○	◐
Wühler	◐	◐	◐	● ◐	◐ ◐	○	◐	◐	◐	◐
Bodennährstoffwechsel	○	◐	◐	○	○ ◐	◐	◐	○	◐	○
Wildschäden	◐	◐	◐	○	○	◐	◐	◐	◐	◐
Orkane / Hurricanes	○	◐	◐[1]	○ ◐	◐ ◐	○	◐	◐[1]	◐[1]	◐
Phytophage	◐	◐	◐	◐	◐	◐	◐	◐	◐	◐
Fröste	○[2]	◐[2]	◐[2]	○[2]	○ ○	◐	○	○	○	◐[2]
Überflutung	○[2]	◐[2]	◐[2]	◐[3]	◐[3]	◐	◐[2]	◐[2]	◐[2]	●
Versalzung	○	○	○	● ●	● ◐	◐	○	○	○	○
Dürre	○	◐	◐	◐ ◐[2]	○[2] ◐	◐	◐	○	○	◐
Feuer	◐	●	○	◐ ○	◐ ◐	●	◐	○	○	◐
Spüldenudation inkl. splash	◐	○	◐	◐ ◐	● ●	◐	◐	◐	◐	◐
rasche Massenbewegung	○	○	○	○	○	◐	○	○	○	●
Selbsterhaltungsanteil	◐	◐	◐	◐ ◐	◐ ◐	◐	◐	◐	◐	◐

1 = stellenweise verheerend : z.B. Hurricanes in der Karibik, Orkane in Westpatagonien
2 = häufig, aber (meist) wirkungslos   3 = selten, aber wirkungsvoll

Störeffekte fehlend, nie: ○   schwach, selten: ◐   mäßig, gelegentlich: ◐   deutlich, häufig: ◐   stark, oft: ●

Abb. 6: Versuch der Abschätzung der Bedeutung von Störungen in bestimmten Ökozonen. Hochgebirge (10) nehmen mit ihrer spezifischen Kombination von Störungsregimen eine Sonderstellung ein (aus Böhmer und Richter 1996: 631)

schäftigen, liegen u. a. von ZUBER (1968) und ARENTZ et al. (1985) vor. Ein Terminus, der die enge Verknüpfung der Morphodynamik mit der Pflanzenwelt unterstreicht, ist der von ABELE ET AL. (1993: 325ff.) gebrauchte Begriff „Geomorphodynamik": „Geomorphodynamik kann definiert werden als das Zusammenspiel der geomorphologischen Prozesse in einem geoökologischen Kontext, d. h. die geomorphologischen Prozesse werden im Hinblick auf ihre Quantifizierung, ihr Ursachengefüge, ihre Rückkoppelung mit anderen Teilkomplexen unserer Umwelt etc. erfaßt." Sehr enge Rückkopplungseffekte bestehen gerade in humiden Gebirgen wie den Alpen mit dem Teilkomplex Vegetation. ABELE ET AL. (a. a. O.) unterstreichen jedoch auch die Stützwirkung der Vegetation „... in den Hochgebirgen der Trockengebiete, wo die in feuchten Phasen ausgebildete Pflanzendecke beim Übergang in die Trockenphasen ihre fixierende Wirkung verliert."

Aufgrund der herrschenden Störungsregime und der mit zunehmender Höhe immer kürzeren Vegetationsperiode sind die Wuchsleistungen vieler Hochgebirgspflanzen eingeschränkt, weshalb Streßtoleranz wichtiger als Konkurrenzfähigkeit werden kann (CRAWFORD 1989). Vielen Störungsregimen ist gemeinsam, daß sie einerseits Populationen oder die Vegetation insgesamt schädigen, andererseits aber auch neue Ansiedlungsmöglichkeiten schaffen können. Die Hauptlinien der Adaptiogenese dürften demnach bei hochgebirgstypischen Störungsregimen auf ein hohes Regenerationsvermögen nach mechanischer Schädigung, das Vermeiden mechanischer Schädigung sowie die rasche Besiedlung von Primär- und Sekundärstandorten gerichtet sein (vgl. C).

Demgegenüber gibt es auch im Alpenraum Ökosysteme, die eine erstaunliche Pufferwirkung gegen bestimmte Umwelteinflüsse aufweisen, augenscheinlich keinem nennenswerten Störungsregime unterliegen und ihr Erscheinungsbild möglicherweise seit Jahrtausenden bewahren konnten. GARLEFF & HÖFNER (1991) z. B. betonen die Resistenz des alpinen Krummseggenrasens selbst gegen fundamentale Klimaänderungen (vgl. HÖFNER 1993: 79ff.). Auch KARRER (1980), GRABHERR (1987a) und KÖRNER (1989) belegen das breite Produktionsoptimum des *Curvuletums* unter recht verschiedenen Umweltbedingungen. Hier unterliegt die Vegetationsdynamik ganz offensichtlich vorwiegend endogenen Steuergrößen wie der vegetativen Regeneration der *Carex curvula* - Horste (GRABHERR 1987a). Doch auch andere Pflanzengesellschaften sind zumindest gegen mittelfristige Klimaschwankungen resistent und behaupten ihre endogene Dynamik. Daneben können Mosaik-Zyklen in montanen bis subalpinen Wäldern als verbreitete Erscheinungen einer natürlichen Walddynamik angesehen werden, die sich jedoch wegen der starken anthropogenen Überprägung selbst entlegener Wälder gegenwärtig kaum nachweisen lassen dürfte. Zur möglichen Bedeutung des Mosaik-Zyklus-Konzeptes für den alpinen Raum äußert sich auch ZIERL (1991).

B Konzeption und Methoden

> „Of course, it would be ideal to be able to study all of pattern, process and mechanism in a system, however, this is not practical."
>
> Madhur Anand (1994)

Ziel der vorliegenden Untersuchung ist die Ermittlung und Interpretation der Vegetationsdynamik typischer Formationen des Alpenraumes. Dabei findet die These besondere Berücksichtigung, daß in der subalpinen, alpinen und nivalen Höhenstufe natürliche Störungen (vgl. A 2) wesentliche Steuergrößen der Vegetationsdynamik sind. Im Mittelpunkt des Interesses stehen deshalb die Auswirkungen hochgebirgstypischer Störungen auf die Vegetation, oder, anders formuliert, die hochgebirgstypische Vegetationsdynamik als Ausdruck der An- bzw. Abwesenheit hochgebirgstypischer Störungen.

1 Konzeptionelle Grundlagen

In vegetationskundlicher Hinsicht zeichnet sich ein Hochgebirge durch eine ausgeprägte Vertikalgliederung aus, deren maßgebliche Ursache in einer höhenbedingten Änderung der klimatischen Verhältnisse, v. a. in der kontinuierlichen Abnahme der Lufttemperatur zu suchen ist (vgl. u. a. RATHJENS 1982). In den Alpen ist die Gliederung in Höhenstufen besonders deutlich ausgeprägt (vgl. Abb. 7). Allerdings gilt gerade hier, daß nur die höchsten Stufen (subalpin, alpin, nival) die eigentliche Hochgebirgsvegetation beheimaten, während die unteren Höhenstufen in oft wenig abgewandelter Form die Vegetation der benachbarten Großräume, insbesondere des montanen Mitteleuropas, widerspiegeln (vgl. u. a. ELLENBERG 1986a).

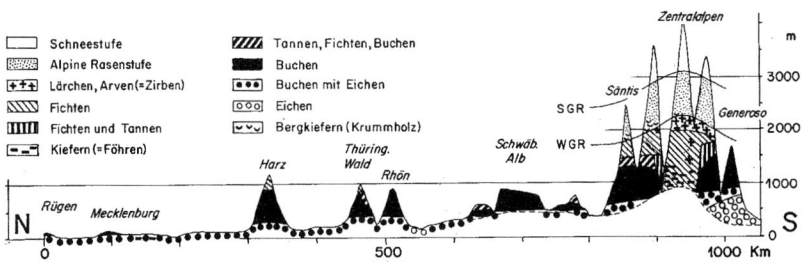

Abb. 7: Schematisierter Nord-Süd-Querschnitt durch die natürlichen Vegetationsstufen Mitteleuropas (aus Ellenberg 1986a: 27)

Bei der Auswahl der Untersuchungsgebiete war deshalb vorab eine Beschränkung auf die oberen Höhenstufen notwendig. Hier wurden als jeweils typische Formationen subalpiner Wald, subalpin-alpine Zwergstrauchheiden und alpine Rasen ausgewählt, die entsprechenden hochgebirgstypischen Störungsregimen bzw. Störungen wie periglaziäre Dynamik, gravitative Massenverlagerung oder Windschliff unterworfen waren oder sind (vgl. C).

Wie aber ist an solchen Standorten Licht in das komplexe Gefüge von Ursache und Wirkung, d. h. dem Erscheinungsbild der Vegetation und den hierfür vermutlich verantwortlichen Umweltfaktoren zu bringen? ANAND (1994, vgl. A 1) zeigt auf, daß bei vegetationskundlichen Untersuchungen drei Punkte grundsätzlich auseinandergehalten werden müssen:

1. die Suche nach Mustern (oder: „*Was* wird wahrgenommen?")
2. die Entschlüsselung der Prozesse, die zur Entstehung von Mustern führen (oder: „*Wie* entsteht das Wahrgenommene?")
3. die Entschlüsselung der Mechanismen, die den Prozessen und damit auch der Entstehung von Mustern zugrunde liegen (oder: „*Warum* entsteht das Wahrgenommene?").

Das Studium der Vegetationsdynamik impliziert alle drei Punkte. Ihre klare Trennung ist Grundbedingung jeder Untersuchung, die über eine Momentaufnahme von Pflanzenbeständen hinausreicht. Deshalb war es notwendig, dieser Problematik bei der Konzeption vorliegender Untersuchung das Hauptaugenmerk zu widmen.

1.1 Die Wahrnehmung von Mustern

Die Beobachtung der Dynamik von Vegetationsmustern berührt zunächst die grundsätzlichere Frage, wie die Wahrnehmung von Mustern zustande kommt. Entscheidend hierfür sind die verwendeten Methoden. COOPER (1926) und TANSLEY (1935) diskutierten unter dem Eindruck des individualistischen Ansatzes (GLEASON 1926) erstmals die Bedeutung des Maßstabes für die Wahrnehmung der Vegetationsdynamik.

Ist der passende gefunden, gibt es ein noch schwerwiegenderes Problem: Zeitliche Muster offenbaren die Dynamik der Vegetation, sind aber kurzfristig nicht nachzuweisen. Räumliche Muster sind zwar offensichtlicher und können wesentlich leichter beschrieben werden, geben aber nur Momentaufnahmen wieder. Schon WATT (1947) ging allerdings davon aus, daß räumliche Muster in Pflanzengemeinschaften längerfristige zyklische Vorgänge gewissermaßen offenbaren (vgl. HILL 1973).

VER HOEF et al. (1993) definieren Muster im ökologischen Sinne als nicht zufälliges, horizontales, räumliches Vorkommen von Organismen. Übertragen auf Vegetationsuntersuchungen läßt diese Definition zwei Möglichkeiten offen. Einerseits können

Muster verschiedener Vegetationseinheiten (z. B. Formationen, Gesellschaften, etc.) betrachtet werden, andererseits ebenso die Verbreitungsmuster einzelner Populationen. Beide Betrachtungsebenen werden in den späteren Kapiteln eine Rolle spielen.

Muster von Vegetationseinheiten sind *im Gelände* mehr oder weniger *sichtbar* (vgl. z. B. THEURILLAT 1992), d. h. sie sind für das subjektive Auge des Beobachters wahrnehmbar. Gleiches gilt, wenn auch mit Abstrichen, für die Verbreitungsmuster der Populationen, aus denen sich die Vegetationseinheiten zusammensetzen. Dieser Umstand birgt aber die Gefahr, daß Muster *übersehen* werden, wo sie nicht *offensichtlich* sind. Es gibt verschiedene Möglichkeiten, solche Wahrnehmungslücken zu umgehen und selbst unsichtbare Muster zu entschlüsseln (vgl. ORLOCI 1988 und B 2).

Aus strukturellen Ähnlichkeiten können zudem keine Schlüsse auf floristische Ähnlichkeiten gezogen werden. Hierzu ein Beispiel: Als subalpin(-alpine) Zwergstrauchformation, die eine enge Bindung an ein bestimmtes Störungsregime aufweist, wurde die *Loiseleuria*-„Windheide" (vgl. C 2) der Alpen ausgewählt. Auch in anderen Gebirgen finden sich an vergleichbaren Standorten physiognomisch sehr ähnliche Vegetationseinheiten, die jedoch ein völlig anderes Arteninventar aufweisen. Ein gut dokumentiertes Beispiel sind die *Calluna*-Windheiden der schottischen Highlands (GIMINGHAM 1996, s. u.); aber auch in Gebirgen anderer Erdteile gibt es sehr ähnliche Formationen, z. B. die *Dryas*-Windheiden im mongolischen Charchiraa-Gebirge (BÖHMER unveröff.).

Welcher Maßstab ist nun der angemessene, wenn es um die Observierung der Vegetationsdynamik innerhalb von Pflanzengemeinschaften geht? Es ist wichtig, die Betrachtungsebene zu finden, auf der sich für pflanzliche Individuen die existenziell bedeutsamen Vorgänge abspielen. In ungestörten Beständen handelt es sich dabei vor allem um das Entstehen und Vergehen potentieller Wuchsorte. Da in entwickelter Vegetation üblicherweise eine oder mehrere Schlüsselarten den Raum beherrschen und somit die Ansiedlungsmöglichkeiten der übrigen Arten kontrollieren, ist es naheliegend, den Raumanspruch eines Schlüsselart-Individuums als Orientierungsgrundlage bei der Wahl des Betrachtungsmaßstabes heranzuziehen. Deshalb wurden die räumlichen Muster in den untersuchten Vegetationseinheiten nicht mit einem einheitlichen Aufnahmedesign erfaßt. Die Größe der Subplots im Krummseggenrasen (Schlüsselart *Carex curvula*, C 1) beträgt 100cm^2, die Größe der Subplots in der Windheide (Schlüsselart *Loiseleuria procumbens*, C 2) 400cm^2. Im jungen Lärchenwald des Gletschervorfeldes (Schlüsselarten *Larix decidua*, *Rhododendron ferrugineum*) haben die Subplots eine Größe von 1m^2. Auf diese Weise erfaßte Muster sind wesentlich differenzierter als bei herkömmlichen Sukzessionsstudien. Das schließt aber nicht aus, daß die Erkennung der Muster auch in diesem Maßstab von der Gestalt der Aufnahmefläche beeinträchtigt werden kann). Dies ist aber unumgänglich, wenn Erkenntnisse über die bestandsinterne Vegetationsdynamik gewonnen werden sollen. So entsteht eine Grundlage für die Abschätzung des Artverhaltens im Bestand, also für eine Soziologie im eigentlichen Sinne.

1.2 Die Bestimmung der Vorgänge

Mit ROBERTS (1987) läßt sich die gegenwärtige Einschätzung der Vorgänge in Pflanzenbeständen etwa so formulieren, daß räumliche Verteilung und zeitliche Entwicklung der Vegetation nicht unabhängig voneinander betrachtet werden können. Die Zusammensetzung und Entwicklung einer Lebensgemeinschaft verläuft teils zufällig, teils determiniert von den Eigenschaften der systembestimmenden Parameter, u. a. jenen der Schlüsselorganismen (vgl. B 1.1).

Es gibt zwei grundsätzlich verschiedene Ansätze zur Ermittlung der Vegetationsdynamik. Vor allem in der jüngeren Vergangenheit haben Dauerflächen-Untersuchungen (vgl. DIERSCHKE 1994: 402f.) an Bedeutung gewonnen. Neben vielen Vorzügen besitzt diese Methode auch eine eigene Problematik, die vor allem aus dem Umstand erwächst, daß ihre Verläßlichkeit leicht überschätzt wird und die Resultate aufgrund ihrer vermeintlichen Exaktheit gerne vorschnell als allgemeingültig angesehen werden. Die Ergebnisse der Untersuchungen besitzen aber nur für den untersuchten Zeitraum und Standort Gültigkeit; ihre Übertragbarkeit auf andere Zeiträume und Standorte sollte also grundsätzlich kritisch hinterfragt werden. Ob die im Verlauf einer zehn Jahre währenden Untersuchung beobachtete Dynamik in den folgenden zehn Jahren gleich oder ähnlich verläuft, kann trotz des hohen Aufwandes nicht verläßlich vorhergesagt werden, da entscheidende Umweltparameter wie das Klima niemals konstant bleiben.

Die Beobachtung von Dauerflächen erscheint deshalb zwar geeignet, das Prinzip der Dynamik (z. B. Karussell-Dynamik, vgl. C 1) zu erkunden, nicht aber, detaillierte Aussagen über die Zukunft oder Vergangenheit eines Bestandes zu gewinnen. Abgesehen davon kann nicht ausgeschlossen werden, daß sich die durch das übliche Schätzverfahren unvermeidlichen Meßfehler unwägbar potenzieren oder Probeflächen durch die fortgesetzte Beanspruchung (zumindest ihrer Umgebung) verändert werden.

Angesichts der kurzen Projektspanne von drei Jahren schien es nicht sinnvoll, Dauerflächen einzurichten. Nach reiflicher Überlegung und sorgsamer Auswahl wurden deshalb die Ergebnisse von Arbeiten an eng verwandten Formationen (z. B. VAN DER MAAREL & SYKES 1993, GIMINGHAM 1996) als Hilfsmittel zur Interpretation der Langzeitdynamik eingesetzt.

Die Datengrundlage für die vorliegende Untersuchung wurde allerdings nach einem zweiten Prinzip geschaffen, das auf dem sogenannten „location for time"-Konzept (früher: „space for time"; vgl. PAINE 1985) basiert. Dabei tritt die gleichzeitige Observierung verschiedener Standorte an die Stelle der

Observierung eines Standortes zu verschiedenen Zeitpunkten. Dem Vorteil des überschaubaren Zeitaufwandes im Gelände steht natürlich auch hier eine Reihe von Problemen gegenüber (vgl. LUX unveröff.); zu nennen ist vor allem die stets nur hypothetische Vergleichbarkeit verschiedener Standorte. Dieser schwerwiegende Einwand wurde bei den Untersuchungen an Windheide und Krummseggenrasen umgangen, indem auf sehr kleiner, weitestgehend homogener Fläche eine größtmögliche Zahl an Aufnahmen vorgenommen wurde. Für die Untersuchungen im Gletschervorfeld bleibt der Einwand natürlich bestehen. Hier beruht die Einschätzung der Vergleichbarkeit auf subjektiven Kriterien des Bearbeiters; Einschränkungen der Vergleichbarkeit ergeben sich jedoch ganz von selbst aus dem erhobenen Datenmaterial (vgl. C 3).

Diese Vorgehensweise, nach der die Vegetationsdynamik eines Standortes aus der aktuellen Vegetation gewissermaßen „abgelesen" wird, entspricht in etwa dem, was HARD (1995) als „Spurenlesen" bezeichnet. Der recht komplexe Vorgang folgt drei Grundprinzipien:

1. dem „Prinzip des zutageliegenden Untergrunds": Diese aus der Kartierarbeit von Geologen entliehene Metapher umschreibt eine Taktik, bei der aus sichtbaren, zutageliegenden Phänomenen (Indizien) auf verborgene Strukturen und Zusammenhänge geschlossen wird, von denen der Bearbeiter nur eine hypothetische Vorstellung hat.

2. dem „Prinzip der plausiblen Konkurrenzhypothesen": Die Vieldeutigkeit der Indizien in der Vegetation zwingt den Bearbeiter, mehrere prüfbare Alternativhypothesen aufzustellen.

3. dem „Prinzip der multiplen Operationalisierung": Wenn eine ins Auge gefaßte Hypothese richtig wäre, müßten sich auch weitere Indizien finden, die wiederum die Richtigkeit der Annahme bestätigen.

1.3 Die Ermittlung zugrundeliegender Mechanismen

Daß die fortwährende dynamische Wechselwirkung zwischen Pflanzenformationen und geomorphologischen Prozessen den kontinuierlichen Wandel der Vegetation bedingt, betonte bereits COWLES (1899). CLEMENTS (1916) hingegen wies darauf hin, daß die räumliche Verteilung der Vegetation auch von der Fähigkeit der Pflanzendecke abhängen muß, die Umwelt entscheidend zu modifizieren. Bereits in Kapitel A 2 wurden Konzepte diskutiert, die eine solche Trennung exogener und endogener Mechanismen der Vegetationsdynamik vorsehen (vgl. BÖHMER 1997).

Auch diese Unterscheidung ist nicht neu. „Autogene" und „allogene" Konzepte finden sich bereits bei ODUM 1971. WEBB et al. (1972) unterscheiden endogene und exogene Faktoren als treibende Kräfte der patch dynamics im subtropischen Regenwald. ANAND (1994: 85) bezeichnet den Einfluß der physikalischen Umwelt als einen der wichtigsten Steuermechanismen für räumliche und zeitliche Vegetationsmuster. Demgegenüber sind die Lebensstrategien der Arten als endogene Mechanismen anzusehen (vgl. A 1.2).

1.3.1 Natürliche Störungen als grundlegende Mechanismen der Dynamik

PICKETT & WHITE (1985) setzten mit der Herausgabe des Buches „The ecology of natural disturbance and patch dynamics" einen Meilenstein für das Konzept der natürlichen Störungen. Hier werden unterschiedlichste Störungstypen und ihre Auswirkungen auf die Populationen der jeweils betroffenen Pflanzen- und Tierarten vorgestellt. Bezüglich der Rolle von Störungen als Mechanismen der Vegetationsdynamik stehen Wälder verschiedener Ökozonen im Mittelpunkt der Aufmerksamkeit. Dies ist nicht verwunderlich, da sie das traditionellste Objekt der Dynamikforschung verkörpern (vgl. A 1). Als bestrezipierte Störungsregime zeichnen sich Stürme (u. a. VEBLEN 1985) und Feuer (u. a. TRETER 1993) ab.

Die Ansprache von Störungsregimen stößt allerdings auf viele grundsätzliche Probleme. Dies gilt vor allem für die ursachenbezogenen Variablen (vgl. A 2.1.2). Die Intensität einer Störung an sich ist kaum meßbar. Sichtbar ist lediglich die Intensität der Auswirkung, also die entsprechende wirkungsbezogene Variable. Gleiches gilt für Ausdehnung und Verteilung sowie für die Dauer vieler Störungen. Auch Häufigkeit und Vorhersagbarkeit bleiben oft im Dunkeln. So muß von den wirkungsbezogenen Variablen indirekt auf die Eigenschaften des Störfaktors geschlossen werden. Einfacher gesagt: Der Zustand der Vegetation charakterisiert das Störungsregime. Die Zulässigkeit dieser Schlußfolgerung wird allerdings nur durch umfangreiche Voruntersuchungen beurteilbar. Hierbei ist es vor allem wichtig, die Untersuchungsflächen in einen größeren naturräumlichen Kontext zu stellen (vgl. C).

1.3.2 Lebensstrategien als grundlegende Mechanismen der Vegetationsdynamik

In Kapitel A 1.2 wurde bereits das Primärstrategien-Modell von GRIME vorgestellt. Natürlich ist dieses Modell nur eine von vielen Möglichkeiten, die Vielfalt (pflanzlicher) Lebensstrategien begreifbar zu machen (vgl. RAMENSKY 1938, MACARTHUR & WILSON 1967, RABOTNOV 1975, STEARNS 1976). In Anlehnung an GRIME stellen z. B. NOBLE & SLATYER (1980) auf der Basis von „vital attributes" funktionelle Gruppen zusammen (vgl. NOBLE & GITAY 1996: 330f.). Letztendlich verkörpern aber alle Modelle dieses ein- bzw. zweidimensionalen Typs eine zu starke Vereinfachung der ungeheuren Vielfalt möglicher Strategien und können nur Fingerzeige auf die grundlegenden Prinzipien sein. Bereits WILBUR (WILBUR et al. 1974, WILBUR 1976) setzt sich kritisch mit den Modellen auseinander, insbesondere mit dem eindimensionalen Charakter des r-K-Kontinuums. Er weist darauf hin, daß eine Lebensstrategie als Ausschnitt eines multidimensionalen Hyperraums anzusehen ist, in dem die Achsen verschiedene Eigenschaften der jeweiligen Art repräsentieren (vgl. DURING 1979).

Somit verbietet sich eine Klassifikation von Strategietypen eigentlich von selbst; zumindest aber muß sie auf einer deutlich differenzierteren Grundlage vorgenommen werden, wie sie zum Beispiel die Datenbank PHANART (LINDACHER et al. 1995) andeutet. Das Problem besteht hierbei im mangelnden Wissen über viele pflanzliche Eigenschaften von hoher ökologischer Relevanz (z. B. Verbreitungstyp, Ressourcenbedarf, etc.). CORNELIUS et al. (1990) listen solche Eigenschaften auf und stellen die erbbedingte Lebensausstattung einer Pflanzenart als „Schlüssel" dar, der in ein bestimmtes „Schloß", d. h. artgerechte Standortsverhältnisse paßt (vgl. das „dynamic-keyhole-model", GIGON & LEUTERT 1996). Diese Vorstellung hat den entscheidenden Vorteil, daß sie den passiven Charakter pflanzlichen Verhaltens betont. Mit der Verwendung von Begriffen wie „Strategie" (GRIME) oder „Taktik" (STEARNS) wird gewissermaßen eine „Absicht" von Pflanzen suggeriert, die keinesfalls besteht. Aus diesem Grund sollte besser von „Verhaltenstypen" als von „Strategietypen" die Rede sein. Der Begriff „Strategie" kann hier aber schon allein wegen seiner längst erfolgten Etablierung nicht verworfen werden. Für die vorliegende Untersuchung wurden deshalb auf der Grundlage des Artverhaltens und daraus als relevant abgeleiteter Eigenschaften provisorische „Verhaltenstypen" abgeleitet, ohne bei deren Ansprache auf den Strategie-Begriff zu verzichten.

2 Die verwendeten Methoden

2.1 Methoden der Datenerhebung

2.1.1 Grundlegendes

Die Datenerhebung erfolgte hauptsächlich während der Vegetationsperioden 1995-97; daneben wurde auch Material verwendet, das bereits aus den Vegetationsperioden 1992 und 1994 vorlag. Die Nomenklatur der Gefäßpflanzenarten richtet sich auf der Grundlage von EHRENDORFER 1973 nach PHANART (LINDACHER et al. 1995), diejenige der Moose nach FRAHM & FREY (1987). Die Ansprache der Flechtenarten folgt WIRTH (1980).

2.1.2 Auswahl der Probeflächen und Aufnahmedesign

Die Vegetation der Untersuchungsgebiete wurde zunächst im klassischen Verfahren durch Erhebungen auf präferentiell plazierten Aufnahmeflächen näher charakterisiert. Dieses Vorgehen hat den Vorteil, daß erstens ein Eindruck vom ökologischen Kontext gewonnen wird, in dem die Flächen für Datailuntersuchungen stehen, und daß zweitens eine Verständigungsbasis zur traditionellen Literatur geschaffen wird (vgl. C). Das Aufnahmedesign orientiert sich an der Struktur des jeweiligen Lebensraumes und wird in den entsprechenden Kapiteln C 1-3 beschrieben.

2.1.3 Erhobene Daten

Auf den Untersuchungsflächen wurden folgende Daten erhoben:

a.) Floristische Daten (vgl. 2.3.1)

Gesamtdeckung der Vegetation, Artenliste, Dominanz und Abundanz der Arten (nach LONDO 1975), Vitalität der Schlüsselart, Bestandshöhe;

b.) Standortsvariable

Höhe über Meer, Exposition, Neigung, Geomorphologie, Boden;

2.2 Methoden der Datenauswertung

2.2.1 Dateneingabe

Die Eingabe der erhobenen Daten erfolgte mit dem Programm EXCEL, das als konsensfähigste Basis für die weitere Datenverarbeitung erschien. Auf dieser Grundlage konnten die großen Datenmengen für die recht vielschichtige Auswertung (EXCEL, MULVA, CANOCO, IDRISI, DENS) relativ bequem gehandhabt werden.

2.2.2 Synoptischer Tabellenvergleich

Zur grundlegenden Charakterisierung der Vegetation in den Untersuchungsgebieten und als Verständigungsbasis mit konventionellen Arbeiten wurde eine Klassifikation der pflanzensoziologischen Aufnahmen nach der üblichen Methode der Braun-Blanquet-Schule vorgenommen (vgl. MUELLER-DOMBOIS & ELLENBERG 1974, DIERSSEN 1990).

2.2.3 Univariate und multivariate statistische Methoden

Bei univariaten statistischen Methoden wird eine Variable (z. B. Artenzahl) betrachtet, die auf ihre Abhängigkeit von anderen Größen (z. B. Bestandsalter, Störungsintensität) getestet werden kann. Im Gegensatz dazu bieten multivariate statistische Methoden die Möglichkeit, mehrere Variablen gleichzeitig zu betrachten. Aus der Vielzahl der eingebrachten Variablen entsteht ein vieldimensionaler Raum, dessen Umfang von den beliebig vielen, sich aus den Variablen ergebenden Achsen abgesteckt wird.

Aus den Deckungswerten der Arten zum Beispiel entsteht ein „floristischer Raum", in dem jede Aufnahme durch einen Punkt verkörpert wird. Hierbei gibt es entgegen der traditionellen pflanzensoziologischen Methodik keine Wertung von Arten als „Charakterarten" oder „Begleiter" - alle Arten werden als gleichrangig differenzierend angesehen.Neben dem floristischen kann auch ein „ökologischer

Raum" betrachtet werden, der sich aus den Werten der Standortsvariablen (für die jeweiligen Aufnahmen) ergibt. Je geringer der Abstand zweier Punkte in diesen abstrakten Räumen ist, desto ähnlicher sind sich die entsprechenden Aufnahmen bezüglich ihrer Zusammensetzung oder ihrer Standortdaten (vgl. BEMMERLEIN-LUX & FISCHER 1990).

Für die vorliegende Untersuchung sind zwei Gruppen von multivariaten Analysen von Interesse: Clusteranalysen und Ordinationen. Das Ziel von Clusteranalysen ist die Klassifikation des Aufnahmematerials, d. h. die Bildung möglichst homogener Gruppen und deren Ordnung nach verschiedenen Ähnlichkeitskriterien. Demgegenüber ist es das Ziel von Ordinationsverfahren, erstens die beobachtete Variabilität der Daten im Sinne von Gradienten (also als Kontinuum; vgl. GLEASON 1926) zu veranschaulichen, und zweitens die Faktoren zu ermitteln, welche die Variabilität erzeugen. Trotz der Erzeugung „harter" Ergebnisse durch diese rechnergestützten Verfahren darf allerdings nicht davon ausgegangen werden, die Natur würde hierdurch unabhängig von subjektiven Einflüssen des menschlichen Denkens analysiert. „Mathematik ist (...) ein Teil des menschlichen Denkens. Jede mathematische Methode hat ihre eigenen ontologischen Implikationen" (WIEGLEB 1986: 368). Auch die multivariate Datenanalyse ist immer in einem größeren Rahmen zu betrachten, der ihre Ergebnisse beeinflußt. Sie ist „... ein iterativer Prozess zwischen dem Bearbeiter und verschiedenen Analysetechniken..." (FISCHER 1994: 17).

Für die numerische Klassifikation der Aufnahmen und des Artverhaltens wurde das Programmpaket MULVA (Version 5, vgl. WILDI 1994) eingesetzt. Angaben zu den durchgeführten Datentransformationen und den verwendeten Distanzmaßen sind den Abbildungen in Kapitel C zu entnehmen. Da Umweltparameter nicht bzw. nicht für jede Aufnahme erhoben wurden, wurde den entscheidenden Standortfaktoren mit Hilfe indirekter Gradientanalysen (CA, PCA) nachgespürt. Für die Berechnungen von CA und PCA wurde das Programm CANOCO (TER BRAAK 1988) verwendet, für die Ergebnisdarstellung CANODRAW. Ausführliche Beschreibungen numerischer Methoden finden sich bei BEMMERLEIN-LUX & FISCHER (1990) sowie JONGMAN ET AL. (1995). Die Darstellung der Dominanzmuster erfolgte mit Unterstützung von IDRISI, einem rasterorientierten GIS.

2.3 Sonstige Methoden

2.3.1 Dendroökologie

Die genaue Position der Einzelbäume im Vorfeld des Lys-Gletschers (vgl. C 3) wurde per Triangulation ermittelt. Für jeden Baum wurden folgende Daten erfaßt: Baumart, Stammumfang in 30 cm Höhe, Stammumfang in 130 cm Höhe, Baumhöhe (mit einem HAGA-Baumhöhenmesser). Die Altersbestimmung erfolgte mit einem Zuwachsbohrer (Durchm. 5 mm), mit dessen Hilfe in 30 cm Höhe ein Bohrkern entnommen wurde. Bei Jungbäumen, die für diese Methode ungeeignet waren, konnte das Alter durch Abzählen von Trieben näherungsweise ermittelt werden. Zusätzlich wurde auf jeder Fläche eine Kronenprojektion durchgeführt und eine Skizze angefertigt, in der Fels, Steinblöcke, Totholz, Geländestufen und die räumliche Verteilung der vorherrschenden Bodenvegetation lagetreu eingezeichnet wurden.

Im Labor wurden die Bohrkerne in Holzleisten fixiert und zur besseren Kenntlichkeit der Jahrringe mit Schleifpapier verschiedener Körnung bearbeitet. Die Jahrringe wurden je nach Breite und Deutlichkeit mit bloßem Auge, einem Vergrößerungsglas oder einem Binokular ausgezählt. Fehlende Jahrringe sind rekonstruiert und hinzugezählt worden. Da die Bohrkerne einer Höhe von 30 cm entstammen, ist dem aus der Zahl der Jahrringe ermittelten Alter noch der Zeitraum hinzuzurechnen, den der Baum benötigt hat, um die Höhe von 30 cm zu erreichen. Weil dieser Wert je nach Standortbedingungen und Baumart schwankt, wird das durch Abzählen ermittelte Alter angegeben. Um die Wuchsbedingungen auf den Standorten einschätzen zu können, wurde die mittlere Jahrringbreite der Bäume errechnet. Weil das Dickenwachstum auf dem gravitativ verlagerten Substrat vielfach sehr asymmetrisch (Stammknie etc.) erfolgt, ist aus einem Kern kaum ein repräsentativer Wert für den gesamten Stammquerschnitt zu erhalten. Falls der Baum beim Anbohren durchstoßen wurde, konnten aus den so erhaltenen Zuwächsen beider Radien Mittelwerte gebildet werden. War ein Durchstoßen nicht möglich, wurde aus dem bekannten Stammumfang in 30 cm Höhe der mittlere Radius berechnet und durch das Baumalter geteilt. Weil die Rinde bei der Berechnung des Stammumfanges den Wert verfälscht, muß das Ergebnis mit einem baumartspezifischen Faktor nach unten korrigiert werden. Die statistischen Analyse der dendroökologischen Daten erfolgte mit Hilfe des Densitometrie-Programmpaketes der WSL in Birmensdorf (NOGLER 1993).

2.3.2 Bodenuntersuchungen

Zur Kennzeichnung der Standortverhältnisse wurden in allen Untersuchungsgebieten Bodenproben entnommen. Wesentliche Informationen lieferten bereits die qualitativen Bodenprofilansprachen im Gelände. Neben den üblichen Profilgruben haben sich 4-6 m lange Schürfgräben, die dem Gefälle folgend am Rande der Aufnahmeflächen angelegt wurden, als recht nützlich erwiesen, um den unmittelbaren Zusammenhängen zwischen dem Entwicklungszustand der Vegetationsdecke und Verlauf bzw. Mächtigkeit der Bodenhorizonte auf die Spur zu kommen. Die gewonnenen Bodenproben wurden im Labor auf wichtige qualitative und quantitative Merkmale und Eigenschaften wie Bodenfarbe, Skelettanteil >2mm, Korngrößenzusammensetzung der Fraktionen <2mm, pH-Wert, Humusgehalt, Stickstoffgehalt, C/N-Verhältnis, z. T. auch Makronährstoffe (Mg, K, Ca, P) hin analysiert.

C Vegetationsdynamik ausgewählter Ökosysteme

1 Ökosystem „Krummseggenrasen"

1.1 Zum Forschungsstand der Vegetationsdynamik in Rasen

Die Informationsfülle zur Dynamik von Rasen, Wiesen und Steppen ist mittlerweile recht unübersichtlich geworden, obwohl die Anfänge diesbezüglicher Untersuchungen nicht so weit zurückreichen wie etwa bei ericoiden Heiden (C 2) oder gar Wäldern (C 3). Vor allem der WATT-Schüler Peter J. GRUBB griff die Vorstellung einer kontinuierlichen Regeneration auf. Er wies die permanente Entstehung und Schließung von Lücken in Kalkmagerrasen nach und unterstrich die Bedeutung solcher Lücken für die Populationsdynamik (z. B. GRUBB 1976). GLENN & COLLINS (1990, 1993) untersuchten die Mobilität der Arten in der „tall-grass prairie" und fanden heraus, daß die kleinräumige Dynamik innerhalb dieser Formation nicht vorherzusagen ist. Auch HERBEN et al. (1997) belegen die Zufälligkeit der Interaktionen in einer *Nardetalia*-Gesellschaft. Demgegenüber beschreiben GIGON & RYSER (1986), RYSER (1990) und GIGON (1994) positive Interaktionen in Trespen-Halbtrockenrasen. GRIME (u. a. 1979) betont die Rolle unterschiedlicher Lebensstrategien für die Artenvielfalt in Rasen.

Während zahlreiche Autoren einen Schwerpunkt auf biotische Interaktionen legen, wird in anderen Untersuchungen immer wieder die Bedeutung von Störungen für die räumliche und zeitliche Heterogenität der Grasvegetation angesprochen (vgl. VERKAAR & LONDO 1993). DAUBENMIRE (1968), ZEDLER & LOUCKS (1969) und VOGL (1974) begannen die inzwischen zahlreichen Untersuchungen zur Feuerökologie verschiedener Prairie-Typen. PLATT (1975) beobachtete in der Prairie ein Störungsregime, dessen Träger Dachse und Erdhörnchen sind (vgl. PEARSON 1959, PETERSON 1994), während zuvor schon BAXTER & HOLE (1967) von Ameisen hervorgerufene Substratbewegungen beschrieben (vgl. BÖHMER 1994b). LEUTERT (1983) untersuchte den Einfluß von *Microtus arvalis* auf die floristische Zusammensetzung von Wiesen-Ökosystemen (vgl. GIGON & LEUTERT 1996). Für die vorliegende Untersuchung ist das sogenannte „carousel model" (VAN DER MAAREL & SYKES 1993) von Bedeutung. Dieser Ansatz steht in den letzten Jahren besonders im Blickpunkt der Dynamikforschung (vgl. KAZMIERCZAK et al. 1995, VAN DER MAAREL et al. 1996, WILSON et al. 1996) und ist deshalb hier etwas ausführlicher zu besprechen.

Karussell-Dynamik

VAN DER MAAREL & SYKES (1993) beobachteten anhand von Kalkmagerrasen (*Avenetum*) auf Öland, daß die meisten dort vorkommenden Pflanzenarten im Laufe relativ kurzer Zeit (Beobachtungszeitraum: 6 Jahre) in jedem Subplot (100 cm^2)

der bezüglich ihrer Standorteigenschaften weitgehend homogenen Untersuchungsflächen auftreten. Dabei „durchwandern" die Populationen die Lebensgemeinschaft, indem sie an einer Stelle verschwinden, an anderen aber neu Fuß fassen. Die Artenzahl pro Flächeneinheit bleibt unterdessen nahezu konstant. Die weitaus größte Zahl der Subplots weist eine große Ähnlichkeit auf; gleichbleibend wenige fallen aus dem Rahmen, und über die Jahre hinweg sind es immer wieder andere, welche ein „abnormes" Erscheinungsbild aufweisen. „What seems to be new in this model is the possibility that in the course of time any microsite can be a niche for most of the species participating in the community. This leads to the concept of turn-around cycle, i. e. the time involved in the circulation of all participating species through all parts of the community" (1993: 186; vgl. WATT 1947, REMMERT 1992, BÖHMER 1997).

Auch wenn es sich hier nicht unbedingt um ein unberührtes Ökosystem handelt, so ist doch eine Übertragbarkeit auf natürliche Rasen durchaus anzunehmen. Die Untersuchungen von GRABHERR (1987, 1989) am alpinen Krummseggenrasen lassen eine verwandte Dynamik vermuten. Die namengebende *Carex curvula* bildet pro Quadratmeter bis zu 3000 Triebe aus. Die Rhizome dieser Pflanze sind mit ca. 20 Jahren Lebensdauer ausgesprochen langlebig und bauen im Laufe der Zeit vor allem in der obersten Bodenschicht (0-5cm) das bis zu 18-fache der oberirdischen Phytomasse auf. Es entsteht ein extrem dichter Wurzelfilz, der anderen Gefäßpflanzen kaum Ansiedlungsmöglichkeiten läßt. Die Krummsegge erhält ihre Konkurrenzkraft also durch eine extreme unter- und oberirdische Raumdominanz. In diesem Milieu kann sich die Population über Jahrtausende ohne größeren Blühaufwand regenerieren, indem unglaublich langsam (0,9mm/Jahr) vordringende Ausläufer den Bestand durchwandern. Vermutlich sind nur sie in der Lage, abgestorbene Individuen der eigenen Spezies am Wuchsort zu ersetzen. Diese Dynamik wird bisweilen durch Störungen bzw. störungsähnliche Effekte unterbrochen, z. B. die Grabtätigkeit von Murmeltieren, die kleine Erdhügel aufwerfen, Nährstoffe anreichern und so ein Vegetationsmosaik erzeugen (vgl. BÖHMER 1994a).

1.2 Das Untersuchungsgebiet

1.2.1 Lage und Abgrenzung

Das Einzugsgebiet des Glatzbaches liegt auf der Südabdachung des Alpenhauptkammes im Übergangsbereich zwischen Glockner- und Schobergruppe (vgl. Abb. 8). In unmittelbarer Nachbarschaft verläuft die Grenze der Bundesländer Kärnten, Tirol und Salzburg sowie jene des Nationalparks „Hohe Tauern", dessen Kernbereich der wenige Kilometer nordwestlich aufragende Großglockner (3798m) bildet. Höchste Erhebung des Untersuchungsgebietes ist der Gipfel der Leitenköpfe (2910m), tiefster Punkt ein wassergefülltes Toteisloch

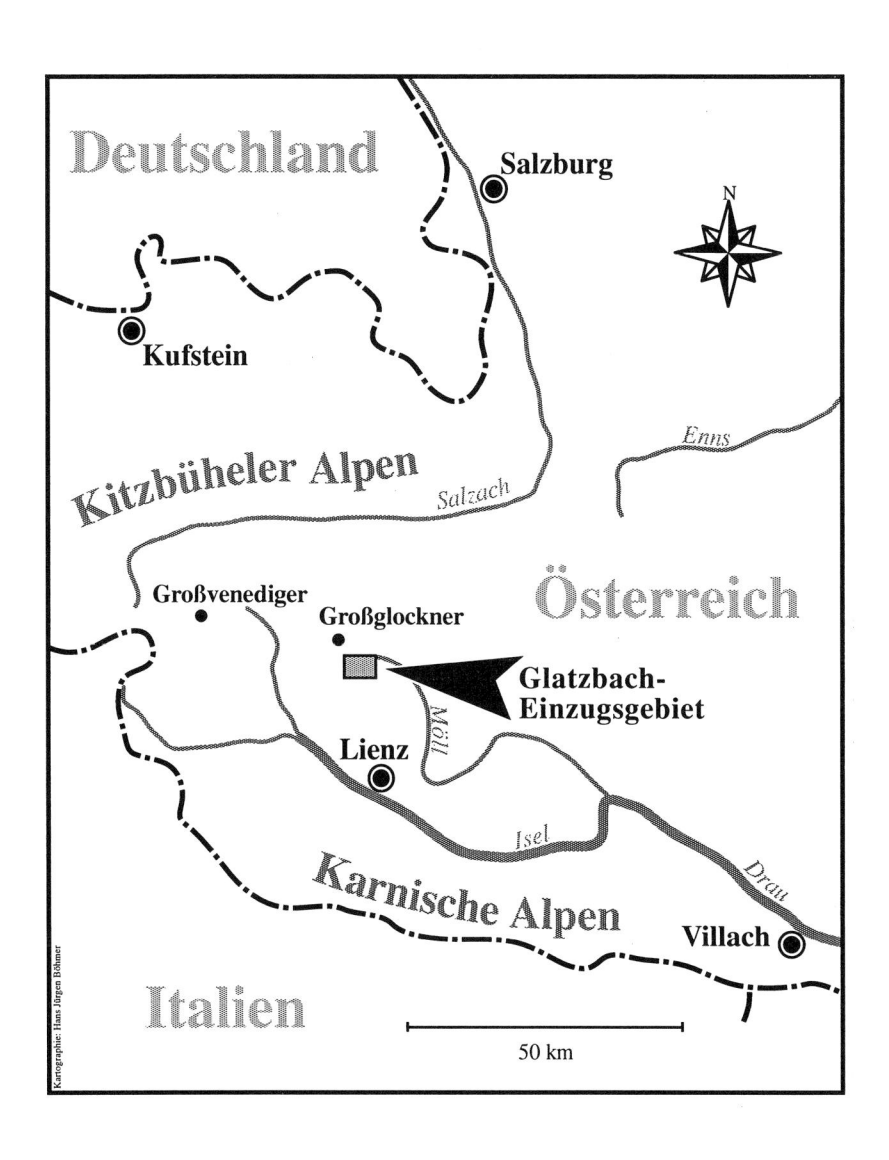

Abb. 8: Lage des Untersuchungsgebietes

östlich des Glatzberges auf ca. 2440m Höhe. Die Gesamtfläche beträgt ca. 1,33km². Begrenzende Lokalitäten sind im Norden Glatzschneid und Glatzberg (2631m), im Osten Glatzbichl, Glatzeben und Hoher Bichl, im Süden Kasteneck (2836m), Bairisches Törl mit Glorer Hütte (2642m) und Weißer Knoten (2864m) sowie im Westen die Kette der Leitenköpfe.

1.2.2 Klima

Meteorologische Stationen mit längeren Aufzeichnungsreihen fehlen in der weiteren Umgebung des Untersuchungsgebietes in Höhen zwischen 2500 und 3000m fast vollständig, weshalb eine genaue Klimaansprache im Untersuchungsgebiet nicht möglich ist. HÖFNER (1993: 13f.) verwendet zur Einordnung der Temperaturwerte Angaben von der ca. zehn Kilometer entfernten Großglockner-Hochalpenstraße (Station Hochtor-Süd, 2528m). Dort lag das Jahresmittel der Meßperiode 1974-1980 bei -2,2°C, die mittlere Januartemperatur bei -9,0°C, die mittlere Julitemperatur bei +4,2°C. Der Anteil der Eistage betrug etwa 56% an der Gesamtmeßdauer. Die Anzahl der Frostwechsel blieb unbekannt. Die obigen Werte entsprechen den von TOLLNER (1969) für die Glocknergruppe (Meßperiode 1901 - 1960) errechneten [Höhenlage 2500m (3000m): Jahresmittel -2,4°C (-5,6°C), Januar -9,9°C (-12,4°C), Juli +5,2°C (+2,0°C)]. Niederschlagswerte interpoliert HÖFNER aus Daten der Stationen Kals (1331m), Lucknerhütte (2240m) und Adlersruhe (3450m). Demnach liegt die Jahresniederschlagsmenge zwischen 1300 und 1750mm, wovon etwa die Hälfte als Schnee niedergeht. Das Gebiet ist vergleichsweise trocken, da südlich des Alpenhauptkammes ein doppelter Lee-Effekt wirksam wird.

1.2.3 Geologie

Der Übergangsbereich zwischen Glockner- und Schobergruppe zählt zum Südrand des sogenannten „Tauernfensters". Infolge der starken Beanspruchung während der Heraushebung der Hohen Tauern entstand hier eine Reihe von Metamorphiten, die unter der Bezeichnung „Matreier Zone" zusammengefaßt werden (CORNELIUS & CLAR 1935, FRANK 1969). Im Untersuchungsgebiet anstehende Gesteine sind vor allem Phyllite (quarzreich oder kalkfrei) und Kalkglimmerschiefer, ferner Quarzitschiefer, Dolomit, Serpentin und Marmor. Entsprechend der Ausrichtung der Matreier Zone streichen sie in einem Winkel von ca. 45° WNW ESE orientiert aus, was die Ausbildung eines typischen Reliefs mit nordexponierten Steilwänden und rückwärtigen, südexponierten Hängen zur Folge hat. Diese Strukturen bedingen wesentlich Schuttanfall, Schnee- und Vegetationsverteilung sowie die Gestalt des Gerinnenetzes im Einzugsgebiet. Im weitaus größten Teil des Glatzbach-Einzugsgebietes überdecken jedoch autochthone Verwitterungsdecken und Solifluktionsschutt (N-E-Lagen) von z. T. mehreren Metern Mächtigkeit (RENNERT 1991, SABARTH 1992) das Anstehen-

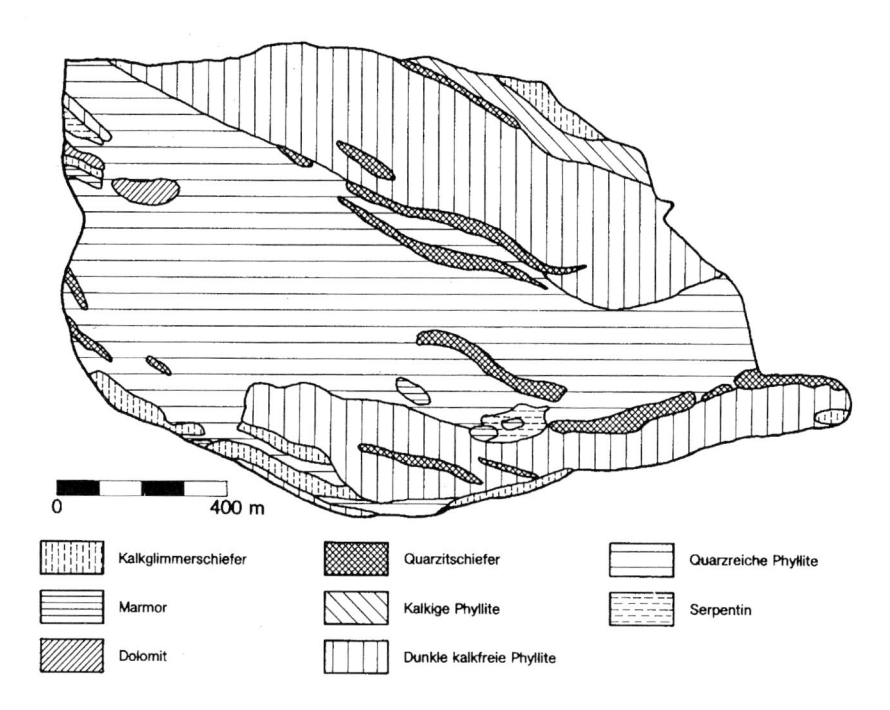

Abb. 9: Die geologische Situation im Untersuchungsgebiet (aus Höfner 1993)

de. Ursache hierfür ist unter anderem die hohe Erosions- und Frostanfälligkeit der Phyllite und Kalkglimmerschiefer.

1.2.4 Geomorphologie

Über die im Untersuchungsgebiet ablaufenden geomorphologischen Prozesse und deren Formenschatz liegen detaillierte Untersuchungen vor (STINGL 1969, 1971, VEIT 1988, RENNERT 1991, SABARTH 1992). HÖFNER 1993 erstellte eine aktuelle geomorphologische Karte, die als Grundlage für die Vegetationskartierung diente. Gegenstand geomorphologischer Feldforschung im Umfeld der Glorer Hütte war zumeist der rezente Periglazialbereich (oberhalb 2600m). STINGL beschreibt hier eine Reihe typischer Elemente des periglazialen Formenschatzes: Wanderschuttdecken, sortierte und unsortierte Schuttloben, Rasenloben, Bremsblöcke, Wanderblöcke, Bültenböden, Pflasterböden und Steinstreifen. Im Mittelpunkt der jüngeren Untersuchungen von VEIT, RENNERT, HÖFNER und SABARTH standen Fragen der Reliefentwicklung seit dem Spätglazial, v. a. die Morphodynamik der Hänge mit Solifluktion, Permafrosterscheinungen und Abspülung. Rezente solifluidale Prozesse untersuchten VEIT und SABARTH

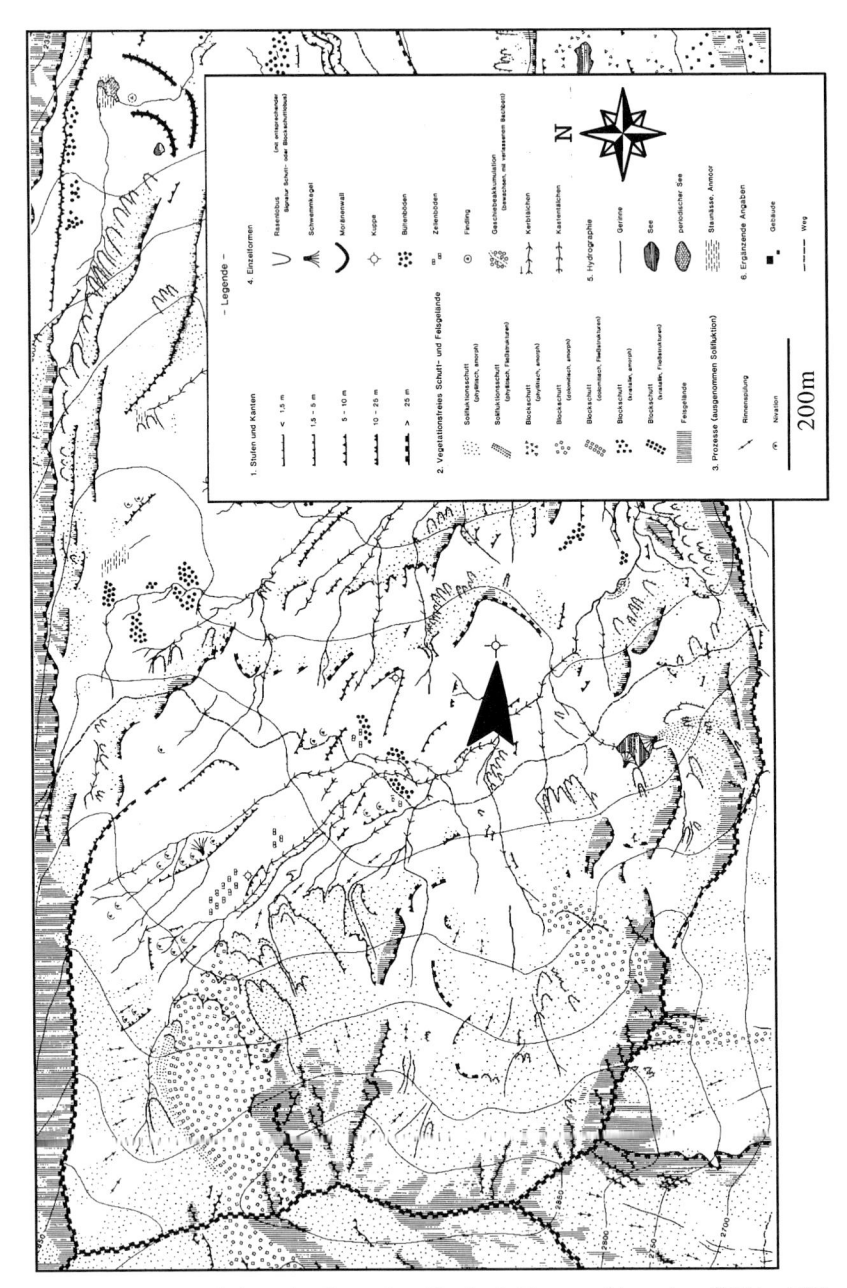

Abb. 10: *Geomorphologische Karte des Glatzbach-Einzugsgebietes (aus Höfner 1993, Ausschnitt); der Pfeil markiert die Lage der Untersuchungsfläche (vgl. 1.3)*

(Solifluktionsbeträge, Bodenverlust). RENNERT beschäftigte sich mit der Verbreitung des alpinen Permafrosts, dem Kernbereich besonders intensiver periglazialökologischer Vorgänge. Gegenstand der Arbeit HÖFNERS ist der fluviale Abtrag in der periglazialen Höhenstufe.

1.2.5 Böden

Verbreitetster Bodentyp im Einzugsgebiet des Glatzbaches sind podsolige Rasenbraunerden, deren Vorkommen sich mit dem alpiner Rasengesellschaften decken dürfte. Ihre maximale Mächtigkeit schwankt um 50cm. Nach HÖFNER sind sie „...Relikte eines früh- bis mittelholozänen Klimaxstadiums der Bodenbildung während einer Phase mit günstigerem Klima und langdauernder Hang-

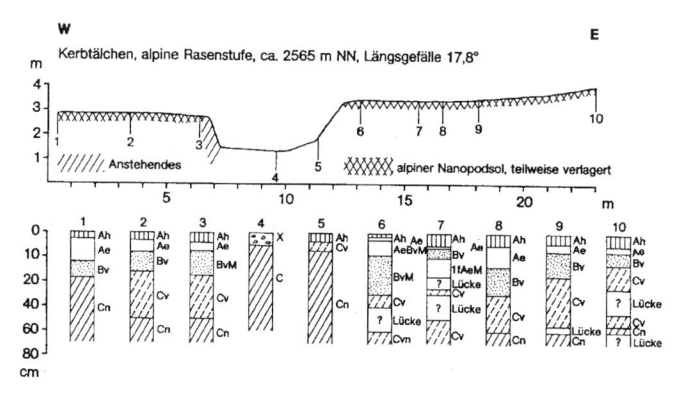

Abb. 11: Sondierungsprofil durch ein Kerbtälchen der Rasenstufe (aus Höfner 1993: 80)

stabilität" (1993: 11). In der Fachliteratur werden diese podsoligen Böden mitunter als „alpine Pseudogleye" bezeichnet, weil sich während der Schneeschmelze das Schmelzwasser über dem noch gefrorenen Unterboden staut. Die vorübergehend wirksame Pseudogleydynamik wird jedoch während der Sommermonate von einer podsoligen Dynamik abgelöst, wenngleich auch in diesem Zeitraum waagrecht eingeregelte Glimmerplättchen versickerungshemmend wirken (vgl. HÖFNER, a. a. O.). Unter Schneebodengesellschaften sind wesentlich jüngere, geringmächtige initiale Braunerden und Gleye verbreitet. Auf den ständig in Umlagerung begriffenen Solifluktionsdecken kommt die Bodenentwicklung über das Rohbodenstadium nicht hinaus. Doch selbst hier ist nach VEIT (1988) das Substrat bereits tiefgründig entkalkt.

1.2.6 Nutzung

Das Untersuchungsgebiet unterliegt während der Sommermonate (Ende Juli bis Anfang Oktober) extensiver Weidenutzung. Im Untersuchungszeitraum betrug der Viehbesatz acht Rinder und etwa dreißig Schafe, wobei die Rinderweide auf Höhenlagen unter 2600m beschränkt blieb. Die Schafweide erfolgte hauptsächlich in den Bereichen oberhalb 2600m und schloß auch höchstgelegene Gipfel und Grate mit ein. Das sommerliche Touristenaufkommen (Bergwandern) konzentriert sich auf ausgewiesene Wanderwege und führt nur lokal zu einer nennenswerten Beeinträchtigung der Vegetation. Von geringer Bedeutung ist nach Auskunft des Hüttenwirtes der Glorer Hütte die winterliche Nutzung durch Skitouren.

1.2.7 Die aktuelle Vegetation im Einzugsgebiet des Glatzbaches

Das Einzugsgebiet des Glatzbaches gehört zur alpinen und subnivalen Höhenstufe. Lediglich in Lagen unter 2550m spielen subalpine Einstrahlungen (*Nardion strictae, Poion alpinae*) eine Rolle. Der weitaus größte Bereich alpiner Rasen wird von verschiedenen Ausbildungen des *Curvuletums* (*Curvuletum-Nardetum*-Übergangsgesellschaft, *Primulo-Curvuletum* i. e. S., *Primulo-Curvuletum cetrarietosum, Primulo-Curvuletum hygrocurvuletosum, Primulo-Curvuletum elynetosum*) eingenommen. Flächenmäßig unbedeutend, doch bemerkenswert artenreich sind die Nacktriedrasen (*Elynetum myosuroides*, versch. Subassoziationen) der Gratlagen. Silikat-Schneebodengesellschaften (*Salicetalia herbaceae*) bilden einen zersplitterten, eng mit der oberen Verbreitungsgrenze des *Curvuletums* verzahnten Vegetationsgürtel. Die Kalk-Schneebodengesellschaften (*Arabidetalia coeruleae*) sind hingegen in die Nähe der Schuttgesellschaften zu stellen und bilden mit diesen (*Drabion hoppeanae, Androsacion alpinae*) einen vielgestaltigen Vegetationskomplex auf den weiten, der geologischen Situation entsprechend sehr unterschiedlich zusammengesetzten Schuttdecken des Untersuchungsgebietes. Weitere, kleinflächig ausgebildete Gesellschaften sind den Klassen *Cetrario-Loiseleurietea, Montio-Cardaminetea* und *Scheuchzerio-Caricetea nigrae* zuzurechnen (vgl. BÖHMER 1993). Da im folgenden der Vegetationskomplex „Krummseggenrasen" im Mittelpunkt des Interesses steht, soll er im Rahmen seiner Kontaktgesellschaften etwas ausführlicher dargestellt werden.

Das Caricetum curvulae des Glatzbach-Gebietes und seine Kontaktgesellschaften

Das großflächig bemerkenswert eintönige, insgesamt jedoch vielgestaltige „Krummseggicht" (Alpine Krummseggenrasen; *Caricetea curvulae* Br.-Bl. 1948, 1. Ordnung: *Caricetalia curvulae* Br.-Bl. 1926, 1. Verband *Caricion curvulae* Br.-Bl. 1925) ist die anteilsmäßig bedeutsamste Vegetationseinheit im Untersuchungsgebiet. Unterhalb 2650m zieht sich der Rasengürtel geschlossen über die Kuppenlandschaft hin, nur stellenweise von Felswänden oder diesen vorgelagerten Schuttdecken unterbrochen. OBERDORFERS klassische Beschreibung des *Curvuletums* (1959: 120) aus der Umgebung des alten Glocknerhauses gilt auch für das

Glatzbach-Einzugsgebiet: „Mit verblüffend scharfer Grenze ergibt sich endlich beim weiteren Anstieg in ca. 2400m Höhe ein nochmaliger Wechsel in der Ausbildung der Magerrasen. Die Krummsegge (*Carex curvula*) wird neben *Sesleria disticha* zum fast allein herrschenden Rasenbildner; mit ihrem düsteren angegilbten Graugrün überzieht sie die Rücken und Hänge (...), daneben breiten sich in Mulden und Einschnitten großflächig Schneebodengesellschaften mit *Salix herbacea* aus. Die bunten Blütentupfen des Löwenzahnes (*Leontodon helveticus*) sind ebenso wie *Potentilla aurea* oder *Campanula barbata* fast ganz verschwunden (...). Ersetzt werden die Borstgras-Compositen durch das wollig behaarte *Hieracium piliferum* coll. oder durch (...) *Senecio carniolicus*. Die Zwergsträucher fehlen jetzt ganz oder sind nur noch in Kümmerexemplaren vertreten. Schließlich und wiederum recht unvermittelt löst sich dieser Rasen bei 2600 bis 2700m in gestückelte Inseln auf".

Das *Curvuletum* zeigt zwar eine sehr einheitliche Zusammensetzung, bildet aber in den Übergangsbereichen zur subnivalen bzw. subalpinen Stufe sowie an „inneren" Störstellen abweichende Subassoziationen bzw. Varianten. Abzugrenzen ist zunächst eine *Carex curvula - Nardus stricta -* Übergangsgesellschaft (*Curvulo-Nardetum* Oberd. 1959). Diese (Sub-)Assoziation verkörpert die niederalpine Rasse des *Primulo-Curvuletums*. Ihre Verbreitung erreicht im Glatzbach-Einzugsgebiet eine maximale Höhe von etwa 2620m; im allgemeinen aber liegt sie etwa 100m tiefer und bleibt beim Übergang in die subalpine Stufe (um 2450m) zunehmend auf trockene Sonderstandorte (steinige Geländekuppen, z. B. Endmoränenzug) beschränkt (vgl. OBERDORFER 1959: 136). Typisch sind eine Reihe von *Nardion*-Vertretern, die in den alpinen Rasengürtel übergreifen. Wichtigste Vertreter dieser Gruppe sind *Geum montanum, Gentiana acaulis, Campanula barbata, Potentilla aurea* und *Nardus stricta* selbst. Ihre Präsenz nimmt zugunsten der echten *Curvuletum*-Vertreter mit wachsender Höhe ab. Eigentliche Charakterarten aber fehlen dieser Übergangsgesellschaft. OBERDORFER 1959 räumt nur *Ligusticum mutellina, Gentiana punctata* und *Geum montanum* ein „schwach ausgeprägtes Optimum" (a. a. O.) ein. Die mittlere Artenzahl pro Br.-Bl.-Aufnahme beträgt nach OBERDORFER 28, im Untersuchungsgebiet 27.

Von besonderem Interesse ist das *Primulo-Curvuletum* Oberd. 1959, der Krummseggen-Rasen im eigentlichen Sinne (*Caricetum curvulae* Brockmann-Jerosch 1907, *Curvuletum typicum*). Dieses „...reine *Caricetum curvulae* s. l., praktisch frei von allen sonst das Borstgras begleitenden Arten, ist in klarer und eindeutiger Zonation durch die ganzen Alpen erst über durchschnittlich 2500m (2400 bis 2600m) zu erkennen" (OBERDORFER 1959: 137). Spielt *Carex curvula* im *Curvulo-Nardetum* eine mitunter noch geringe Rolle, erwirbt sie in Lagen über 2550m doch endgültig eine klare Dominanz, die sie nur hier und da mit *Oreochloa disticha* teilt. *Nardetalia*-Arten kommen nur noch vereinzelt vor und bleiben im wesentlichen auf feuchtere, zu den Schneebodengesellschaften vermittelnde Ausbildungen oder zoogene Störstellen beschränkt. Wichtigste

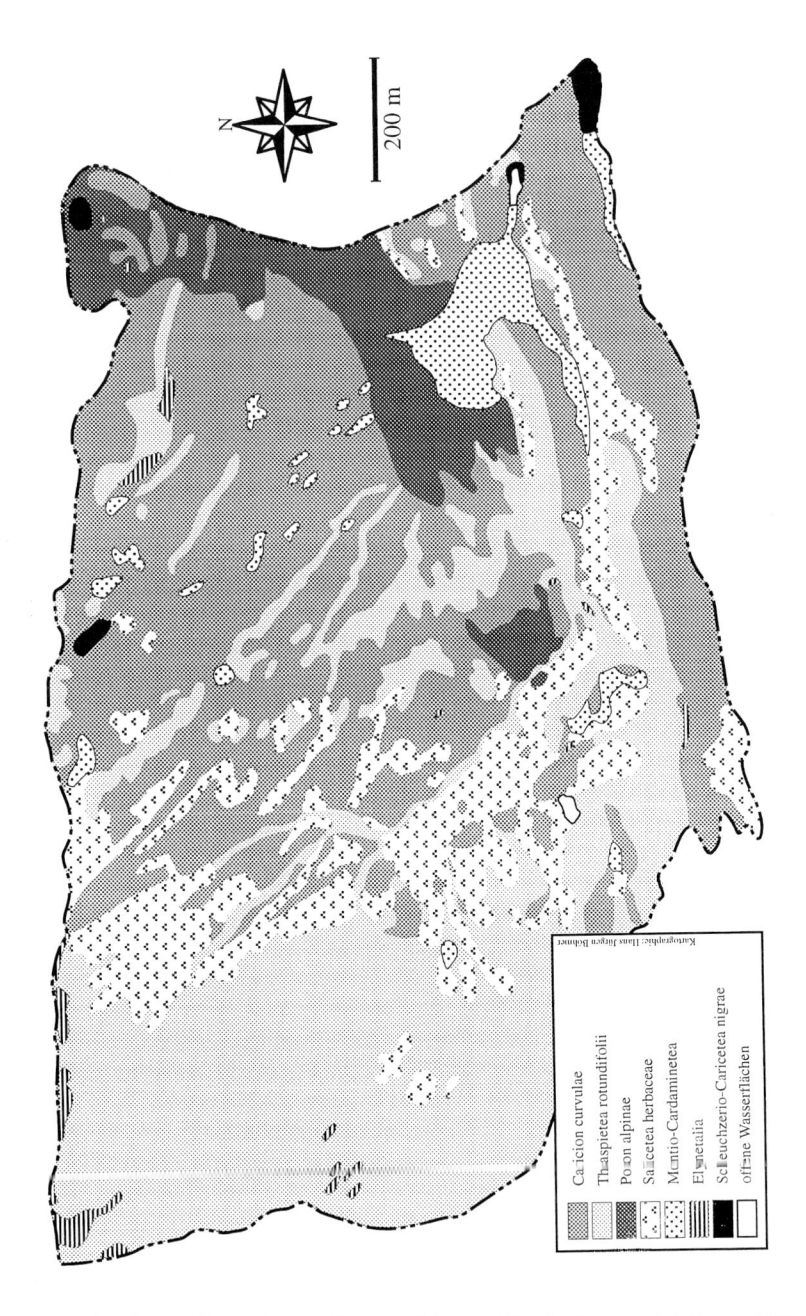

Abb. 12: Die Vegetation im Einzugsgebiet des Glatzbaches (nach Böhmer 1993, verändert)

Charakterarten sind neben den namengebenden *Primula minima* und *Primula glutinosa, Avenochloa versicolor, Leontodon helveticus* und *Cladina rangiferina*. Das *Primulo-Curvuletum* des Glatzbach-Einzugsgebietes ist mit einer durchschnittlichen Artenzahl von 16 vergleichsweise artenarm und erreicht selbst mit seinem Maximalwert (20) nicht den von OBERDORFER angegebenen Durchschnittswert von 23.

An windexponierten und deshalb schneearmen Stellen entwickelt sich die flechtenreiche Subassoziation des *Curvuletums* (*Primulo-Curvuletum cetrarietosum* Oberd. 1959). Bezeichnend ist hier das Auftreten der sogenannten „Windflechten-Gruppe" aus *Alectoria ochroleuca, Thamnolia vermicularis, Cetraria nivalis* und *Cetraria cucullata*. Auch die weiter verbreiteten *Cetraria islandica* und *Cladina rangiferina* finden hier ihr Dominanz-Optimum. Von den Vertretern höherer Pflanzen gedeiht an solchen Standorten mit bemerkenswerter Stetigkeit neben der spezialisierten *Loiseleuria procumbens* das im geschlossenen *Curvuletum* kaum auftretende *Hieracium piliferum*, bevorzugt dort, wo Windschliff und direkte Frosteinwirkung *Carex curvula* bereits stark beeinträchtigen.

Abzugrenzen ist ferner der Schneeboden-Krummseggen-Rasen (*Primulo-Curvuletum hygrocurvuletosum* Oberd. 1959, *Hygro-Curvuletum*). FRIEDEL (1956: 78) schreibt hierzu: „Die *Primula glutinosa*-reiche und die *Primula minima*-reiche Variante („Speik- und Miespleißen") sind subnivale Randglieder verschiedenen Schneebedeckungsgrades. Die *Gnaphalium supinum*-reiche und die *Ligusticum mutellina*- (oder *Sibbaldia procumbens*-reiche) Variante sind einheitliche Randbildungen, die eine gegen den *Salix herbacea*-Schneeboden, die andere gegen die Vegetation entsprechender, tiefer gelegener Rinnen und Mulden". In besonders deutlicher Ausprägung ist die zu den Schneeböden vermittelnde Form des *Primulo-Curvuletums* im Umgriff des kleinen Kaarsees zu beobachten. *Carex curvula* tritt völlig hinter die aspektbildenden *Primula sp.* zurück, während *Primula glutinosa* mit maximalen Deckungswerten bis 50% sogar ihr ökologisches Optimum zu erreichen scheint. Vergleichsweise hohe Stetigkeits- bzw. Abundanzwerte erlangen Schneeboden-Vertreter wie *Salix herbacea, Gnaphalium supinum* und *Soldanella pusilla*. Die von OBERDORFER (1990) und anderen Autoren ebenfalls zu den Schneeboden-Arten gezählten *Tanacetum alpinum* und *Ligusticum mutellina* erscheinen hingegen wesentlich häufiger im typischen *Primulo-Curvuletum*. *Avenochloa versicolor, Hieracium piliferum* und *Leontodon helveticus* fallen gänzlich aus. Die mittlere Artenzahl der Subassoziation beträgt nach REISIGL & KELLER (1987) ebenso wie im Untersuchungsgebiet 16.

1.2.8 Rezente natürliche Störungsregime und ihre Wirkungsweise

Deflation

An windexponierten Flecken mit geringer oder fehlender winterlicher Schneedecke können viele Charakterarten des Krummseggenrasens nicht überleben. Sie sterben infolge direkter Frosteinwirkung oder mechanischer Zerstörung durch Windschliff (Eiskristalle) ab. Hier erscheint gewöhnlich, solange der Boden nicht rasch und vollständig verloren geht, die besser angepaßte *Loiseleuria procumbens* mit den begleitenden Flechten *Alectoria ochroleuca, Thamnolia vermicularis, Cetraria cucullata, Cetraria nivalis, Cetraria islandica* und *Cladina rangiferina*. Betrachtet man solche Wuchsorte, ist es oft nicht vorstellbar, daß sie jemals Terrain des Krummseggenrasens gewesen sein könnten. Doch bezeugen hier und da Bodenrelikttürme und Rasenkliffs die ehemalige Existenz eines ausgereiften Rasenpodsols auch an diesen Standorten. Bei starker Winderosion vermag aber selbst *Loiseleuria* mit dem Störungsregime nicht Schritt zu halten. Der Feinboden wird nahezu vollständig ausgeblasen, zurück bleibt im wesentlichen das Bodenskelett, das nach seiner Freilegung nicht selten kryoturbater Formung unterliegt. Die Ränder des geschlossenen Rasens sind in Windrichtung sichelförmig anerodiert (Windanriß), abgeschnittene Raseninseln werden allmählich aufgearbeitet und besitzen zuletzt die Gestalt eines schmalen, häufig ebenfalls sichelförmigen Grates (vgl. Kap. C 2).

Nivation

Nivation spielt als wesentliche Abtragungsform eine Rolle, wo mächtige Schneeakkumulationen infolge großer Hangneigungen in eine langsame Gleitbewegung geraten. Dies geschieht dort, wo kleine Kerbtälchen in steile Hänge eingeschnitten sind. Durchziehen die Abflußrinnen geschlossene Rasenflächen, werden diese von der kriechenden Schneeauflage abgehoben (Schneeanriß). Solche Bereiche sind nach dem Ausapern oft völlig vegetationslos.

Denudation

Denudation ist eine Abtragungsform, die in geschlossenen Rasen kaum Angriffsflächen findet. Allerdings bemerkt HÖFNER (1993), daß im Bereich der Rasenbraunerden, deren Verbreitung sich im Untersuchungsgebiet mit der des *Curvuletums* deckt, rezent keine Bodenbildung stattfindet und diese Böden daher leicht degradiert erscheinen. Die Denudationsleistung dürfte sich hier jedoch am Rande der Nachweisbarkeit bewegen. Bedrohliche Ausmaße erreicht die Denudation dort, wo andere Erosionsformen, vor allem Nivation und Tritt, die Grasnarbe bereits geöffnet haben. Besonders augenfällig wird dies an allseitig schrumpfenden, auf mächtigen Nanopodsolen ruhenden Raseninseln oberhalb 2700m. Nach einem Starkregenereignis Ende Juli 1992 konnten an ihren Rändern enorme Bodenverluste beobachtet werden. Dabei wurde überaus deutlich, wie sehr die Auflockerung der Rasenränder durch Viehtritt die Zernagung der geschlossenen Vegetationsdecke beschleunigt. SABARTH (1992: 38) errechnete für ein kleines Teileinzugsgebiet des Glatzbaches in der Zeitspanne von 20. 7 - 1. 8. 1990 (zwei Starkregenereignisse) eine Bodenverlustrate von 0,1mm.

Solifluktion und Kryoturbation

Typische Erscheinungen der oberen Rasenstufe sind Formen der gebundenen Solifluktion, sogenannte Rasenloben. Das Artenspektrum der Pflanzendecke auf den mehrere Meter durchmessenden Loben zeigt normalerweise keine Abweichungen gegenüber der Umgebung, sieht man einmal davon ab, daß diese Formen ebenso wie die nachstehend behandelten Erdbülten häufig einen hygro- bzw. chionophilen Saum besitzen. Dennoch ergeben sich bei genauerem Hinsehen an bestimmten Stellen Abundanzänderungen, und zwar dort, wo man schon subjektiv abweichende Standortverhältnisse annehmen muß: an den Fließstirnen. Offenbar gibt es Spezialisten, die besser mit den wind- und sonnenexponierten Bedingungen sowie den langsamen Bodenbewegungen zurechtkommen. Auffallend oft gedeihen hier *Geum montanum* und die polykormone Grundrosettenpflanze *Primula minima*; dagegen bleiben andere Charakterarten des Krummseggenrasens einschließlich *Carex curvula* eher unterrepräsentiert. Beeindruckend ist der Anblick der bisweilen aus den Fließstirnen heraustretenden Rhizome von *Geum montanum*, die sich um die Fließerdewülste spannen. Diese

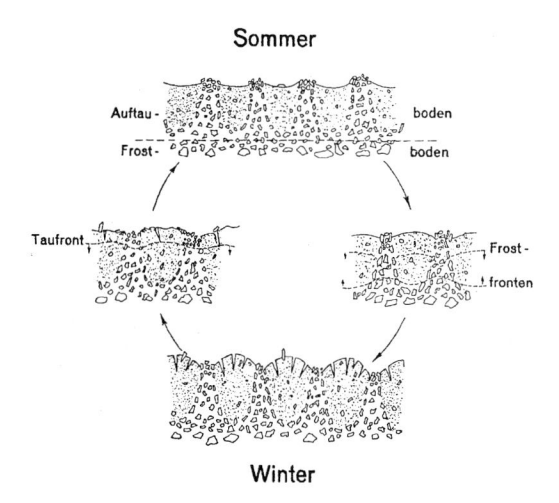

Abb. 13: Schema der Entwicklungszustände von Polygonstrukturen im Laufe eines Jahres (aus Schenk 1955: 57)

Pflanze besitzt eine bei langsamen Bodenbewegungen möglicherweise vorteilhafte Eigenschaft: Die Hauptwurzel stirbt an ihrem Ende allmählich ab, während die Kormusspitze jährlich um 4-5 Internodien erweitert wird (GRABHERR 1987a: 239), wodurch das allmähliche „Überfahren" bei geringen Fließraten möglicherweise kompensiert werden kann.

Ob eine weitere markante Erscheinung der Rasenstufe, die sogenannten Bültenböden, den Solifluktions- oder eher den Kryoturbationsformen zuzurechnen ist, wird in der Fachliteratur nicht eindeutig geklärt. Ganz offensichtlich scheint auch der Tritteinfluß von Weidetieren ihre Entstehung zumindest zu begünstigen (vgl. STINGL 1969: 25). Die soziologisch faßbaren Vegetationsdifferenzierungen der Rasenbültenfelder bestehen in einer mosaikartigen Verzahnung aus *Nardion-* und *Curvuletum-*Arten. Dominierende Arten der trockeneren, sonnen- und windexponierten Bülten sind *Carex curvula, Primula minima* und *Loiseleuria procumbens*. In den feuchteren, länger schneebedeckten Tälchen zwischen den Bülten siedeln bevorzugt *Homogyne alpina, Ligusticum mutellina, Geum montanum* und *Soldanella pusilla*.

In Verebnungen mit höherer Bodenfeuchte, aber auch an windbeeinflußten Standorten mit höherer Frostwechselintensität (vgl. C 2) entstehen kreisrunde bis ovale Kryoturbationslücken im Krummseggenrasen. Die Mechanik dieser stellenweise zu Strukturbodenfeldern vergesellschafteten Erscheinungen ist bei SCHENK (1955) ausführlich beschrieben (vgl. Abb. 13). Die Auswirkungen auf die Zusammensetzung des alpinen Rasens werden in den folgenden Kapiteln (C 1.4, 1.5) dargestellt.

Bioturbation

Die wühlende Tätigkeit von Murmeltieren (*Marmota marmota*) beschränkt sich nicht auf die Errichtung markanter Erdhügel in mehr oder weniger homogenen Rasenflächen, sondern setzt mit Vorliebe auch an exponierten Punkten an. Dazu gehören einerseits Kuppen und Grate, deren Lage dem natürlichen Bedürfnis der Tiere nach Übersicht entgegenkommt. Es gibt kaum einen sogenannten „windgefegten" Standort ohne Murmeltierbau. Oft sind die Tiere an der dortigen Vegetations- und Bodenzerstörung wohl mindestens ebenso stark beteiligt wie die mitunter vorschnell als Hauptursache angenommene Deflation. Andererseits scheinen Murmeltiere auch gerne unter Fließstirnen von großen Rasenloben zu graben. Sie nutzen offensichtlich bevorzugt die Gunst dieser natürlich vorgezeichneten „Höhlen" in der Rasenstufe.

1.3 Untersuchungsfläche und Aufnahmedesign

Die Untersuchungsfläche zur Ermittlung der kleinräumigen Vegetationsdynamik im Krummseggenrasen liegt inmitten des Glatzbach-Einzugsgebietes auf einer Kuppe in 2633m Höhe. Die acht Quadratmeter (2x4m) große Fläche und ihre unmittelbare Umgebung sind völlig eben. An wenigen Stellen ist die geschlossene Rasendecke durch Kryoturbation geöffnet. Drei Kryoturbationslücken liegen auf der Untersuchungsfläche selbst, wobei eine zum Aufnahmezeitpunkt (Spätsommer 1995) Spuren aktiver Frostdynamik aufwies. Die acht Quadratmeter wurden in jeweils 100cm² große Aufnahmeflächen geteilt, so daß sich 800 quadratische Subplots mit je zehn Zentimeter Seitenlänge ergaben. Der Boden am Standort kann als flachgründiger Nanopodsol (A_h-A_e-B_v-C_v-C_n) angesprochen werden, der in einer Tiefe von 20 bis 30cm in den anstehenden, quarzreichen Phyllit übergeht.

1.4 Ergebnisse

Die Gesamtdeckung der Vegetation beträgt über 95 Prozent, wobei ein starker Gegensatz zwischen geschlossenem Rasen und den Störflächen ins Auge fällt. Der konzentrisch abnehmenden Intensität des Störfaktors (vgl. SCHENK 1955) entsprechend wird die Pflanzendecke zu den aktiven bzw. ehemaligen Störungszentren hin zunehmend schütter (vgl. Abb. 14).

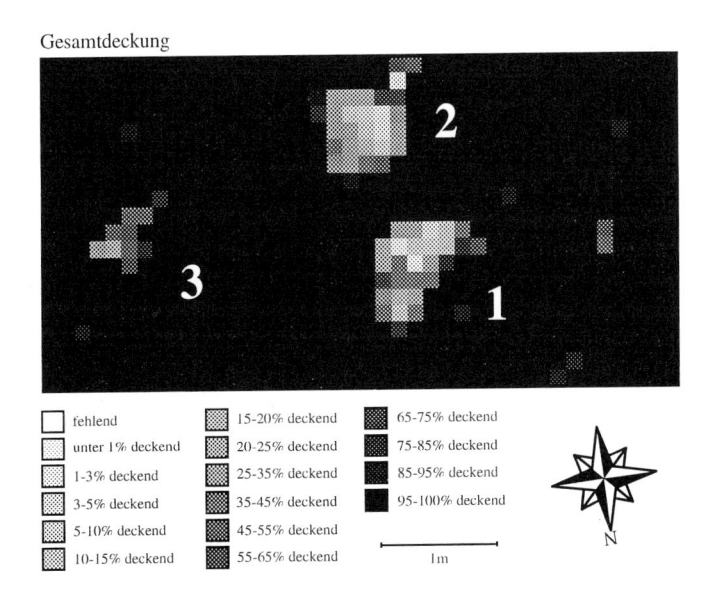

Abb. 14: Gesamtdeckung der Vegetation auf der Untersuchungsfläche; zu erkennen sind drei Kryoturbationslücken (1-3), von denen nur Nr. 1 zum Aufnahmezeitpunkt frische Auffriererscheinungen zeigte; Nr. 3 besitzt eine geschlossene Pflanzendecke und scheint bereits seit längerer Zeit ungestört zu sein

1.4.1 Arteninventar

Auf der Fläche wurden 17 Gefäßpflanzenarten, 11 Flechtenarten und 2 Moose nachgewiesen. Es handelt sich überwiegend um Charakterarten des *Caricetum curvulae* (*Carex curvula, Oreochloa disticha, Avenochloa versicolor, Primula minima, Primula glutinosa, Cladina rangiferina, Leontodon helveticus, Tanacetum alpinum*) sowie deren im Untersuchungsgebiet nicht untypische Begleiter *Veronica bellidioides, Poa alpina, Cladonia gracilis* und *Ptilidium ciliare*. Die Anwesenheit von *Loiseleuria procumbens* und der relative Flechtenreichtum (*Cetraria islandica, Cetraria cucullata, Cetraria nivalis, Alectoria ochroleuca, Thamnolia vermicularis, Cladonia pyxidata*) weisen auf den verstärkten Windeinfluß im Kuppenbereich hin.

Das Arteninventar der Störflächen vertritt ein breites soziologisches Spektrum. *Luzula sudetica* ist nach den Vegetationsuntersuchungen in der Umgebung (vgl. 1.2) in den Kontext der Schuttfluren zu stellen, ebenso wie *Silene acaulis, ssp. exscapa, Phyteuma globulariifolium* und *Saxifraga bryoides*. *Polytrichum juniperinum, Polygonum viviparum, Stereocaulon alpinum, Cerastium cerastoides* und *Solorina crocea* vermitteln zu den Schneetälchen. *Minuartia verna, ssp.gerardii* hat ihren Verbreitungsschwerpunkt im *Elynetum*. *Rhizocarpon geographicum* besiedelt aufgefrorene Steinchen (vgl. C 2).

1.4.2 Dominanzmuster

Der im Gelände gewonnene Eindruck vom Gegensatz zwischen Störflächen und augenscheinlich ungestörter Vegetation beruht auf dem starken Kontrast zwischen An- und Abwesenheit von *Carex curvula* (Frequenz absolut 523, durchschn. Deckung/Subplot 28,9%). Wo *Carex curvula* auftritt, ist sie uneingeschränkt aspekt- und bestandsbildend. Keine andere Art erreicht ihre hohen Deckungswerte (vgl. Abb. 15). Umso schärfer zeichnet sie die Grenzen des aktiven Störungsregimes nach. Die Krummsegge kommt nirgendwo generativ in den gestörten Flächen auf. Vom Bestand isolierte Exemplare sind Reste der ehemaligen Rasendecke, die als nunmehr abgenabelte Klone auf den zerrissenen Humuswülsten am Rand des Kryoturbationsbereiches siedeln.

Cladina rangiferina (559/9,7%, Abb. 15) ist in ihrer Hauptverbreitung von *Carex curvula* abhängig, zeichnet aber nur den Bereich aktiver Kryoturbation nach. Antagonistisch zur Krummsegge verhalten sich *Oreochloa disticha* (538/ 21,1%) und *Cetraria islandica* (674/19,2%, Abb. 17), wobei die Flechte an den Rändern der Störstellen ihr Optimum erreicht (vgl. Abb. 16), während *Oreochloa disticha* sogar im geschlossenen Rasen erfolgreich mit *Carex curvula* konkurriert (Abb. 17). *Primula minima* (336/7,4%, Abb. 18) hat ihren Verbreitungsschwerpunkt an den Rändern der Kryoturbationslücken, während *Tanacetum alpinum* (122/1,7%, Abb. 18) der Störung deutlich ausweicht. Diese Art gedeiht optimal in einem winzigen, von Krummseggen überwucherten „Graben" am

Carex curvula All.

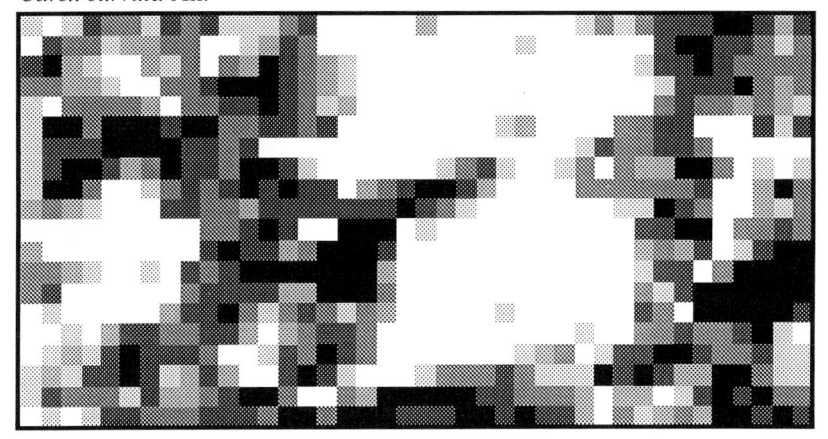

Cladina rangiferina (L.) Nyl.

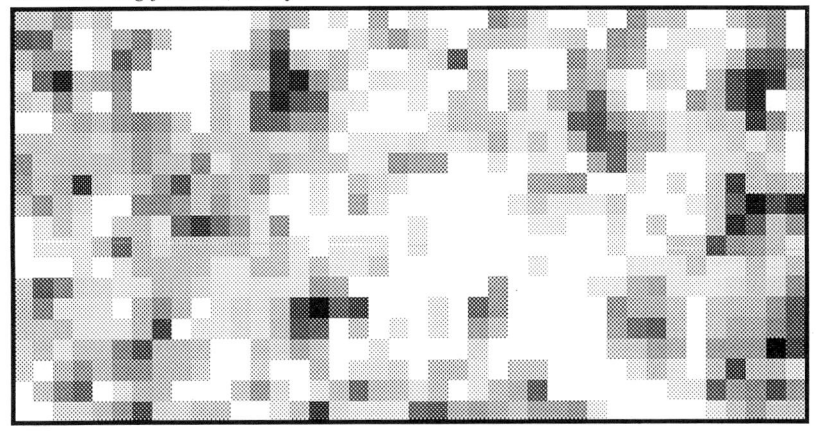

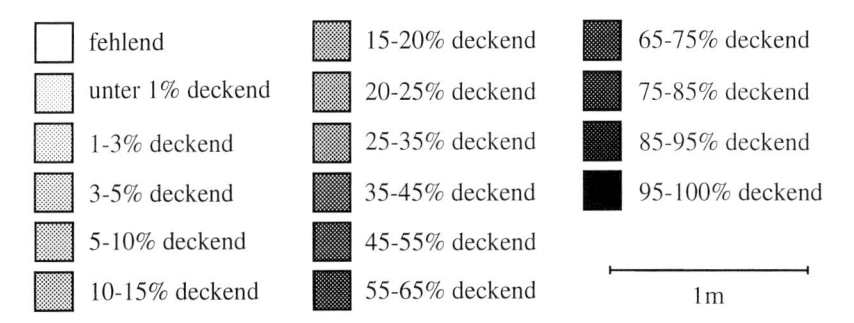

fehlend	15-20% deckend	65-75% deckend
unter 1% deckend	20-25% deckend	75-85% deckend
1-3% deckend	25-35% deckend	85-95% deckend
3-5% deckend	35-45% deckend	95-100% deckend
5-10% deckend	45-55% deckend	
10-15% deckend	55-65% deckend	1m

Abb. 15: Dominanzmuster von Carex curvula und Cladina rangiferina

60   C   Vegetationsdynamik ausgewählter Ökosysteme

Cetraria islandica (L.) Ach.

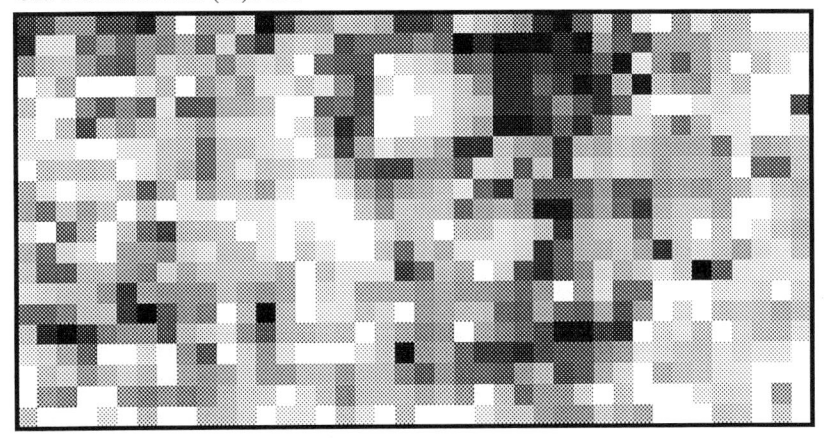

Oreochloa disticha (Wulf.) Lk.

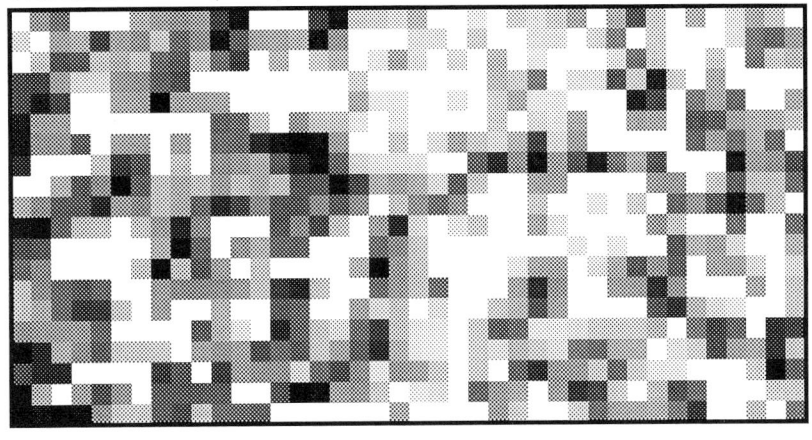

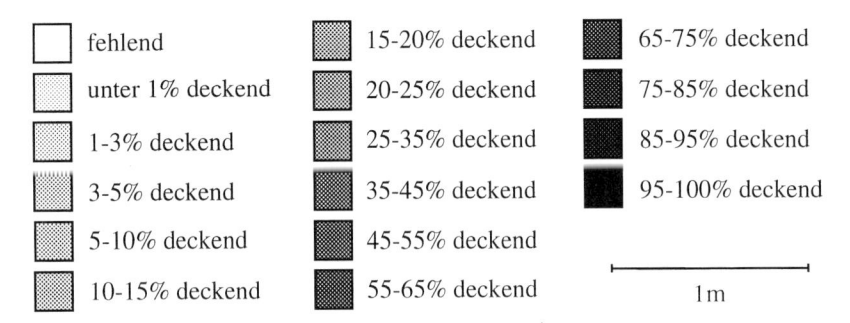

fehlend	15-20% deckend	65-75% deckend
unter 1% deckend	20-25% deckend	75-85% deckend
1-3% deckend	25-35% deckend	85-95% deckend
3-5% deckend	35-45% deckend	95-100% deckend
5-10% deckend	45-55% deckend	
10-15% deckend	55-65% deckend	1m

Abb. 17: Dominanzmuster von Cetraria islandica und Oreochloa disticha

C   Vegetationsdynamik ausgewählter Ökosysteme   61

Primula minima (L.)

Tanacetum alpinum (L.) C. H. Schultz

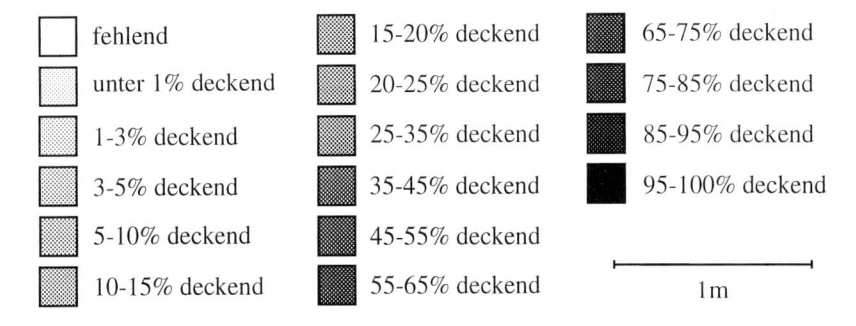

fehlend	15-20% deckend	65-75% deckend
unter 1% deckend	20-25% deckend	75-85% deckend
1-3% deckend	25-35% deckend	85-95% deckend
3-5% deckend	35-45% deckend	95-100% deckend
5-10% deckend	45-55% deckend	
10-15% deckend	55-65% deckend	1m

Abb. 18: Dominanzmuster von Primula minima und Tanacetum alpinum

62 C Vegetationsdynamik ausgewählter Ökosysteme

Cetraria cucullata (Bellardi) Ach.

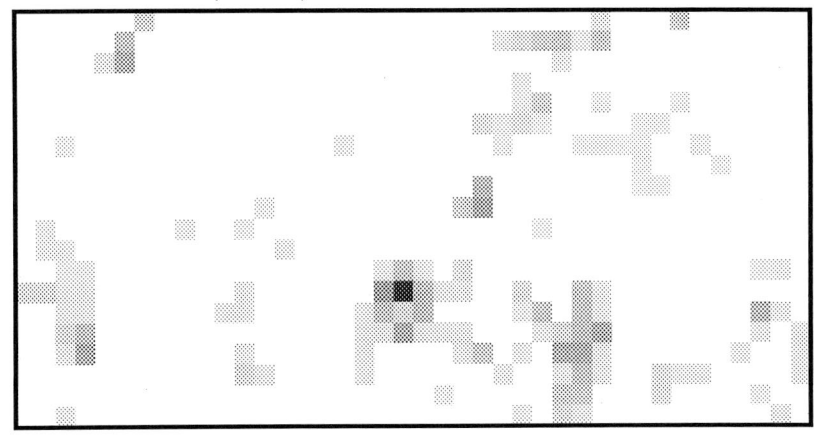

Avenochloa versicolor (Vill.) Holub

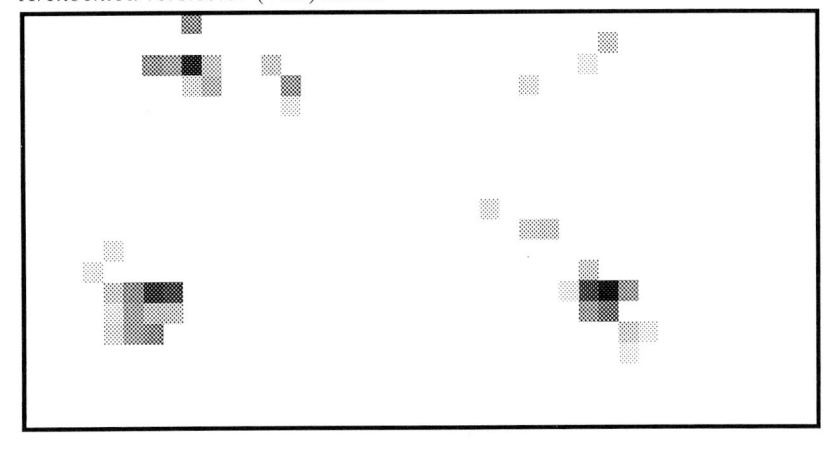

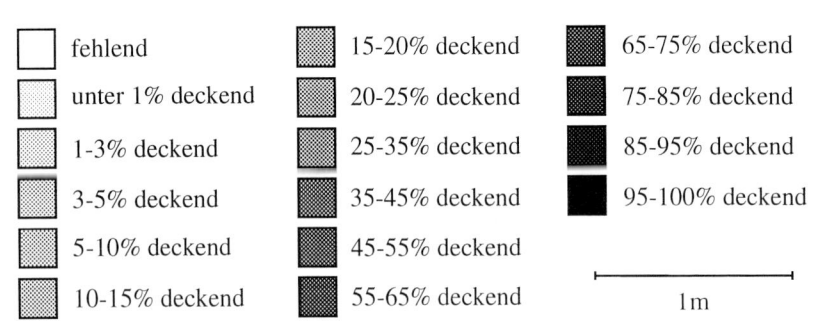

	fehlend		15-20% deckend		65-75% deckend
	unter 1% deckend		20-25% deckend		75-85% deckend
	1-3% deckend		25-35% deckend		85-95% deckend
	3-5% deckend		35-45% deckend		95-100% deckend
	5-10% deckend		45-55% deckend		
	10-15% deckend		55-65% deckend		1m

Abb. 19: Dominanzmuster von Cetraria cucullata und Avenochloa versicolor

C Vegetationsdynamik ausgewählter Ökosysteme

Polygonum viviparum (L.)

Phyteuma globulariifolium Sternb. & Hoppe

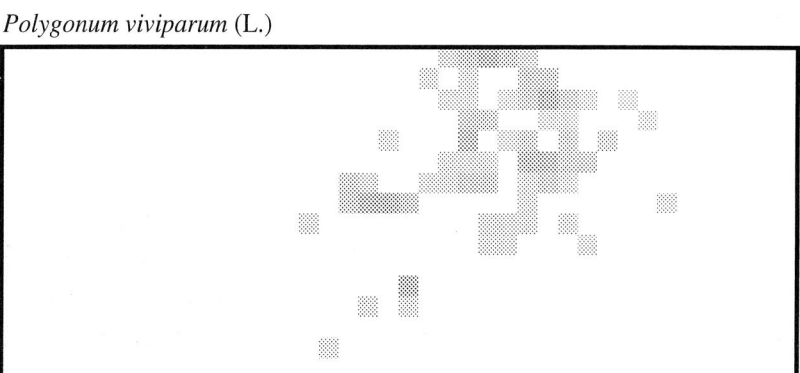

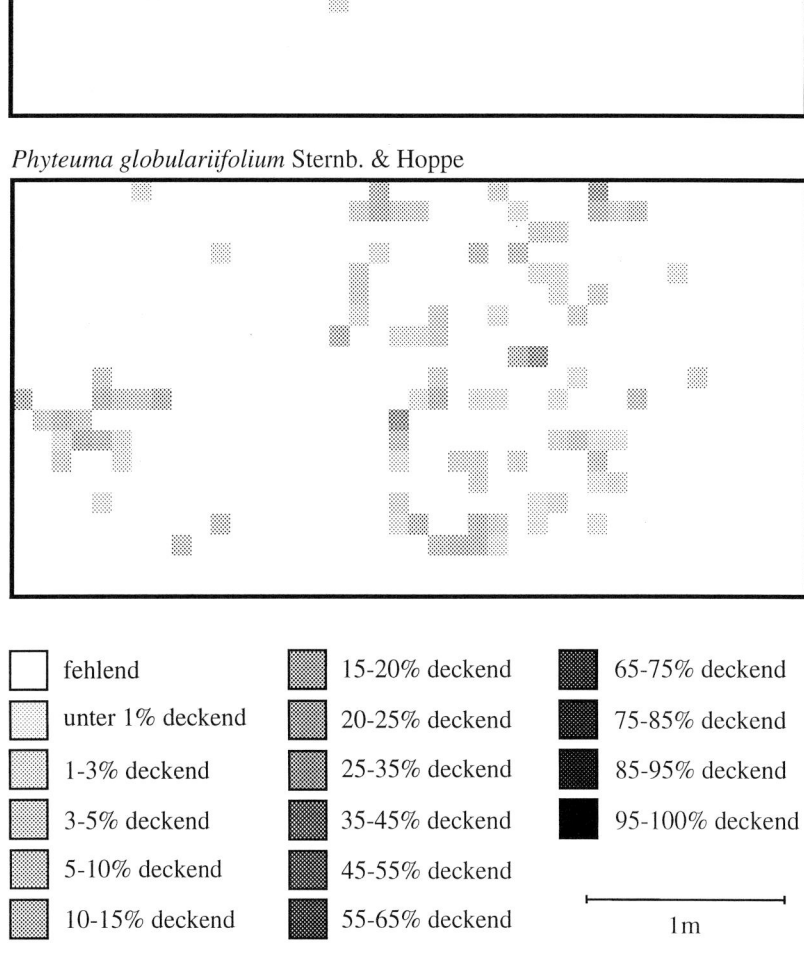

fehlend	15-20% deckend	65-75% deckend
unter 1% deckend	20-25% deckend	75-85% deckend
1-3% deckend	25-35% deckend	85-95% deckend
3-5% deckend	35-45% deckend	95-100% deckend
5-10% deckend	45-55% deckend	
10-15% deckend	55-65% deckend	1m

Abb. 20: Dominanzmuster von Polygonum viviparum und Phyteuma globulariifolium

64   C   Vegetationsdynamik ausgewählter Ökosysteme

Primula glutinosa Jacq.

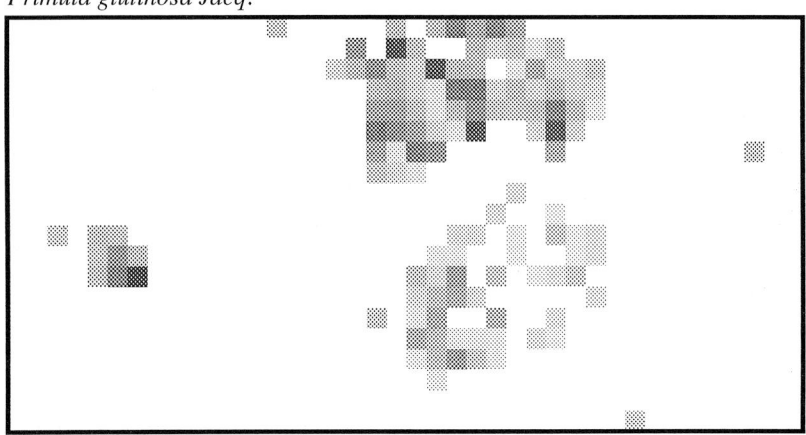

Thamnolia vermicularis (Swartz) Ach.

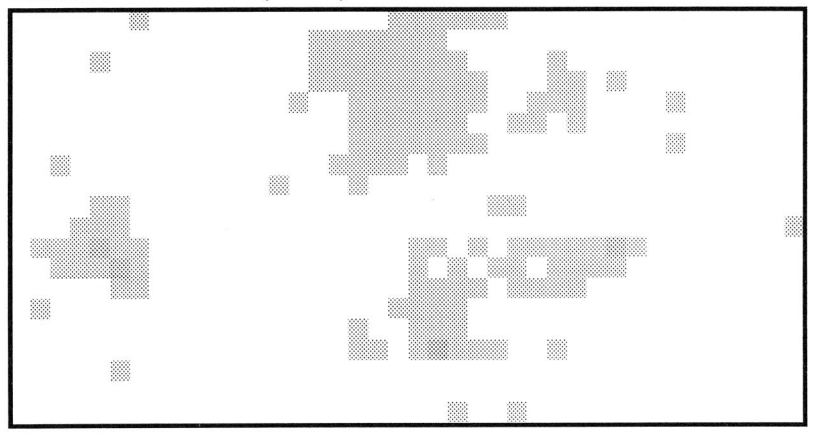

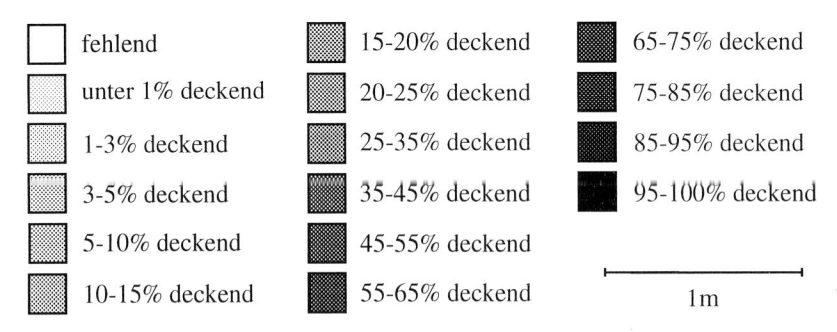

☐ fehlend	▨ 15-20% deckend	▓ 65-75% deckend
▢ unter 1% deckend	▨ 20-25% deckend	▓ 75-85% deckend
▢ 1-3% deckend	▨ 25-35% deckend	▓ 85-95% deckend
▢ 3-5% deckend	▨ 35-45% deckend	▓ 95-100% deckend
▨ 5-10% deckend	▨ 45-55% deckend	
▨ 10-15% deckend	▨ 55-65% deckend	⊢――――⊣ 1m

Abb. 21: Dominanzmuster von Primula glutinosa und Thamnolia vermicularis

C Vegetationsdynamik ausgewählter Ökosysteme 65

Polytrichum juniperinum

Luzula sudetica (Willd.) Schult.

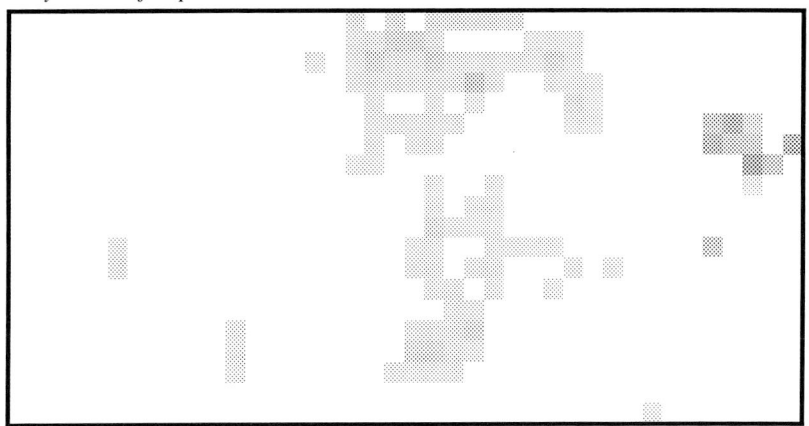

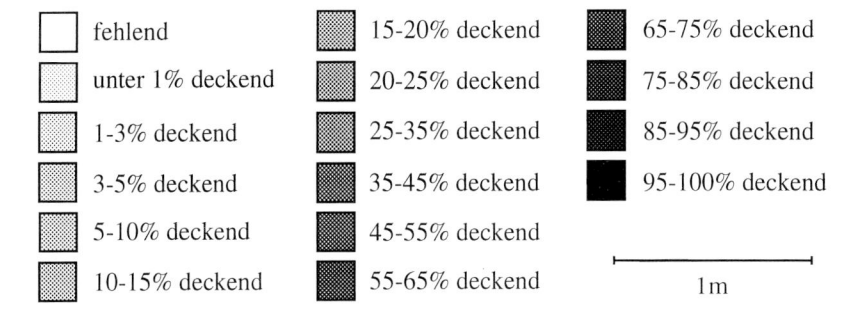

☐ fehlend	▨ 15-20% deckend	■ 65-75% deckend
▨ unter 1% deckend	▨ 20-25% deckend	■ 75-85% deckend
▨ 1-3% deckend	▨ 25-35% deckend	■ 85-95% deckend
▨ 3-5% deckend	▨ 35-45% deckend	■ 95-100% deckend
▨ 5-10% deckend	▨ 45-55% deckend	
▨ 10-15% deckend	▨ 55-65% deckend	⊢———⊣ 1m

Abb. 22: Dominanzmuster von Polytrichum juniperinum und Luzula sudetica

66   C   Vegetationsdynamik ausgewählter Ökosysteme

Cladonia gracilis (L.) Willd.

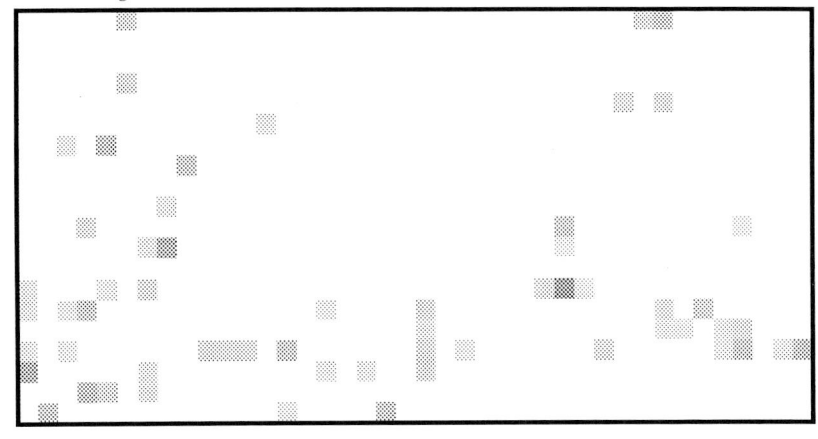

Ptilidium ciliare

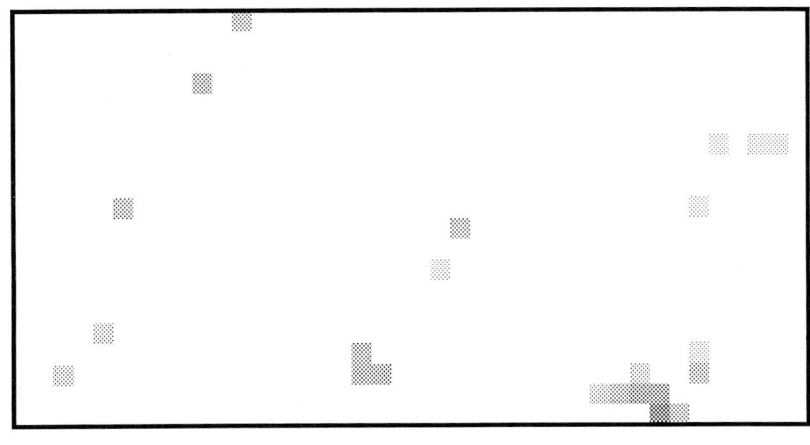

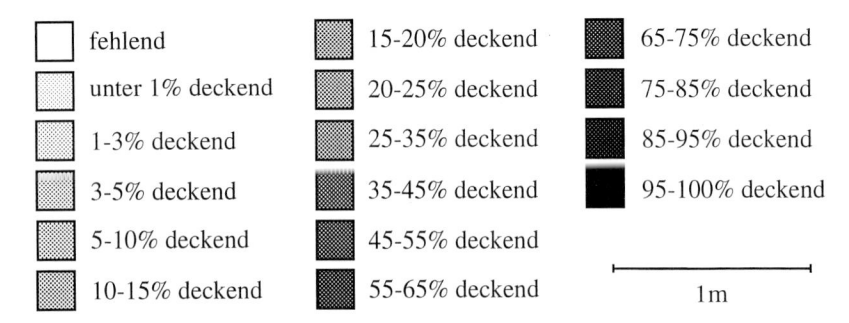

☐ fehlend	▨ 15-20% deckend	■ 65-75% deckend
▨ unter 1% deckend	▨ 20-25% deckend	■ 75-85% deckend
▨ 1-3% deckend	▨ 25-35% deckend	■ 85-95% deckend
▨ 3-5% deckend	▨ 35-45% deckend	■ 95-100% deckend
▨ 5-10% deckend	▨ 45-55% deckend	
▨ 10-15% deckend	▨ 55-65% deckend	1 m

Abb. 23: Dominanzmuster von Cladonia gracilis und Ptilidium ciliare

C Vegetationsdynamik ausgewählter Ökosysteme   67

Silene acaulis agg.

Leontodon helveticus Mérat emend. Widd.

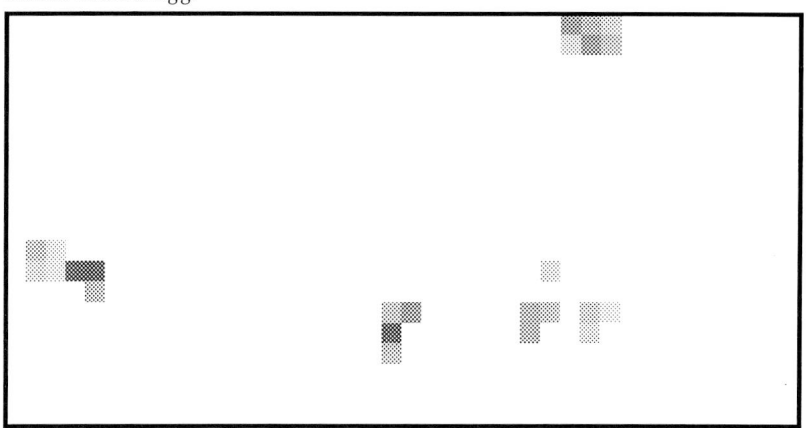

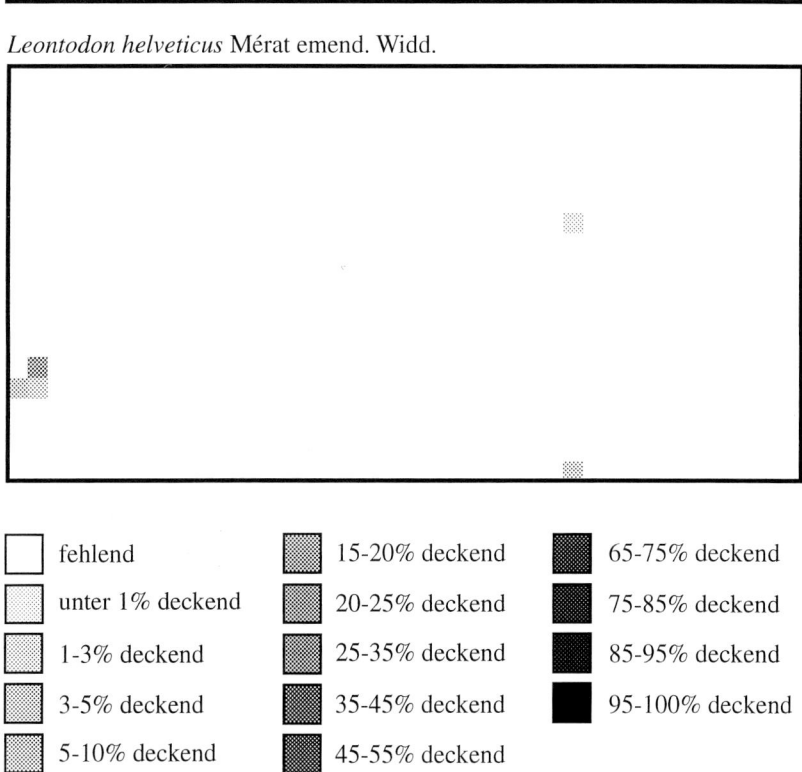

☐ fehlend	▨ 15-20% deckend	▨ 65-75% deckend
☐ unter 1% deckend	▨ 20-25% deckend	▨ 75-85% deckend
☐ 1-3% deckend	▨ 25-35% deckend	▨ 85-95% deckend
▨ 3-5% deckend	▨ 35-45% deckend	■ 95-100% deckend
▨ 5-10% deckend	▨ 45-55% deckend	
▨ 10-15% deckend	▨ 55-65% deckend	⊢———⊣ 1m

Abb. 24: Dominanzmuster von Silene acaulis und Leontodon helveticus

68   C   Vegetationsdynamik ausgewählter Ökosysteme

Loiseleuria procumbens (L.) Desv.

Poa alpina L.

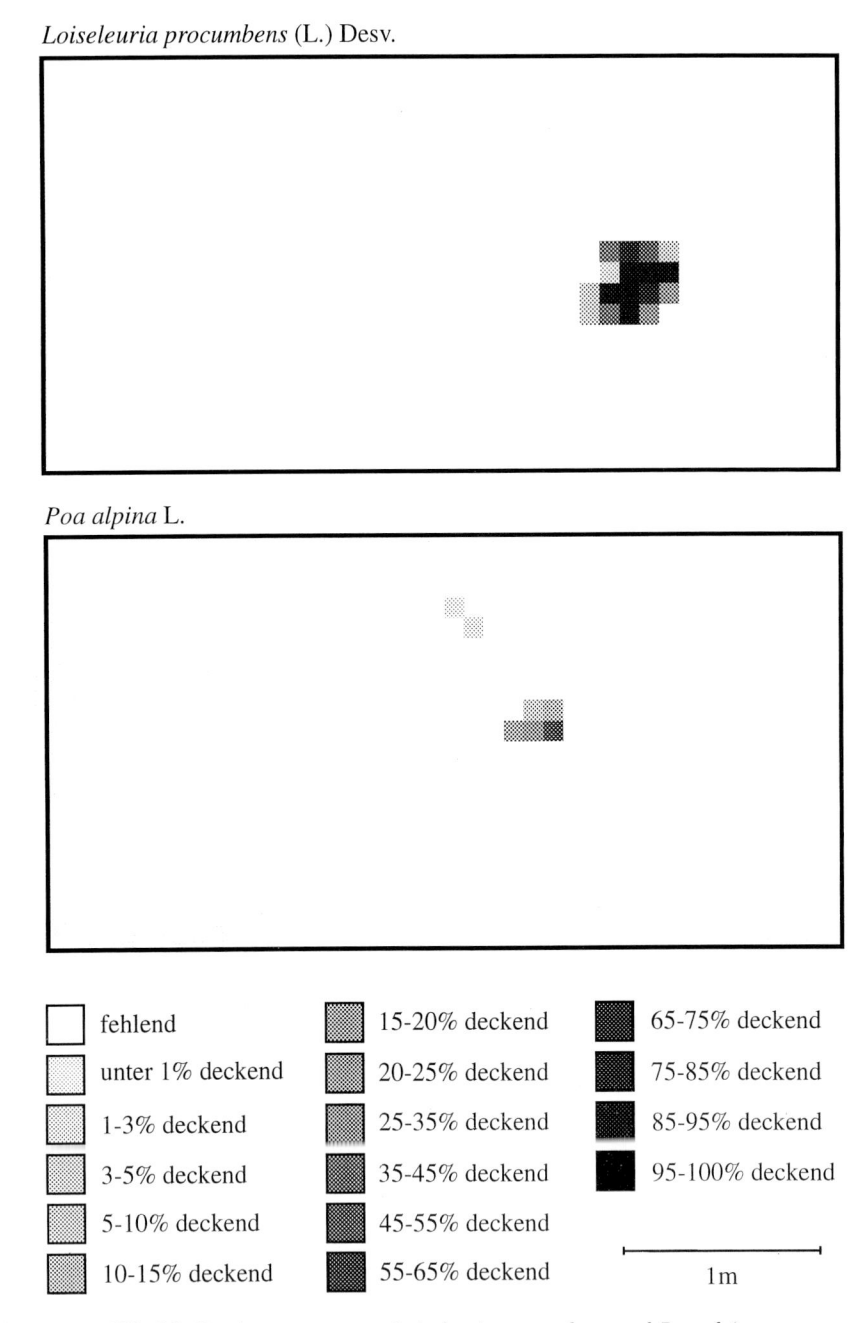

fehlend	15-20% deckend	65-75% deckend
unter 1% deckend	20-25% deckend	75-85% deckend
1-3% deckend	25-35% deckend	85-95% deckend
3-5% deckend	35-45% deckend	95-100% deckend
5-10% deckend	45-55% deckend	
10-15% deckend	55-65% deckend	1m

Abb. 25: Dominanzmuster von Loiseleuria procumbens und Poa alpina

C Vegetationsdynamik ausgewählter Ökosysteme   69

Cladonia pyxidata (L.) Hoffm.

Veronica bellidioides L.

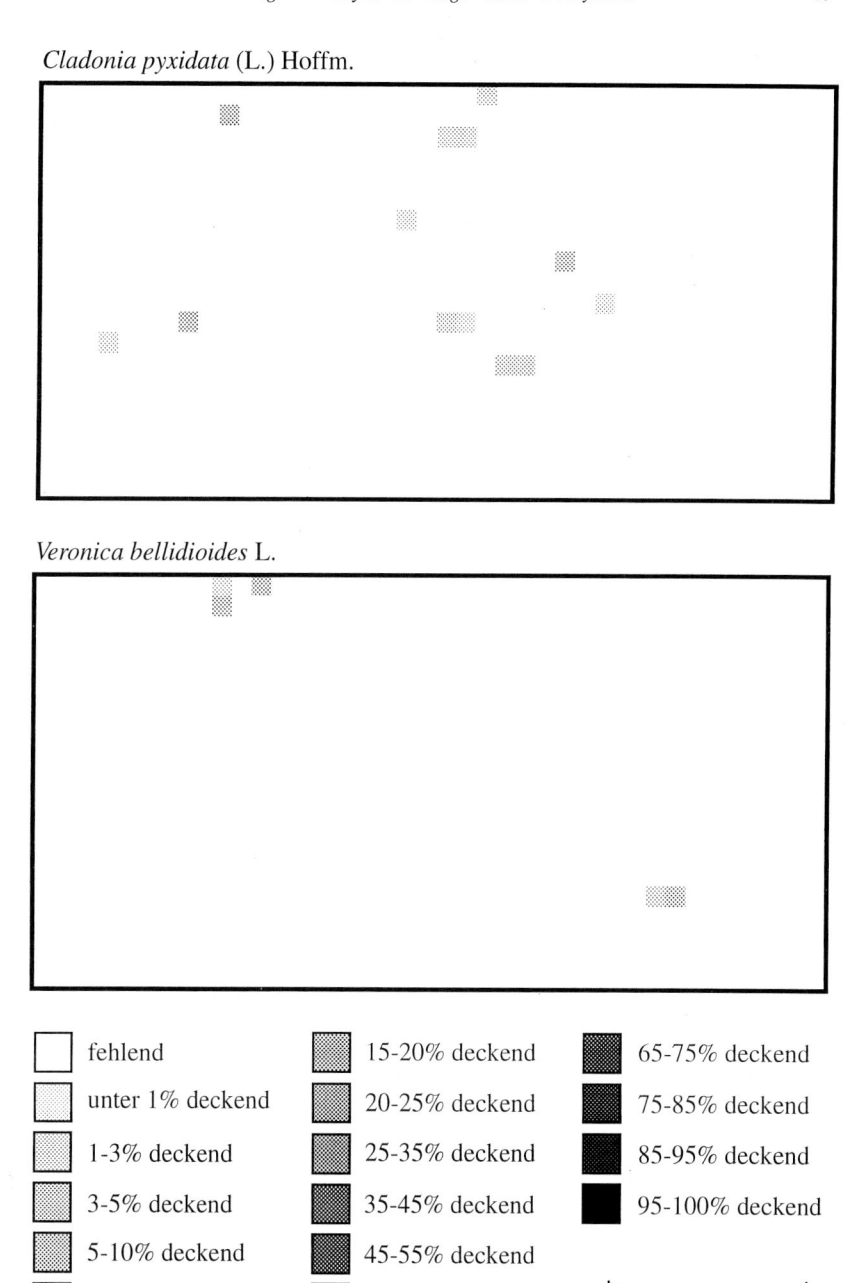

☐ fehlend	▨ 15-20% deckend	▨ 65-75% deckend
☐ unter 1% deckend	▨ 20-25% deckend	▨ 75-85% deckend
▨ 1-3% deckend	▨ 25-35% deckend	▨ 85-95% deckend
▨ 3-5% deckend	▨ 35-45% deckend	■ 95-100% deckend
▨ 5-10% deckend	▨ 45-55% deckend	
▨ 10-15% deckend	▨ 55-65% deckend	1m

Abb. 26: Dominanzmuster von Cladonia pyxidata und Veronica bellidioides

Nordwestrand der Untersuchungsfläche. *Cetraria cucullata* (129/0,7%, Abb. 19) und *Phyteuma globulariifolium* (89/0,4%, Abb. 20) wachsen bevorzugt an den Rändern der gestörten Bereiche, ebenso wie *Avenochloa versicolor* (39/1,0%, Abb. 19), *Poa alpina* (7/0,2%, Abb. 25), *Silene acaulis* (24/0,3%, Abb. 24), *Saxifraga bryoides* (5/0,02%, ohne Abb.), *Loiseleuria procumbens* (17/1,2%, Abb. 25) und *Stereocaulon alpinum* (4/0,1%, o. Abb.), deren Auftreten jedoch aufgrund ihres dichten, horst- bzw. polsterförmigen Wuchses stark geklumpt erscheint.

Polygonum viviparum (62/0,1%, Abb. 20) hat einen deutlichen Verbreitungsschwerpunkt auf der Kryoturbationslücke Nr. 2, während *Primula glutinosa* (124/1,3%, Abb. 21), *Thamnolia vermicularis* (140/0,2%, Abb. 21) und *Polytrichum juniperinum* (112/0,2%, Abb. 22) auf allen drei Störflächen vorkommen. Das Moos scheint jedoch ähnlich *Tanacetum* den kleinen Graben zu bevorzugen. *Luzula sudetica* (23/0,1%, Abb. 22) gedeiht von allen Störflächenpionieren am besten in der Nähe des aktiven Störfaktors. Die ansonsten eher seltenen *Leontodon helveticus* (5/0,04%, Abb. 24), *Cladonia gracilis* (59/0,2%, Abb. 23), *Cladonia pyxidata* (13/0,03%, Abb. 26) und *Ptilidium ciliare* (23/0,2%, Abb. 23) finden ein schwaches Optimum am Rand des geschlossenen Rasens. *Veronica bellidioides* (5/0,02%, Abb. 26) ist seltener Begleiter der Krummsegge. *Minuartia verna, ssp.gerardii, Saxifraga bryoides, Cerastium cerastoides, Stereocaulon alpinum, Alectoria ochroleuca, Cetraria nivalis* und *Rhizocarpon geographicum* haben sehr geringe Frequenzen, ihre Dominanzmuster sind deshalb nicht dargestellt.

1.4.3 Mikrosoziologie

Weil das zur Klassifikation von Arten und Aufnahmen verwendete Programm MULVA 5 nur maximal 400 Aufnahmen pro Datei akzeptiert, mußte die Untersuchungsfläche „längsgeteilt" werden. Die Aufnahmen 1-400 werden im folgenden als Fläche „G 1" angesprochen, die Aufnahmen 401-800 als „G 2". Beide Datensätze wurden p/a-transformiert und in je sechs Klassen unterteilt (vgl. Abb. 27). Die Ergebnisse der Clusteranalyse waren für beide Datensätze so ähnlich, daß die sich entsprechenden Klassen zusammengefaßt werden konnten.

Von den übrigen vier Klassen sehr verschieden sind die beiden Klassen 1 und 2. Klasse 1 (122 Aufnahmen) vereint viele Subplots der offenen Störflächen mit den Arten *Primula glutinosa, Primula minima, Thamnolia vermicularis, Polytrichum juniperinum, Phyteuma globularııfolium* und *Luzula sudetica*. *Cetraria islandica* und *Oreochloa disticha* treten ebenfalls in Erscheinung, während *Carex curvula* und *Cladina rangiferina* hier geringmächtiger sind.

Dies gilt auch für Klasse 2 (131 Aufnahmen), wo eine geringere Zahl von Pionieren differenzierend wirkt. Zu nennen sind hier *Primula minima, Phyteuma globulariifolium* und *Silene acaulis*.

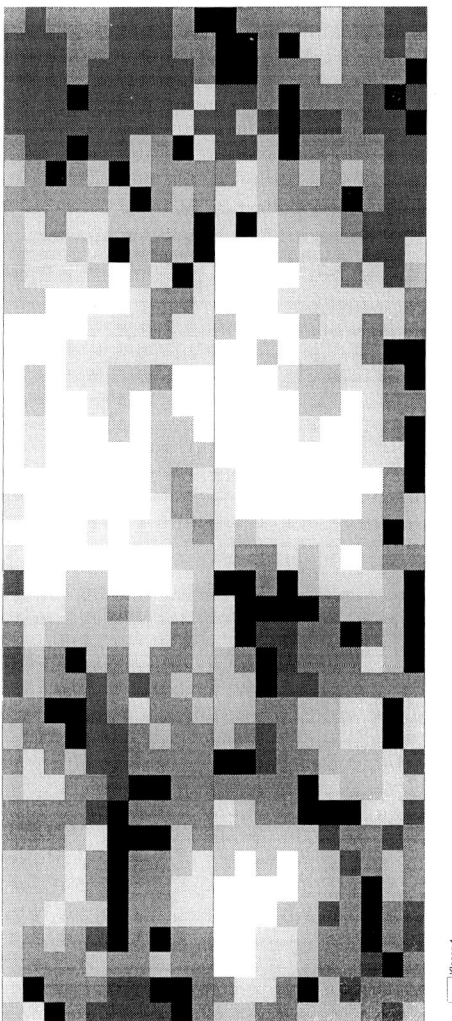

C Vegetationsdynamik ausgewählter Ökosysteme   71

Abb. 27: Verteilung der sechs mikrosoziologischen Klassen auf den 800 Subplots; die
sich bei der Clusteranalyse (p/a-transformiert, chord distance, minimum variance
clustering) jeweils entsprechenden Klassen von G 1 und G 2 wurden zu je einer
Graustufe zusammengefaßt;

Untereinander sehr ähnlich sind auch die Klassen 6 (79 Aufnahmen) und 5 (199 Aufnahmen). In Klasse 6 nehmen *Carex curvula* und *Cladina rangiferina* die vorherrschende Stellung ein, während *Cetraria islandica* und *Oreochloa disticha* deutlich zurücktreten. Alle übrigen Arten spielen keine Rolle. In Klasse 5 ist das Verhältnis unter den vier dominanten Arten wesentlich ausgeglichener. Als Differentialart tritt *Cladonia gracilis* hinzu, die hier ihren Schwerpunkt besitzt.

Klasse 4 (115 Aufnahmen) wird im wesentlichen von fünf Arten gebildet: *Carex curvula* erreicht die höchste Stetigkeit, dicht gefolgt von *Tanacetum alpinum*. Mit nahezu gleicher Stetigkeit treten *Cladina rangiferina*, *Cetraria islandica* und *Oreochloa disticha* auf, auch *Primula minima* kommt häufig vor.

Sehr ähnlich ist Klasse 3 (154 Aufnahmen), doch fehlt hier *Tanacetum alpinum* fast vollständig. Das Verhältnis zwischen *Carex curvula* und ihren hochsteten Begleitern *Cladina rangiferina*, *Cetraria islandica* und *Oreochloa disticha* ist gekippt: Die Begleiter sind dominanter und zeigen deutlich höhere Stetigkeiten, *Avenochloa versicolor* findet hier ihr Optimum.

1.4.4 Diversität

Das Maximum der Artenzahl in den 800 Subplots liegt bei 11, das Minimum bei 1 (vgl. Abb. 28 und 29). Die Artenzahl pro Subplot ist an den Rändern der Störstellen am höchsten, am geringsten bei maximaler Dominanz von *Carex curvula* (ungestörte Vegetation) bzw. maximaler Störungsintensität (Störungszentrum).

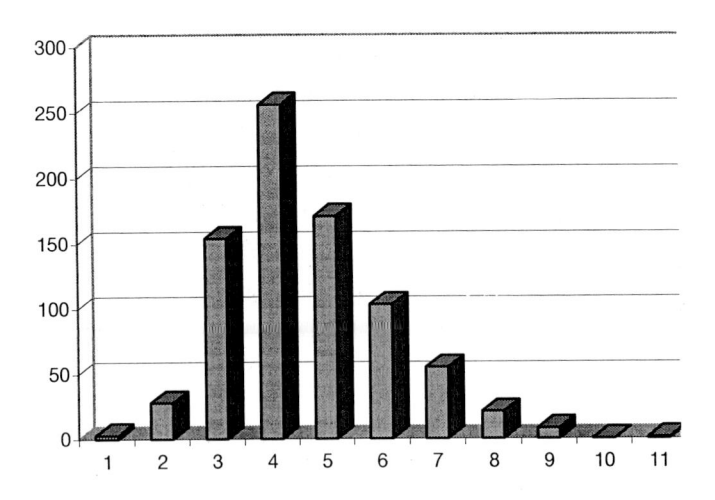

Abb. 28: Verteilung der 800 Subplots auf die Artenzahl-Klassen

C *Vegetationsdynamik ausgewählter Ökosysteme* 73

Diversitätsklassen

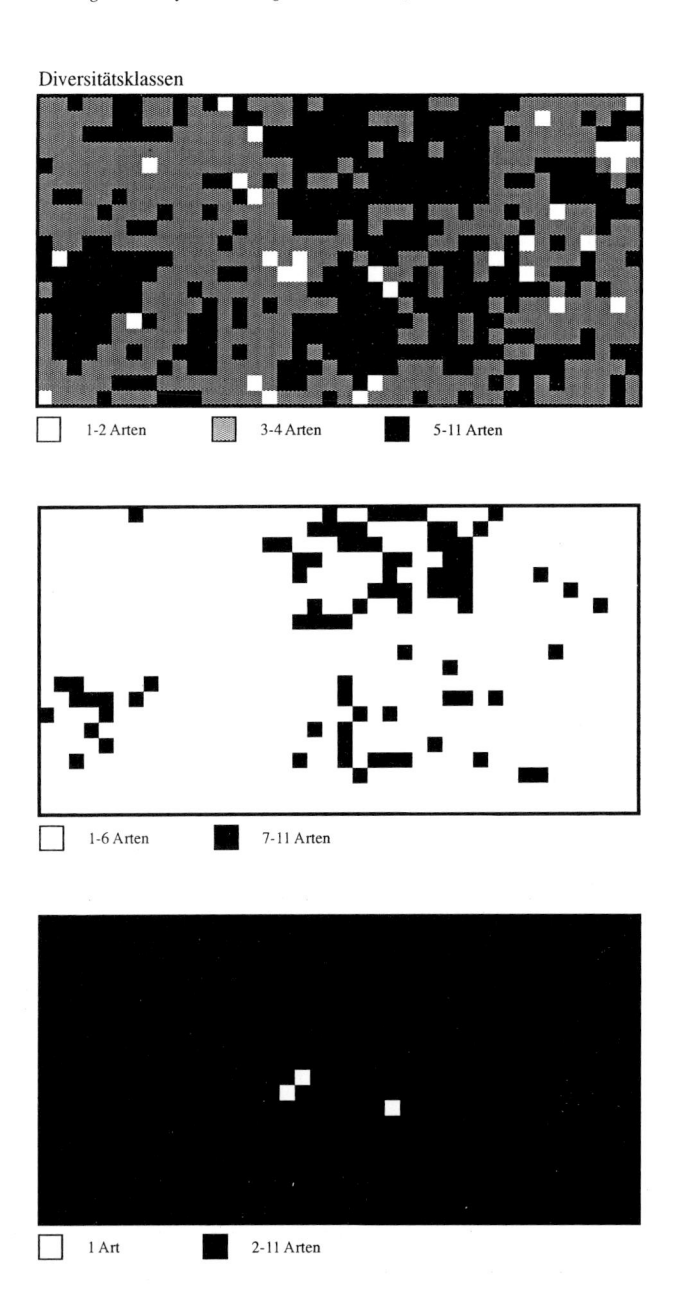

☐ 1-2 Arten   ▨ 3-4 Arten   ■ 5-11 Arten

☐ 1-6 Arten   ■ 7-11 Arten

☐ 1 Art   ■ 2-11 Arten

Abb. 29: Artenzahlen in den 800 Subplots

1.5 Diskussion

1.5.1 Vegetationsdynamik

Die Mechanik periglazialer Strukturböden verkörpert ein Störungsregime, das einen vom Störungszentrum konzentrisch abnehmenden Umweltstreß erzeugt. Intensität und Frequenz des Störfaktors lassen sich zwar nicht messen, doch kann aus den Gesetzen der Mechanik geschlossen werden, daß die Frequenz der Störung im Zentrum der Störfläche am höchsten ist. Somit ist davon auszugehen, daß zentrale Bereiche der Kryoturbationslücken im Krummseggenrasen häufiger und stärker vom Störungsregime betroffen sind. Gegenwärtig scheint die Frostwechselintensität allerdings gering zu sein. Nur eine der drei untersuchten Störstellen (Nr. 1) wies im Untersuchungszeitraum frische Auffriererscheinungen auf. Lücke Nr. 2 schien gerade eine Phase intensiver Bodendynamik abgeschlossen zu haben, während Lücke Nr. 3 zumindest seit Jahren, wenn nicht Jahrzehnten ungestört ist.

Für die Vegetation ergibt sich eine entsprechende Sukzessionsreihe von einer Quasi-Primärsukzession auf Rohboden (vegetationsloses Störungszentrum, Umweltstreßpol) bis hin zur Klimax mit maximaler Konkurrenz auf entwickelten Rasenbraunerden (Biostreßpol). Zwischen diesen beiden Polen spannt sich eine breite Palette verschiedener Entwicklungszustände des Ökosystems „Krummseggenrasen". Die Dominanzmuster der Populationen zeigen für nahezu alle Arten eine Orientierung an der An- bzw. Abwesenheit des Störfaktors. *Polygonum viviparum*, *Phyteuma globulariifolium*, *Primula glutinosa*, *Thamnolia vermicularis*, *Polytrichum juniperinum*, *Luzula sudetica*, *Silene acaulis*, *Loiseleuria procumbens*, *Poa alpina*, *Cladonia pyxidata*, *Solorina crocea*, *Cerastium cerastoides*, *Saxifraga bryoides*, *Stereocaulon alpinum*, *Minuartia verna*, *Rhizocarpon geographicum* und *Cetraria nivalis* kommen hauptsächlich oder ausschließlich auf den Kryoturbationslücken vor. Demgegenüber fehlen dort *Carex curvula* und *Tanacetum alpinum* völlig. Die Schlüsselart *Carex curvula* kann Rohboden nicht besiedeln und sich zumindest gegenwärtig nicht generativ ausbreiten. Alle übrigen Arten besiedeln eine breitere Standortspalette und „vermitteln" zwischen beiden Gruppen, zeigen jedoch Vorlieben für den gestörten oder ungestörten Bereich.

Auch die mikrosoziologische Klassifikation bestätigt ein Auseinanderfallen der Subplots in einen ungestörten „Klimax-Komplex" (Klassen 3-6) und einen „Störungs-Komplex" (Klassen 1 und 2). Nach dem „location for time"-Konzept (vgl. B 2) kann davon ausgegangen werden, daß Transekte von den Störungszentren zum geschlossenen Rasen Aufschluß über die mikrosoziologische Folgeserie vom Pionierstadium bis zur Klimax geben. Daraus ergibt sich folgendes idealisiertes Schema:

Die Initialphase der Sukzession („Kryptogamenphase") beginnt mit *Polytrichum juniperinum* und eingewehten Flechten (*Thamnolia vermicularis*, *Cetraria islandica*, *Cladina rangiferina*). Störungsresistenteste Gefäßpflanze ist *Luzula sudetica.* Wie bereits erwähnt, kommt diese Art sonst im Glatzbach-Gebiet fast ausschließlich in Schuttfluren vor. Ihre Fähigkeit, aus den winzigen, kugeligen Horsten immer wieder auszutreiben, auch wenn diese verkippt oder mechanisch beschädigt werden, verkörpert gleichzeitig eine optimale Anpassung an die Substratumlagerung im aktiven Kryoturbationsbereich. Schon bald gesellt sich *Primula glutinosa* hinzu („1. Primula-Phase"), die später von der eng verwandten *Primula minima* abgelöst wird. In diesem Stadium siedelt auch *Polygonum viviparum*, während *Luzula sudetica* bereits verdrängt wird. Es handelt sich hier ebenso wie im folgenden Stadium hauptsachlich um Arten mit „hoher Umtriebsrate" (GRABHERR), die wesentlich zur Bodenbildung beitragen (vgl. Klasse 1).

Mit dem Erscheinen von *Oreochloa disticha* wird die späte Sukzession („2. Primula-Phase", vgl. Klasse 2) eingeleitet. Diese kennzeichnen höhere Deckungswerte von *Cetraria islandica*, *Cetraria cucullata*, *Primula minima* und *Cladina rangiferina*. Hierher gehört auch der stärker reliefierte Übergangsbereich zum geschlossenen Rasen. Er ist bevorzugter Wuchsort von raumwirksamen Arten mit gedrungener Wuchsform (*Silene acaulis*-Polster, *Avenochloa versicolor*-Horste, *Loiseleuria procumbens*-Teppich).

Schließlich folgt recht unvermittelt das geschlossene *Curvuletum*. Hier vollzieht sich gewissermaßen ein Sprung in der Folgeserie, weil die Störfläche an den ungestörten Bereich grenzt. Die Grenze wird sehr deutlich von kleinen Erdwällen markiert, den randlich aufgetürmten Resten des zerstörten Bodens. Darin sind natürlich auch viele Wurzelreste enthalten, aus denen bestimmte Arten wieder austreiben können. Angemerkt werden muß jedoch, daß das Arteninventar der Störflächen auch vom Zufall abhängt, insbesondere der An- oder Abwesenheit von Samenpflanzen in der Umgebung und der Verbreitungsstrategie. Auf anderen Kryoturbationslücken (und damit anderen Standorten) können deshalb auch andere Arten beteiligt sein. Lediglich das Prinzip der Wiederbesiedlung wiederholt sich signifikant.

Wie aber verläuft die Vegetationsdynamik innerhalb des Klimax-Komplexes? Die mikrosoziologische Klassifikation deckt mindestens vier Hauptzustände der Klimax auf: Eine Klasse mit dominanter *Carex curvula*, in der nur *Cetraria islandica* und *Cladina rangiferina* eine Hauptrolle spielen (Klasse 6), eine ähnliche Klasse, an der *Oreochloa disticha* beteiligt ist (Klasse 5), eine weitere Klasse mit dominanter Krummsegge, bei der das genannte Artenspektrum um *Tanacetum alpinum* erweitert ist (Klasse 4) und schließlich eine Klasse mit schwächerer Krummsegge, die von den Begleitern und *Primula minima* dominiert wird (Klasse 3).

Sind diese Klassen Ausdruck klimaxinterner Dynamik, und, falls ja: Welche Mechanismen steuern diese Dynamik? Vieles spricht dafür, daß die Verteilung der Arten im Klimax-Komplex von den Eigenschaften der Krummsegge abhängt (vgl. 1.1). Wo sie ihre maximalen Deckungswerte erreicht, ist die Artenzahl am geringsten. Da *Carex curvula* die absolut dominante Art im Klimax-Komplex ist (der, wie

HÖFNERS Ergebnisse nahelegen, am Standort durchaus Jahrtausende alt sein könnte) und auch als einzige Art einen Subplot ausschließlich zu besiedeln vermag, ist anzunehmen, daß hier der Zustand maximalen Konkurrenzdrucks durch *Carex curvula* erreicht ist. Dieser Konkurrenzdruck wird vor allem unterirdisch (Wurzelfilz mit dem bis zu 18fachen der oberirdischen Biomasse, vgl. GRABHERR 1987a) ausgeübt, so daß höhere Pflanzen keinen Wurzelraum finden. Somit kann das Stadium ohne höhere Pflanzen, in dem vorwiegend nur die edaphisch unabhängigen Strauchflechten *Cladina rangiferina* und *Cetraria islandica* neben der Schlüsselart Krummsegge auftreten, als „absolute Klimax" bezeichnet werden.

Eine Erweiterung erfährt die absolute Klimax durch *Oreochloa disticha*. Dieses Gras scheint am ehesten in der Lage zu sein, mit *Carex curvula* zu konkurrieren. Es erreicht stellenweise im Klimax-Komplex sogar ähnliche Deckungswerte wie die Krummsegge. Dieses Stadium wird provisorisch mit der Bezeichnung „Grasklimax" versehen. Hier kommt es ebenso wie in der absoluten Klimax zum lokalen Absterben von *Carex curvula*. Damit ergeben sich zunächst noch keine Ansiedlungsmöglichkeiten für höhere Pflanzen, weil die tote Biomasse der Schlüsselart nur sehr langsam abgebaut wird (vgl. GRABHERR 1987a, 1989); am ehesten scheint jedoch *Oreochloa disticha* hier Fuß fassen. Auch das Artenspektrum der Flechten ist regelmäßig um *Cladonia gracilis* und *Cetraria cucullata* erweitert. Die Grasklimax wird als Folgestadium der absoluten Klimax interpretiert, weil *Oreochloa disticha* krautige Begleiter zuläßt, andererseits aber der konkurrenzkräftigste Begleiter der Krummsegge ist. Wo also Krummsegge und Blaugras zusammen als einzige höhere Pflanzen vorkommen, muß der Konkurrenzdruck so groß sein, daß Kräuter ausgeschlossen sind. Dies kann nur der Fall sein, wenn *Carex curvula* bereits zu sehr etabliert ist.

Bevor die Krummsegge einen Bestand erobert, konkurriert *Oreochloa disticha* mit einigen Kräutern, insbesondere den ausdauernden *Primula minima* und *Tanacetum alpinum*. Dieses Stadium wird deshalb als „Krautklimax" angesprochen. *Carex curvula* erreicht hier geringere Deckungswerte und Stetigkeiten als in den vorgenannten Stadien, was stellenweise auch standörtliche Ursachen hat. Der angesprochene kleine Graben am Südwestrand der Untersuchungsfläche ist sicher etwas feuchter als die Umgebung und eher als Sonderstandort anzusehen, auf dem das zu den Schneetälchen vermittelnde *Tanacetum alpinum* nicht zufällig sein Optimum erreicht.

Die artenreichste Variante des Klimax-Komplexes ist schließlich das zur Störung orientierte Jugendstadium mit geringmächtiger *Carex curvula*. Hier überwiegt *Primula minima* zusammen mit *Oreochloa disticha* und den beiden Strauchflechten *Cetraria islandica* und *Cladina rangiferina*. *Cladina rangiferina* ist noch nicht so gut entwickelt wie in der absoluten Klimax, während *Cetraria islandica* optimal gedeiht. Mit bemerkenswerter Regelmäßigkeit sind hier auch *Avenochloa versicolor* und *Primula glutinosa* anzutreffen. Die Übergänge zur späten Sukzession bzw. zur Kraut-Klimax sind fließend.

Unter Berücksichtigung der Artenzahlen pro Subplot ergibt sich aus der interpretierten Abfolge der beobachteten Entwicklungsstadien im Krummseggenrasen folgendes Schema der Vegetationsdynamik (Abb. 31):

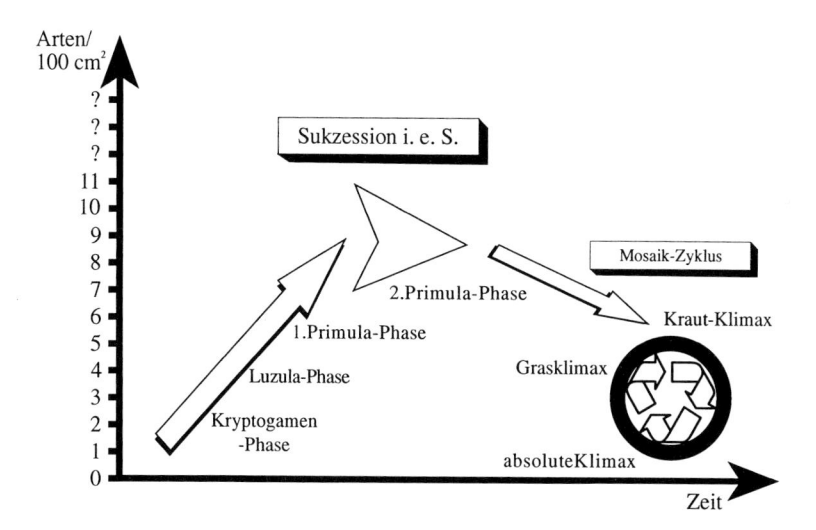

Abb. 31: Modell der Vegetationsdynamik im Krummseggenrasen. Im Verlauf der nach der exogenen Störung einsetzenden Sukzession steigt die Artenzahl pro Subplot bis zu einem Kulminationspunkt (max. 11 Arten pro Subplot). Später geht sie konkurrenzbedingt wieder zurück, bis nur noch wenige Klimaxarten (1 - 5 Arten pro Subplot) um Raum konkurrieren (Mosaik-Zyklus, vgl. Kap. A).

Für den Klimax-Komplex ist eine dem Karussell-Modell (VAN DER MAAREL & SYKES 1993) vergleichbare Vegetationsdynamik anzunehmen. Das Arteninventar bleibt auf der Gesamtfläche konstant, während sich die Subplots im Laufe der Zeit verändern. Wichtigster Mechanismus dieser Dynamik ist das von GRABHERR (1987) beschriebene „Wandern" der Krummseggenhorste durch den Bestand, welches das Angebot an Wuchsorten für alle übrigen Arten im Reifestadium steuert.

1.5.2 Verhaltenstypen

Der unweigerlich bestehende Zusammenhang zwischen Nische und Habitat einer Art läßt den Schluß zu, daß ein Spezialist für bestimmte Umstände häufiger als andere Arten dort anzutreffen ist, wo eben diese Umstände herrschen. Angesichts der klaren Trennung von Klimax-Komplex und Störungs-Komplex scheint es angebracht, zwei dem Steuermechanismus der Vegetationsdynamik entsprechende Verhaltenstypen abzugrenzen: Biostreßstrategen, deren Umwelt durch Konkurrenzdruck determiniert wird, und Umweltstreßstrategen, deren Verbreitung vom Störfaktor, in diesem Fall Kryoturbation, abhängt (vgl. zum Artverhalten Abb. 32).

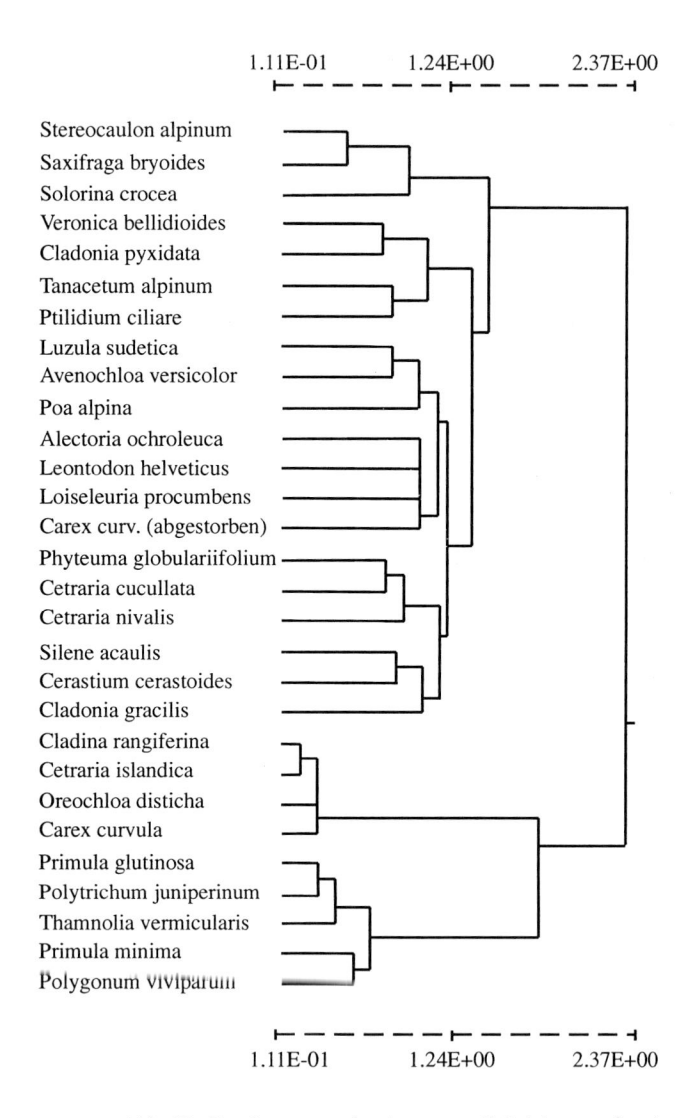

Abb. 32: Dendrogramm der Arten von G 2 (p/a-transformiert, chord distance, minimum variance clustering)

I. Biostreßstrategen (Klimax-Komplex)

1. Konkurrenten

   a. Hauptkonkurrent: enorme Raumdominanz in exogen ungestörter Umwelt, Umweltgestalter:

   Carex curvula

   b. Co-Konkurrent: Antagonist des Hauptkonkurrenten mit breiterer ökologischer Amplitude; hohe Stetigkeit im Klimax-Komplex, lokale Dominanz; verbreitet auch in Stadien später Sukzession:

   Oreochloa disticha

   c. Opportunisten: Begleiter der Schlüsselart, deren Populationen auf die schlüsselartspezifischen, ausgeglichenen Standortverhältnisse angewiesen sind;

   Cetraria islandica, Cladina rangiferina

2. Springer

   a. lokale Massenentfaltung in kleinen, vorwiegend endogenen Bestandslücken (durch Absterben von *Carex curvula*, evtl. auch exogen durch Kammeisbildung, etc.):

   Tanacetum alpinum, Avenochloa versicolor, Poa alpina, Ptilidium ciliare

   b. verstreute Einzelvorkommen in Bestandslücken:

   Leontodon helveticus, Veronica bellidioides (in der Umgebung der Untersuchungsfläche auch *Pulsatilla alba agg., Ligusticum mutellina* und *Senecio carniolicus*)

II. Umweltstreßstrategen (Störungs-Komplex)

1. Ruderalstrategen

   a. Spezialisten (keine Konkurrenz)

   optimale Anpassung an das Leben mit dem Haupt-Störfaktor:

   Luzula sudetica

   b. Echte Ruderalstrategen (frühe Sukzession auf Initialboden)

   - flächige Massenentfaltung in Kryoturbationslücken:

   Primula glutinosa, Polytrichum juniperinum, Thamnolia vermicularis, Polygonum viviparum

- Einzelvorkommen (teils zufällig):

Cladonia pyxidata, Stereocaulon alpinum, Solorina crocea, Rhizocarpon geographicum

2. Protagonisten (späte Sukzession, humoses Substrat)
   - flächige Massenentfaltung:

Primula minima, Cetraria cucullata, Phyteuma globulariifolium

-Einzelvorkommen:

Loiseleuria procumbens, Silene acaulis, Saxifraga bryoides

Anmerkung: Arten mit zu geringer Frequenz wurden nicht interpretiert

2 Ökosystem „Windheide"

2.1 Was ist eine „Windheide"?

Der Begriff „Heide" ist heute eine volkstümliche Bezeichnung von Landschaftstypen oder -ausschnitten, deren Physiognomie sich zwar üblicherweise ähnelt (Grundbedeutung nach HÜPPE 1993: 50: „waldlose unbebaute Ebene"), die bezüglich ihrer Vegetation sowie deren Genese und floristischer Ausstattung aber stark variieren können (zur Etymologie des Wortes vgl. HÜPPE 1993). In der modernen Vegetationskunde wird „die Heide" üblicherweise aufgefaßt als eine Landschaft, die „...weitgehend von ericoiden Kleinsträuchern bedeckt ist und die ein geschlossenes Dach in Höhen von gewöhnlich weniger als 2m ausbilden. Bäume und größere Sträucher fehlen oder stehen sehr vereinzelt und bilden niemals einen geschlossenen Bestand" (HÜPPE, a. a. O.; vgl. GIMINGHAM 1996: 235).

In den Alpen ist der Begriff „Heide" nach GRABHERR (1993: 167f.) für Schwemm- und Murenkegel gebräuchlich, „... deren flachgründiger, trockener und skelettreicher Boden eine Acker-, aber auch Wiesennutzung ausschloß. (...) Pflanzengesellschaften dieser Standorte sind lichte Kiefernwälder, Zwergstrauchheiden mit *Calluna* bzw. *Erica carnea* oder Weiderasen. Im Gegensatz dazu denkt der Vegetationsökologe im Zusammenhang mit alpinen Heiden eher an die Zwergstrauchvegetation im Bereich der alpinen Waldgrenze" (vgl. WILMANNS 1989, ELLENBERG 1986). KRAUSCH (1969) weist in diesem Zusammenhang darauf hin, daß Bezeichnungen wie „subalpine Heide" und „alpine Zwergstrauchheide" sehr junge Schöpfungen der (wissenschaftlichen) Hochsprache sind und sich auf Einheiten beziehen, die im Gegensatz zu den vorgenannten Grenzertragsstandorten keine Verwurzelung in der volkstümlichen Sprache besitzen. Die sehr weit gehende und durchaus nachvollziehbare, aus heutiger Sicht aber verwirrende Klassifikation alpiner „Heiden" von GAMS (1927) kann hier nicht berücksichtigt werden. Für die vorliegende Arbeit sind nur die subalpin-alpinen Heiden im engeren Sinne von Interesse, insbesondere die sogenannten „Windheiden" (vgl. REISIGL & KELLER 1987: 44f.). Mit diesem Begriff werden windexponierte, im Alpenraum von *Loiseleuria procumbens* dominierte Pflanzengesellschaften bezeichnet (vgl. u. a. GRABHERR 1979, 1993, FRANZ 1986).

2.2 Zum Forschungsstand der Vegetationsdynamik in ericoiden Heiden

Allen ericoiden Heiden ist gemeinsam, daß eine bestimmte *Ericaceen*-Art den Hauptbestandteil der Vegetation stellt. Somit liegt nahe, der jeweiligen *Ericacee* den Status einer „Schlüsselart" (vgl. WILMANNS 1993 und Kap. A 1.2) zuzuweisen, die eine determinierende Wirkung auf ihren Lebensraum hat. WILMANNS (1993: 93ff.) resümiert, daß diese Fälle in Lebensräumen mit extremen Standortfaktoren auftreten, wo Zwergsträucher unter produktionsbiologisch ungünstigeren Bedingungen als ihre üblichen Konkurrenten überleben können.

Die Lebensbedingungen in *Loiseleuria*-Beständen erkundete vor allem die „Innsbrucker Schule" (u. a. CERNUSCA 1976, GRABHERR 1979, LARCHER 1977). Entscheidender Standortfaktor ist zum einen die winterliche Schneearmut, die eine Ansiedlung frostempfindlicher Arten wie *Rhododendron ferrugineum* ausschließt, zum anderen das milde Bestandsklima, welches durch die hohe Bestandsdichte der *Loiseleuria*-Teppiche erzielt wird. GRABHERR (1979) und FRANZ (1986) betonen die Bedeutung von Kryoturbation und Kammeisbildung für die Entstehung des sogenannten Schuttpanzer-*Loiseleurietums* (vgl. C 2.5).

Mit der Vegetationsdynamik von Heiden setzte sich bereits WATT auseinander (WATT 1955). Zyklen in holländischen *Calluna*-Heiden beschrieb zunächst STOUTJESDIJK (1959; vgl. STOUTJESDIJK & BARKMAN 1992), wobei Störungen durch Feuer und den Chrysomeliden *Lochmaea suturalis* besondere Berücksichtigung fanden. DE SMIDT (1979) und BERDOWSKI & ZEILINGA (1983) setzten diesbezügliche Geländeuntersuchungen fort, während LIPPE et al. (1985) sowie VAN TONGEREN & PRENTICE (1986) diese Ergebnisse in Modellrechnungen umsetzten.

Der WATT-Schüler Charles H. GIMINGHAM beschäftigte sich in langjährigen Untersuchungen sehr eingehend mit der Dynamik schottischer *Calluna*-Heiden (u. a. GIMINGHAM 1996). Im Blickpunkt der Forschung standen u. a. die Bedingungen für Absterben und Regeneration dieses Vegetationstyps, die Zusammensetzung der Sukzessionsstadien, der Nährstoff-Kreislauf sowie die tragende Rolle der Samenproduktion für die zyklische Sukzession (BARCLAY-ESTRUP & GIMINGHAM 1994). Schon die frühen Langzeitstudien von WATT brachten einen erstaunlichen Dualismus ans Licht: Während bestimmte Typen der *Calluna*-Heide in einem stabilen Dauerzustand zu verharren scheinen (*Calluna*-Heiden oberhalb der Waldgrenze oder auf sumpfigem Grund), zeigen andere eine deutliche Dynamik (z. B. bezüglich Abundanz, Dominanz und Arteninventar), obwohl alle von der gleichen Art beherrscht werden.

GIMINGHAM (1996: 236f.) bietet eine einleuchtende Erklärung für dieses Phänomen: *Calluna vulgaris* verfügt (ebenso wie *Loiseleuria procumbens*) über typische Eigenschaften von r-Strategen: Sie erzeugt massenhaft Samen (bis ca. 200.000 Diasporen pro m^2), besiedelt offene Flächen entsprechend erfolgreich, besitzt aber einen vergleichsweise kurzen Lebenszyklus von etwa 30 Jahren und kann solche Wuchsorte nicht dauerhaft gegen Konkurrenten behaupten. Normalerweise wird sie deshalb von den jeweiligen Klimax-Vertretern abgelöst, bereitet diesen also gewissermaßen den Boden.

Eine dauerhafte Besiedlung erreicht *Calluna* nur unter den eigentlich auch für sie suboptimalen Extrembedingungen oberhalb der Waldgrenze oder auf sehr feuchtem Grund. Hier erlangt sie aber durch folgende Eigenschaften einen entscheidenden Konkurrenzvorteil gegenüber den „Klimaxarten": Die Fähigkeit zur massenhaften Bildung neuer Triebe, wenn der Haupt-Langtrieb abstirbt (vgl. *Loiseleuria!*) und die Fähigkeit zur Bildung von Adventivwurzeln aus liegenden Stämmchen, falls diese verschüttet oder von Moosen überwuchert werden (bereits BRAUN-BLANQUET 1926 beobachtete, daß manche *Ericaceen* offensichtlich nicht auf ihre Hauptwurzel angewiesen sind). Durch diese Vorgänge werden die Pflanzen in einem fortdauernden, regenerationsfähigen „Jugendstadium" erhalten (vgl. die Lebensbedingungen anderer spalierwüchsiger Gehölze, z. B. *Dryas sp.*, *Salix sp.*, etc.).

In den hochmontanen Windheiden Schottlands werden die vertikalen Langtriebe permanent durch das Windregime gestutzt, während das Wachstum der Kriechtriebe forciert wird. Auf diese Weise entsteht ein dauerhafter Teppich aus reich verzweigten, holzigen Stämmchen (vgl. Kap. C 2.5). Sterben diese ab, siedeln zunächst Flechten in den Bestandslücken, später aus der unmittelbaren Umgebung einwandernde Arten wie *Arctostaphylos uva-ursi*. Diese wiederum werden im Laufe der Zeit vegetativ von *Calluna* verdrängt, woraus sich am Wuchsort ein zyklischer Wandel ergibt, während die Gesamtgesellschaft unverändert bleibt.

Dies gilt offensichtlich auch dort, wo ein stärkeres Windregime die geschlossene *Calluna*-Decke öffnet und eine Windsichel-Formation entsteht. Hier werden die eigentlich konzentrisch wachsenden Individuen zur leewärtigen Ausbreitung gezwungen, während die luvseitigen Stämmchen wegerodiert werden. So wandern die Vegetationssicheln bzw. -streifen langsam über die windgefegte Fläche (vgl. BAYFIELD 1984). Als Fazit läßt sich also festhalten, daß *Calluna* paradoxerweise unter optimalen Lebensbedingungen eine vorübergehende Erscheinung im Sukzessionsverlauf ist, sich unter suboptimalen Bedingungen aber dauerhaft erhalten kann. Die Analogien zu *Loiseleuria procumbens* sind, wie zu zeigen sein wird, unverkennbar.

2.3 Das Untersuchungsgebiet

2.3.1 Lage und Abgrenzung

Für die Untersuchungen an „Windheiden" wurden die waldfreien Hochlagen der Saualpe in Kärnten ausgewählt. Die Saualpe ist ein zu den „Norischen Alpen" gehörender, meridional verlaufender Höhenzug am Alpenostrand. Nach Norden setzt sich dieser Rücken jenseits des Klippitztörls in den Seetaler Alpen fort, nach Süden ist er durch das Klagenfurter Becken, nach Osten und Westen durch die Täler der Lavant und der Görtschitz klar abgegrenzt (Grabenbrüche). Seine höchsten Erhebungen sind (von Norden nach Süden) Geierkogel (1917m) Forstalpe (2034m), Kienberg (2050m), Gertrusk (2044m) und Ladinger Spitz (2079m). Die Gesamtfläche der waldfreien Hochlagen beträgt bei einer Gesamtlänge von ca. 13km und einer maximalen Breite von ca. 4km rund 30km^2 (vgl. Abb. 33); für die vorliegende Untersuchung ist allerdings nur ihr weit kleinerer Kernbereich um die eigentliche Kammregion von Interesse.

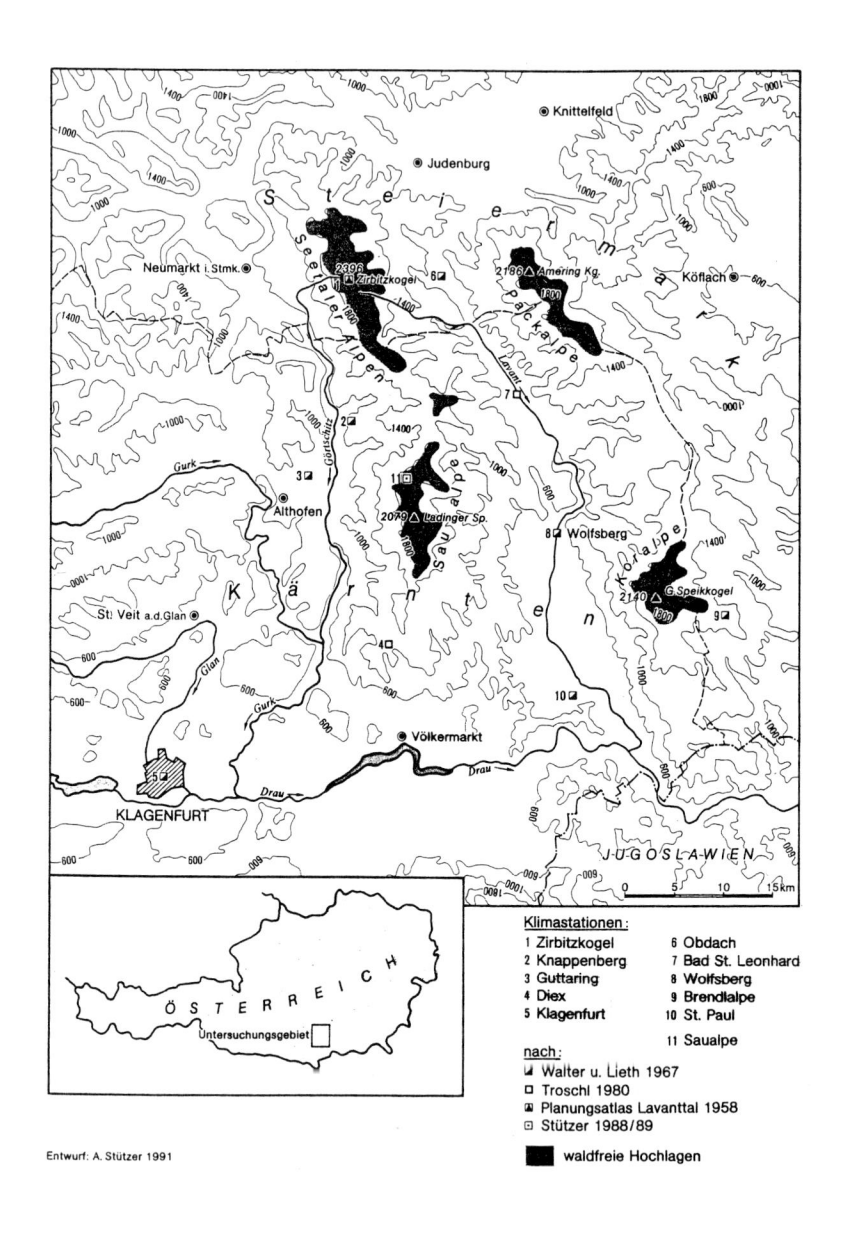

84 C Vegetationsdynamik ausgewählter Ökosysteme

Abb. 33: Lage des Untersuchungsgebietes (aus Stützer 1992: 6)

2.3.2 Klima

Zur Charakterisierung des Klimas muß auf Daten umliegender Stationen zurückgegriffen werden, da längere Meßreihen für die Hochalmen der Saualpe und insbesondere die Höhenstufe um 2000m nicht existieren. STÜTZER (1992: 17f.) zieht deshalb die Stationen St. Paul (384m), Klagenfurt (448m), Wolfsberg (467m), Guttaring (642m), Bad St. Leonhard (721m), Obdach (874m), Knappenberg (1036m), Diex (1150m), Brendlalpe (1562m) und Zirbitzkogel (2376m) als Vergleichsgrößen heran und ergänzt diese Werte durch eine eigene, 16monatige Meßreihe in 2020m am Kienberg (vgl. Abb. 34). Die Jahresmitteltemperatur liegt demnach knapp über 0°C. Mehr als die Hälfte des Jahresniederschlags (1000-1200mm/a) fällt als kurze, gewittrige Schauer in den Sommermonaten (PASCHINGER 1976). Nach FRIEDRICH (1958) bedingen die geringen Niederschläge im Winter (von November bis März ein Viertel des Jahresniederschlags) eine relative Schneearmut und damit eine relativ lange Aperzeit.

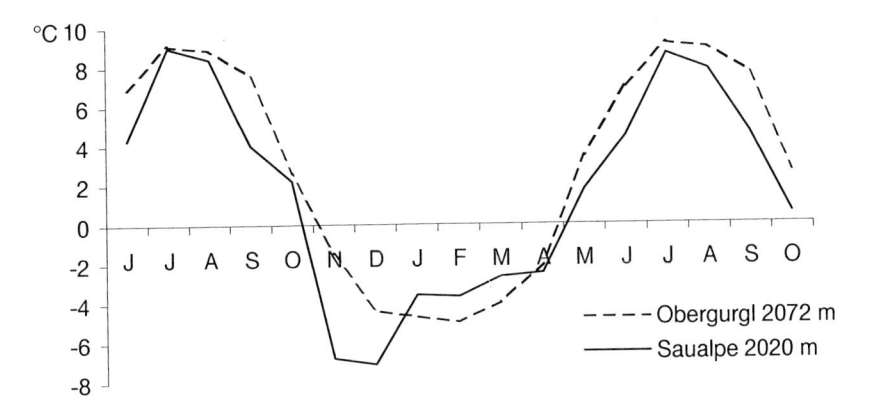

Abb. 34: Temperaturen im Gipfelbereich des Kienbergs von 6/88 bis 10/89 im Vergleich zum mehrjährigen Mittel an der Waldgrenze in Obergurgl (aus Stützer 1995: 435)

2.3.3 Geologie

Die Saualpe ist als südöstlicher Ausläufer der silikatischen Zentralalpen vorwiegend aus Paragneisen aufgebaut (vgl. WEISSENBACH 1963, PILGER & SCHÖNEBERG 1975). Auf der Hochfläche stehen hauptsächlich grobkörnige Schiefergneise an, daneben im Bereich der Gipfelverebnungen südlich des Speikkogels und in den Sätteln auch Disthenflaser-Gneise. Sehr resistent sind Eklogit-Einsprengungen, die z. T. kegelförmig herauswittern und markante Erhebungen (z. B. Gertrusk) bilden. Weitere, flächenmäßig jedoch unbedeutende Einsprengungen bestehen aus Amphibolit, Kalksilikat und Marmor.

2.3.4 Geomorphologie

Das Relief der Saualpe nimmt im alpenweiten Vergleich in zweifacher Hinsicht eine Sonderstellung ein. Erstens besitzt der weite, sanft gerundete Höhenrücken physiognomisch eher den Charakter eines Mittelgebirges. Zweitens ergab sich aus der Nord-Süd-Erstreckung eine expositionsbedingte Zweiteilung der Reliefgenese, die während des Pleistozäns in einer leeseitigen Schneeakkumulation mit Gletscherbildung (drei kleine Gletscher, vgl. Abb. 35) und einer luvseitigen Glatthangbildung zum Ausdruck kam. Angesichts der vergleichsweise marginalen Vereisung (auf dem Höhepunkt der würmzeitlichen Gletscherentwicklung drangen die aus Forstalpenkar, Witrabeintkar und Gertruskkar vorstoßenden Eismassen lediglich bis auf etwa 1200m hinunter; vgl. BECK-MANNAGETTA 1953) ist es nicht verwunderlich, daß im gesamten Hochalmgebiet kaum Hangneigungen über 20° zu beobachten sind. Ausnahmen bilden lediglich die einstigen Karwände (vgl. SCHILLIG 1966). Den durch Staunässe charakterisierten Grundmoränen der Karböden sind heute spätglaziale (daunzeitliche) Endmoränenwälle vorgelagert. Als periglaziale Kleinformen verdienen ferner die Strukturbodenfelder der Gratlagen besondere Erwähnung (vgl. Kap. C 2.5).

SCHILLIG (1966: 9) vertiefte die Überlegung, daß infolge der weitgehend fehlenden glazialen Überformung die Verebnungsflächen des präpleistozänen Reliefs noch erhalten sein müssen. Entsprechend differenziert er drei Verebnungsniveaus (A1-A3), unter denen er die beiden oberen (A1: 2080-2000m, A2: 1900-1800m) als tertiäre Restflächen einstuft. Das A3-Niveau (1800-1750m) wird ebenso wie die unterhalb anschließenden Verflachungen als Reihe von Denudationsleisten interpretiert, welche die Phasen der tektonischen Hebung widerspiegeln.

2.3.5 Böden

Nach STÜTZER (1992: 12) sind Gneise und Hangschuttdecken vielerorts zu „...mittelgründigen, schluffig-lehmigen Sandböden verwittert, die hohe, teilweise jedoch schon stark vergruste Grobsedimentanteile aufweisen." Verbreitetster Bodentyp sind stark saure Braunerden (pH(CaCl$_2$) 3,6 - 4,9 im Oberboden, 4,5 - 5,5 im Unterboden). Deutlich ausgeprägte Podsolprofile sind trotz günstiger Rahmenbedingungen (kühl-feuchtes Klima, *Ericaceen*-Streu) wegen der puffernden Eisen- und Aluminium-Oxide des Ausgangsgesteins auf Sonderstandorte beschränkt (STÜTZER 1992: 53f.). Ergebnisse von Detailuntersuchungen werden in Kapitel C 2.5 vorgestellt.

2.3.6 Nutzung

Wohl die gesamte Hochfläche der Saualpe unterlag für Jahrhunderte extensiver Weidenutzung. Vor allem das von Schillig beschriebene A3-Niveau (s. o.) hatte sich in besonderem Maße angeboten, durch Rodung relativ ·ebene Weideflächen zu

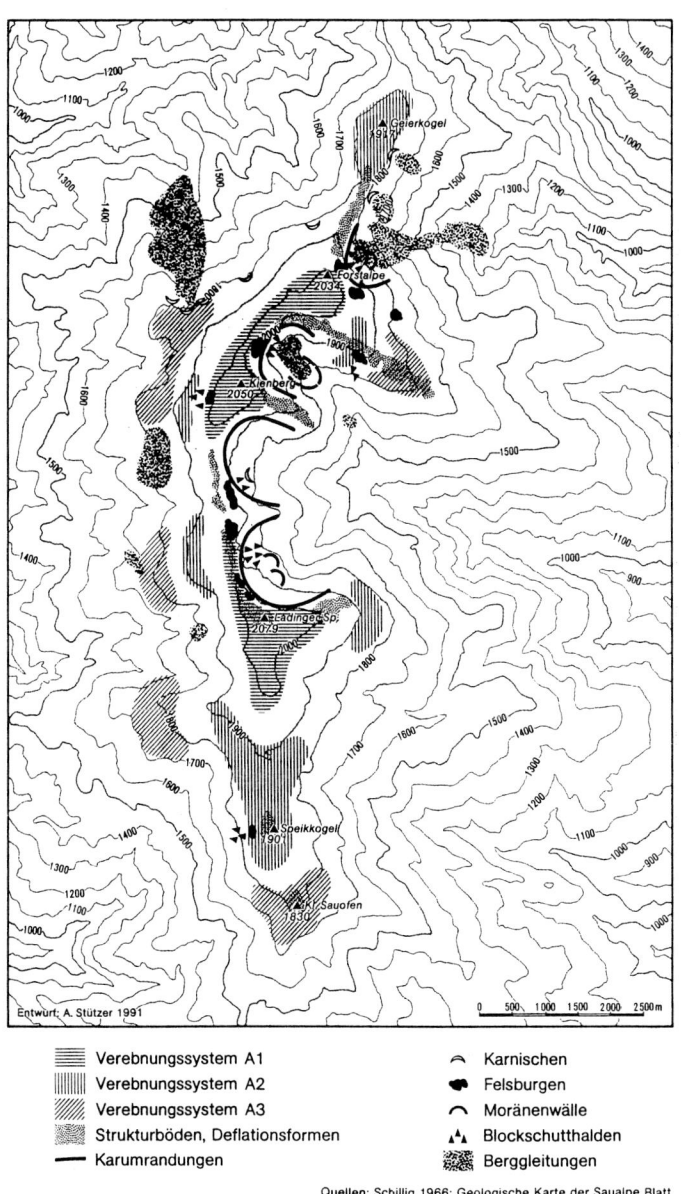

C *Vegetationsdynamik ausgewählter Ökosysteme*   87

≡ Verebnungssystem A1	⌒ Karnischen
||||| Verebnungssystem A2	● Felsburgen
▨ Verebnungssystem A3	⌒ Moränenwälle
▦ Strukturböden, Deflationsformen	▴▴ Blockschutthalden
— Karumrandungen	▩ Berggleitungen

Quellen: Schillig 1966; Geologische Karte der Saualpe Blatt
Nord u. Süd 1978, bearbeitet von N. Weißenbach

Abb. 35: Formenschatz der Saualpe (aus Stützer 1992: 15)

schaffen. Gegenwärtig wird allerdings nurmehr ein Teil der Hochalmregion bewirtschaftet (vgl. STÜTZER 1992). Zu erwähnen ist als bis zur Jahrhundertwende durchaus bedeutsame Nebennutzung das Sammeln von *Cetraria islandica*, *Valeriana celtica* und diverser Enzian-Arten (JABORNEGG 1875, MORER 1900). Die Auswirkungen des gegenwärtigen Fremdenverkehrs (Wanderer, Skifahrer) schätzt STÜTZER (1992: 5) als eher gering ein. Diese Einschätzung fand bei den Geländearbeiten in den Vegetationsperioden 1994-1997 Bestätigung.

Die Saualpe ist noch heute von einem auffälligen, mehr oder weniger hangparallelen Wegenetz überzogen, das im Zuge der Eisenerzgewinnung in Hüttenberg entstanden ist. Über diese „Kohlwege" wurde die zur Verhüttung benötigte Holzkohle herantransportiert (vgl. JOHANN 1968), und noch heute sind diese anthropogenen „Schneisen" Konzentrationsachsen von Trittschäden und Erosion. In den Hüttenberger Schmelzöfen und Schmieden wurde zunächst das Holz der Saualpe verfeuert; später mußte die Kohle über die Saualpe aus zum Teil großer Entfernung in das hausgemachte „Kohlenmangelgebiet" angeliefert werden.

2.3.7 Die aktuelle Vegetation der waldfreien Hochlagen

Die waldfreien Hochlagen der Saualpe gehören zur subalpinen und alpinen Höhenstufe. Der weitaus größte Teil dieser Hochfläche wird von verschiedenen Zwergstrauchgesellschaften der *Vaccinio-Piceetea* (*Rhododendro-Vaccinietum*, *Cetrario-Loiseleurietum*) und der *Nardo-Callunetea* (verschiedene Subassoziationen des *Callunetums*, unter ca. 1850m auch fast reine *Nardeten*) eingenommen, wobei die von *Loiseleuria* dominierten Bestände eher auf die kammnahen Flächen beschränkt bleiben, während die großblättrigeren *Rhododendron*- und *Vaccinium*-Bestände naturgemäß den subalpinen Höhensaum beherrschen.

Diesen Zwergstrauchheiden stehen alpine Rasengesellschaften der *Caricetea curvulae* gegenüber, unter denen der auf Kienberg und Ladinger Spitz oberhalb 2000m großflächig ausgebildete *Carex bigelowii*-Rasen (STÜTZER 1995) die bedeutendste Vegetationseinheit stellt. Daneben sind punktuell auch Rumpfgesellschaften anzutreffen, die zum *Juncetum trifidi*, *Festucetum variae* oder *Caricetum curvulae* gestellt werden können. Weitere, ebenfalls nur kleinflächig auf Sonderstandorten ausgebildete Gesellschaften sind den Klassen *Plantaginetea majoris*, *Thlaspietea rotundifolii*, *Montio-Cardaminetea*, *Scheuchzerio-Caricetea fuscae* und *Betulo-Adenostyletea* zuzuordnen (vgl. STÜTZER 1992, HERBST 1994). Für die späteren Ausführungen ist der Vegetationskomplex „Windheide" von herausragender Bedeutung, weshalb er an dieser Stelle im Rahmen seiner Kontaktgesellschaften etwas eingehender betrachtet werden muß.

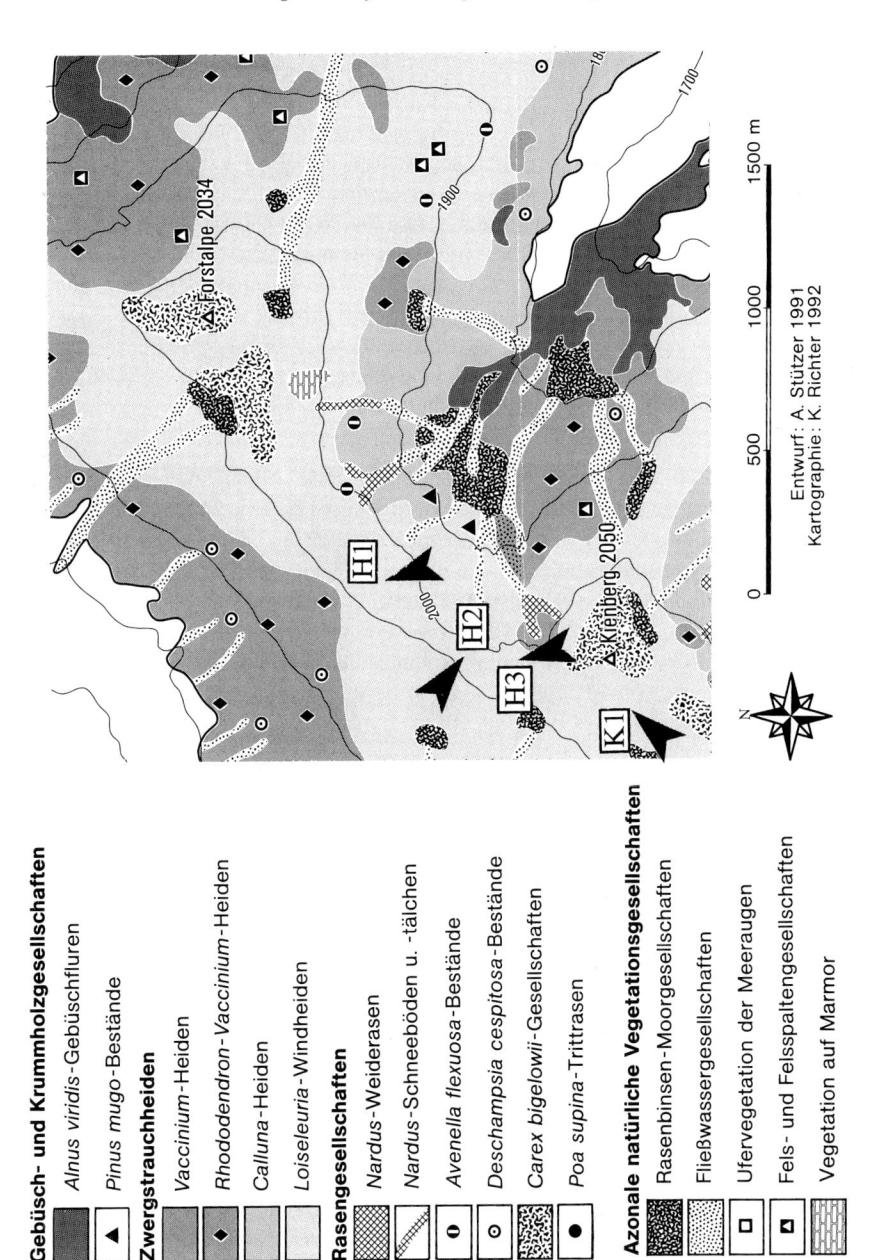

C Vegetationsdynamik ausgewählter Ökosysteme

Abb. 36: Die Vegetation der Saualpe zwischen Kienberg und Forstalpe (aus Stützer 1992, Ausschnitt); die Pfeile markieren die Lage der vier Untersuchungsflächen Hafeneck 1 (H 1), Hafeneck 2 (H 2), Hafeneck 3 (H 3) und Kienberg .1

Das Cetrario-Loiseleurietum der Saualpe und seine Kontaktgesellschaften

Die großflächig durch die Dominanz der Gemsheide (*Loiseleuria procumbens*) recht monotone „Windheide" beherrscht die kammnahen Hochlagen der Saualpe in eindrucksvoller Weise, reicht jedoch auf windexponierten Geländeabschnitten auch tiefer hinab. HERBST (1994: 69) unterscheidet ein flechtenarmes *Loiseleurietum* auf waldnahen, sekundär durch Abholzung geschaffenen Pionierstandorten, eine beweidete, zu den subalpinen *Nardetalia* vermittelnde und entsprechend artenreiche Subassoziation (*Cetrario-Loiseleurietum callunetosum*, vgl. STÜTZER 1992: 64), eine deutlich flechtenreichere Form fast ohne Gräser und Kräuter (*Cetrario-Loiseleurietum cladonietosum*), eine stärker windexponierte Ausbildung (*Cetrario-Loiseleurietum alectorietosum*) und schließlich eine bereits mit den alpinen Rasen verwandte Subassoziation (*Cetrario-Loiseleurietum curvuletosum*).

Eine Sonderstellung nimmt die strukturbodenähnliche Ausbildung mancher Kammlagen ein (vgl. Abb. 35 und GRABHERR 1993: 453f.), wo sich der ansonsten geschlossene Gemsheideteppich in sichelförmige Flecken auflöst. STÜTZER (1992) weist darauf hin, daß diese von der Vegetation entblößten Böden stärker zur Austrocknung neigen und die Temperaturamplitude an der Bodenoberfläche zunimmt. Auf diesen „Freiflächen" können sich vorwiegend alpine Arten ansiedeln, die mit den Extrembedingungen besser zurechtkommen (vgl. C 2.5).

Daß die ausgedehnten *Loiseleurieten* der Saualpe und der benachbarten Koralpe eine Besonderheit darstellen, wurde in der Literatur immer wieder vermerkt (SCHARFETTER 1938, ELLENBERG 1986). Die bereits angesprochene Schneearmut wird durch das konvexe, die Schneeausblasung begünstigende Relief noch verstärkt. Im Gegensatz zu den anderen bestandsbildenden Zwergsträuchern der Hochlagen erträgt *Loiseleuria procumbens* die mit der permanenten Windbeanspruchung verbundenen Transpirationsverluste besser (KÖRNER 1976, LARCHER 1977). Den entscheidenden Konkurrenzvorteil aber dürfte die Art durch Eigenschaften erhalten, die jenen von *Calluna* (s. o.) durchaus entsprechen. Die alles dominierende Schlüsselart *Loisleuria procumbens* (vgl. WILMANNS 1993) erreicht ihre Raumdominanz durch eine hohe Produktivität. Innerhalb der geschlossenen *Loiseleuria*-Teppiche ist das Arteninventar ähnlich übersichtlich wie im Klimax-*Curvuletum* (vgl. C 1). Neben den edaphisch unabhängigen Strauchflechten *Cetraria islandica* und *Cladina rangiferina* sind *Vaccinium vitis-idaea* und *Carex bigelowii* die einzig steten, wenngleich geringmächtigen Begleiter.

Die interessanteste Kontaktgesellschaft des *Loiseleurietum*-Komplexes ist der von STÜTZER (1994) näher beschriebene arktisch-alpine *Carex bigelowii*-Rasen, in dem neben *Oreochloa disticha*, *Campanula alpina*, *Phyteuma confusum* und *Cetraria islandica* auch *Loiseleuria procumbens* als hochsteter Begleiter auftritt. Dies vermag aber nicht über die Tatsache hinwegtäuschen, daß *Carex bigelowii* auf großer Fläche die alles beherrschende Pflanze dieser Gesellschaft ist (durchschnittliche Deckung nach Braun-Blanquet-Skala: 4, vgl. STÜTZER 1994: 432) und Parallelen zum *Caricetum curvulae* überdeutlich hervortreten. Hier wäre zu prüfen, ob *Carex bigelowii* nicht in ähnlicher Weise wie die Krummsegge ein gegen Umweltschwankungen stabiles Milieu erzeugt (vgl. HÖFNER 1993), es sich also möglicherweise um eine uralte Reliktgesellschaft handelt, die ähnlich wie das im vorigen Kapitel beschriebene *Curvuletum* des Glatzbachgebietes unter völlig anderen Klimabedingungen entstanden ist. Für diese These spricht das schwindende mitteleuropäische Areal von Gesellschaften, in denen *Carex bigelowii* eine dominante Stellung einnimmt (Sudeten, Harz, Lungau), die enge Verwandtschaft mit den skandinavischen *Nardeto-Caricion* Gesellschaften und die standörtlichen, physiognomischen und floristischen Parallelen zum Krummseggenrasen[11].

2.4 Untersuchungsflächen und Aufnahmedesign

Die Untersuchungsflächen im *Loiseleurietum* liegen in Höhen zwischen 2010 und 2030m im nördlichen Kammbereich der Saualpe zwischen Kienberg und Forstalpe (vgl. Abb. 36). Die vier Flächen haben eine Größe von acht (2x4m) bzw. zwölf (2x6) Quadratmeter. Die Standortspalette reicht von völlig ungestörten bis zu schütteren, stark degradierten *Loiseleurieten* (vgl. Abb. 6-8). Eine ungestörte („Hafeneck 1" = „H 1", 2030m) und eine etwa 400 Meter entfernte, stark gestörte Parzelle („Hafeneck 3" = „H 3", 2030m) wurden zur Ermittlung der kleinräumigen Vegetationsdynamik herangezogen. Hier wurden ein 12 m^2 bzw. ein 4m^2 Plot angelegt. Beide wurden in jeweils 400cm^2 große Aufnahmeflächen geteilt, so daß sich 300 (H 1) bzw. 100 (H 3) quadratische Subplots mit je 20cm Seitenlänge ergaben. Auf der Längsseite der vier Hauptflächen wurden Schürfgräben angelegt, um Bodenentwicklung und Bodendynamik, insbesondere das Ausmaß der vermuteten Kryoturbation, abschätzen zu können. Die Flächen H 2 und K 1 fließen nur am Rande in die Ergebnisse ein.

2.5 Ergebnisse

2.5.1 Böden

Unter einer geschlossenen Loiseleuria-Decke ist stets eine relativ gleichförmige Ausbildung typischer Bodenprofile der vorherrschenden sauren Podsol-Braunerde (O_l-O_{fh}-$A_{h(e)}$-B_{sv}-B_v-C) bzw. der sauren alpinen Braunerde (O-A_h-B_v-C) anzutreffen (vgl. Abb. 39). Die Mächtigkeit der einzelnen Horizonte schwankt kaum, Störungen durch Kryoturbation oder oberflächliche Windanrisse sind nicht auszu-

---

11) dem Vorschlag STÜTZERS (1994) entsprechend ließe sich auf diese Weise ein mitteleuropäisches *Caricetum bigelowii* sehr gut begründen

Abb. 37a (oben): Geschlossenes Loiseleurietum auf Fläche H 1. Aus dem dichten Loiseleuria-Bestand ragen Individuen von Carex bigelowii mit sternförmig ausgebreiteten Blättern heraus; Alectoria ochroleuca siedelt auf der Bestandsoberfläche. Abb. 37b (unten): Windsichel-Loiseleurietum zwischen Kienberg und Forstalpe

C Vegetationsdynamik ausgewählter Ökosysteme

Abb. 38a: Hafeneck 2

Abb. 38b: Hafeneck 3

Legende:
- Steinpflaster
- Loiseleuria procumbens
- Salix herbacea
- Deflationskanten

1 m

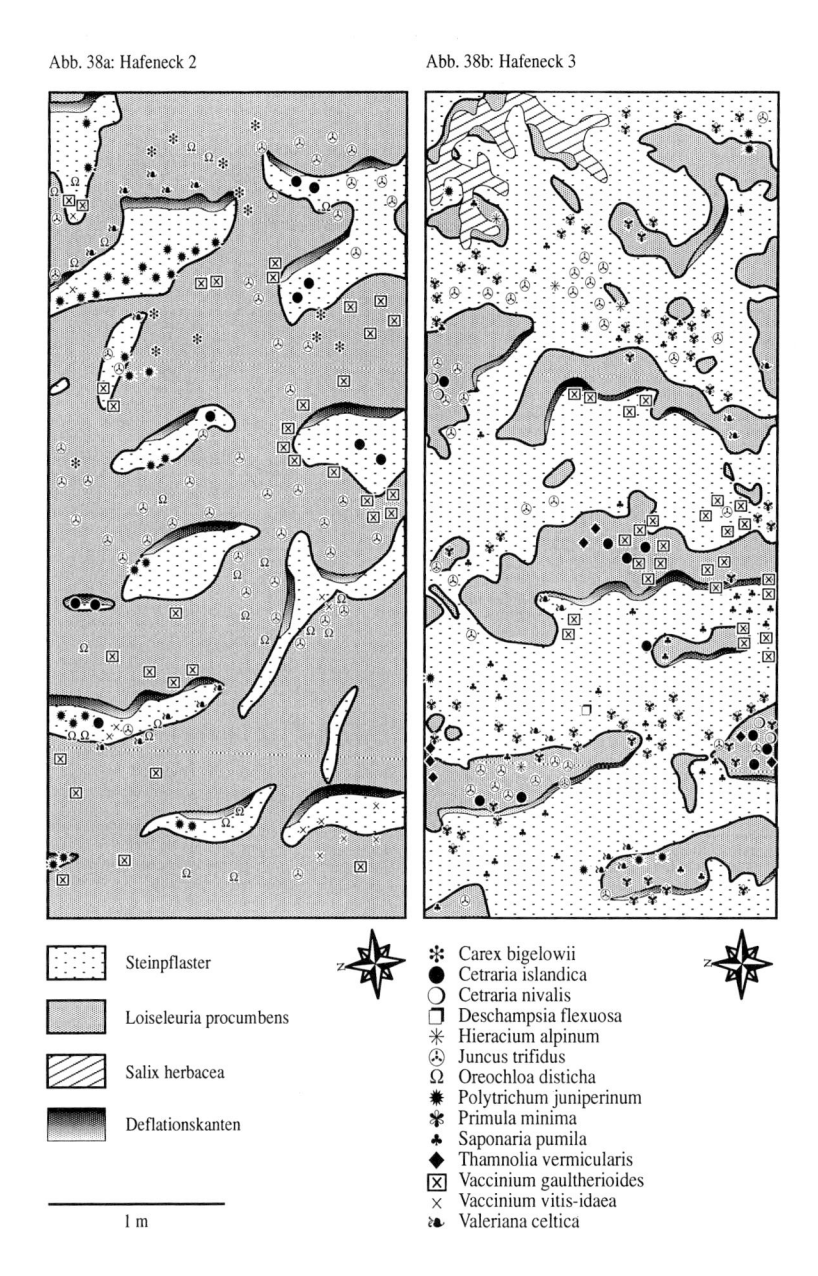

- ✻ Carex bigelowii
- ● Cetraria islandica
- ○ Cetraria nivalis
- ▯ Deschampsia flexuosa
- ✳ Hieracium alpinum
- Ⓐ Juncus trifidus
- Ω Oreochloa disticha
- ✺ Polytrichum juniperinum
- ✾ Primula minima
- ♣ Saponaria pumila
- ◆ Thamnolia vermicularis
- ☒ Vaccinium gaultherioides
- × Vaccinium vitis-idaea
- 🕭 Valeriana celtica

Abb. 38a und 38b: Skizzen der Untersuchungsflächen Hafeneck 2 und Hafeneck 3; v. a. Flechten im geschlossenen Loiseleuria-Teppich sind nicht vollständig dargestellt

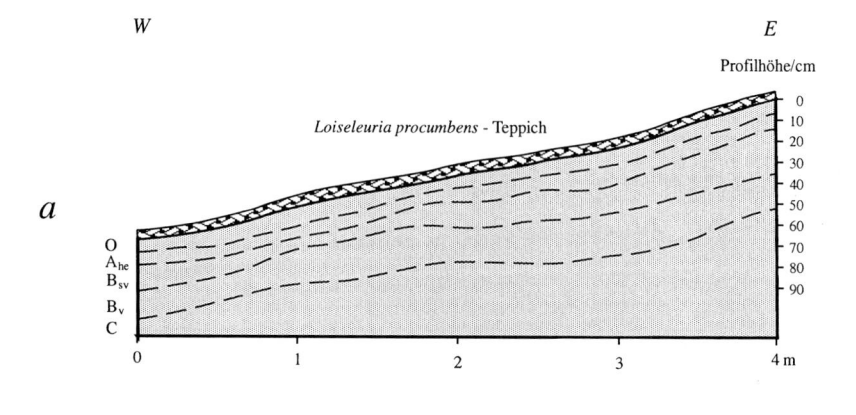

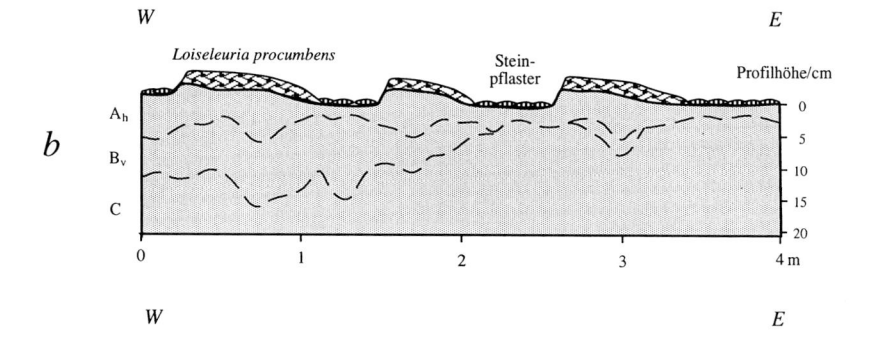

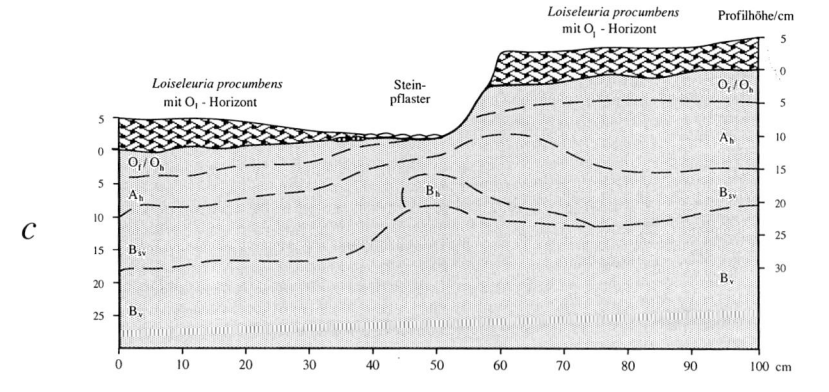

94   C Vegetationsdynamik ausgewählter Ökosysteme

Abb. 39: Exemplarische Bodenprofile unter den Windheiden der Saualpe
a: Bodenprofil unter einem geschlossenen Loiseleurio-Cetrarietum mit 10° Hangneigung (Kienberg 1); b: Profil einer 4° geneigten Fläche mit Steinpflaster (H 2); c: Profil durch eine Stufe im Windsichel-Loiseleurietum (H 3); unterhalb des Steinpflasters sind Kryoturbationsstrukturen erkennbar

machen (Abb. 39a). Die Streuauflage an diesem Standort (Kienberg 1) ist durchschnittlich 5 cm mächtig, der Humusgehalt beträgt im Ah-Horizont 37-45 % und im B_v-Horizont noch 10-14%. Darin spiegeln sich nicht nur die geringe biologische Abbauaktivität und ein lange während Stoffumsatz wider, sondern auch eine anhaltende, ungestörte Bodenentwicklung unter dem Einfluß einer dauerhaft intakten Pflanzendecke.

Anders sehen die Bodenverhältnisse aus, wenn die Vegetationsdecke von Windanrissen durchsetzt ist (Abb. 38a). Bei fortschreitender Entwicklung der Windsicheln entsteht an westexponierten Hängen ein nahezu stufenförmiges Mikrorelief (Abb. 39b). In der Regel wird hier der O-Horizont vollständig und vom A_h-Horizont ein unterschiedlich mächtiger Teil abgetragen. Bei hohem Grusanteil im Boden entsteht durch selektive Anreicherung ein Steinpflaster, unter dem der humose Oberboden (A_h) vor weiterer Abtragung durch Erosion und Deflation geschützt ist.

Ferner konnte nachgewiesen werden, daß an sommerlichen Strahlungstagen die Temperaturen auf den entblößten Oberflächen der Steinpflaster und den humosen Böden um 10 bzw. 7° C höher sein können als in der geschlossenen Vegetationsdecke. Die offenen Flächen beeinflussen maßgeblich die Kryoturbationsaktivität, da hier der Frost schneller in den Boden eindringen kann als auf den durch Vegetation isolierten Flächen. Dies belegen Kryoturbationsstrukturen, die an entsprechenden Stellen in den Schürfgräben gefunden wurden.

Je nach Intensität und Dauer der Störung löst sich der *Loiseleuria*-Teppich zunehmend in inselhafte Flecken („Windsicheln") auf (Abb. 38b, 39c). In windexponierten, schwach geneigten Kuppenlagen bilden sich keine ausgeprägten Stufen. Es entsteht vielmehr ein welliges Mikrorelief, in dem unter den verbliebenen *Loiseleuria*-Resten der Boden bewahrt und auf den entblößten Flächen abgetragen wird („Windsicheln", Abb. 37b). Sowohl der weitgehend fehlende O-Horizont als auch der durchwegs geringmächtige A_h-Horizont deuten auf stark begrenzte Wachstumsverhältnisse und auf intensive Deflationsprozesse hin. Die *Loiseleuria*-Flecken werden an der Luv-Seite abgetragen und wachsen leewärtig auf der mit einem Steinpflaster belegten Oberfläche weiter. Bei diesem stark vom Windstörungsregime geprägten Steinpflaster-*Loiseleurietum* stellt sich die Frage, ob es sich um ein Sukzessionsstadium auf dem Wege zum typischen Klimax-Stadium handelt, ob das System unter dem herrschenden Störungsregime in einem klimaxähnlichen Zustand verharrt oder ob die Degradierung weiter fortschreitet.

2.5.2 Arteninventar

Auf Fläche H 1 wurden folgende Arten nachgewiesen: Gefäßpflanzen: *Loiseleuria procumbens, Vaccinium gaultherioides, Vaccinium vitis-idaea, Oreochloa disticha, Carex bigelowii*; Flechten: *Cetraria islandica, Cetraria cucullata, Cetraria nivalis, Cladina rangiferina, Thamnolia vermicularis, Alectoria ochroleuca.* H 3 weist ein breiteres Artenspektrum auf. Hier gedeihen

Loiseleuria procumbens (L.) Desv.

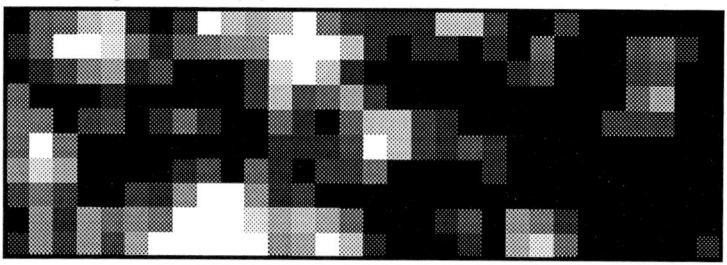

Vaccinium gaultherioides Bigelow

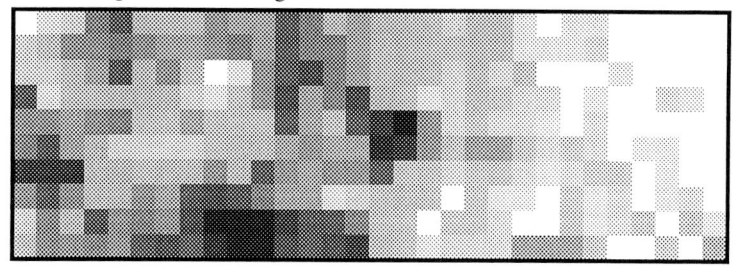

Cladina rangiferina (L.) Wigg.

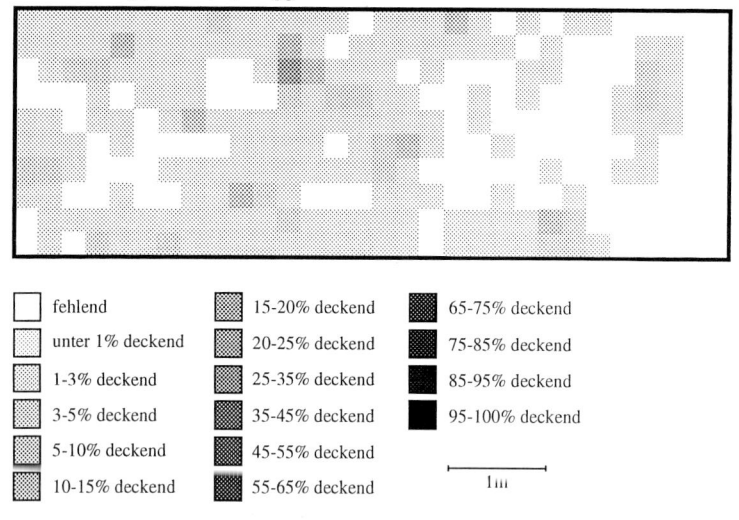

fehlend	15-20% deckend	65-75% deckend
unter 1% deckend	20-25% deckend	75-85% deckend
1-3% deckend	25-35% deckend	85-95% deckend
3-5% deckend	35-45% deckend	95-100% deckend
5-10% deckend	45-55% deckend	
10-15% deckend	55-65% deckend	1 m

Abb. 40: Dominanzmuster von Loiseleuria procumbens, Vaccinium gaultherioides und Cladina rangiferina in 300 Subplots der Untersuchungsfläche H.1

zusätzlich *Deschampsia flexuosa, Juncus trifidus, Valeriana celtica, Campanula alpina, Saponaria pumila, Primula minima, Hieracium alpinum*, ferner das Moos *Polytrichum piliferum* und die Flechten *Cladonia pyxidata, Cetraria ericetorum, Solorina bispora* sowie die Krustenflechten *Pycnothelia papillaria* und *Rhizocarpon sp.*. *Vaccinium vitis-idaea, Oreochloa disticha, Carex bigelowii* und *Cladina rangiferina* fehlen hingegen [Anmerkung: Da *Oreochloa disticha* und *Deschampsia flexuosa* als Kümmerformen (max. 2cm Höhe) vegetativ kaum zu unterscheiden sind, können Verwechslungen nicht ausgeschlossen werden]. Will man eine soziologische Zuordnung nach traditionellem Muster wagen, müßte man H 1 als artenarme Version des *Loiseleurio-Cetrarietum typicum* (vgl. GRABHERR 1993) ansprechen, H 3 als „Zwergstrauch-Frostboden" (*Gymnomitrio concinnati-Loiseleurietum procumbentis*, vgl. GRABHERR & MUCINA 1993: 453).

2.5.3 Dominanzmuster

Hafeneck 1

Obwohl H 1 bei flüchtiger Betrachtung im Gelände einen insgesamt homogenen Eindruck macht, ergeben sich bei Analyse des Artverhaltens individuelle Dominanzmuster (Abb. 40-43). Die aspektbildende *Loiseleuria procumbens* (Abb. 40) dominiert den Bestand eindeutig (Frequenz 93,8%, durchschn. Deckung/subplot: 31,8%), besitzt aber in *Vaccinium gaultherioides* einen klaren Antagonisten (75,9/17,8; Abb. 40), dessen Dominanzmuster sich gegenläufig verhält. Auch *Cetraria cucullata* (26,8/1,9; Abb. 42), *Cetraria nivalis* (2,9/1,1; Abb. 43) und *Alectoria ochroleuca* (39,4/2,9; Abb. 42) verhalten sich schwach gegenläufig. *Cetraria islandica* (99,4/17,2; Abb. 41) und *Cladina rangiferina* (57,9/1,3; Abb. 40) sind bei geringerer Dominanz der Gemsheide besser entwickelt. Selbst die hochsteten, aber durchwegs schwach deckenden *Vaccinium vitis-idaea* (81,2/2,8; Abb. 41) und *Carex bigelowii* (90,6/2,5; Abb. 41) zeigen hier ein schwaches Optimum. Seltener und ohne erkennbare Abhängigkeit von der Gemsheide-Population treten *Oreochloa disticha* (12,9/0,4; Abb. 42) und *Thamnolia vermicularis* (2,9/0,1; Abb. 43) auf.

Hafeneck 3

Im Gegensatz zu H 1 zeigt die Fläche H 3 eine sehr inhomogene Struktur (vgl. Abb. 38b). Entsprechend ungleichmäßig ist die Verteilung der Arten auf dem Plot (vgl. Abb. 44). *Loiseleuria procumbens* ist auch hier die dominante Art (Frequenz 78,0%, durchschn. Deckung/Subplot: 27,38%), bleibt jedoch auf die inselhaften Windsicheln beschränkt. *Vaccinium gaultherioides* (29,0/4,91) beherrscht die Luvseiten der Windsicheln, wo *Loiseleuria* bereits abgestorben ist. Teilweise im *Loiseleuria*-Bestand, vor allem aber im offenen Steinpflaster etablieren sich *Primula minima* (34,0/0,31), *Deschampsia flexuosa* (22,0/0,28), *Hieracium alpinum* (7,0/0,05), *Valeriana celtica* (5,0/0,04) und *Campanula alpina* (5,0/0,06). *Alectoria ochroleuca* (4,0/0,02), *Cetraria islandica* (12,0/0,06), *Cetraria nivalis* (6,0/0,03) und *Cetraria cucullata* (6,0/0,03) tendieren zu den Luvseiten, ebenso· wie

Cetraria islandica (L.) Ach.

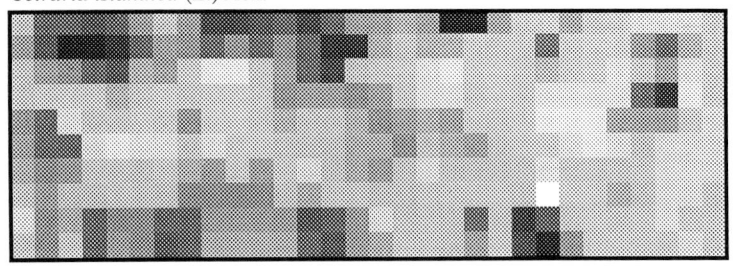

Carex bigelowii Torr. ex Schwein.

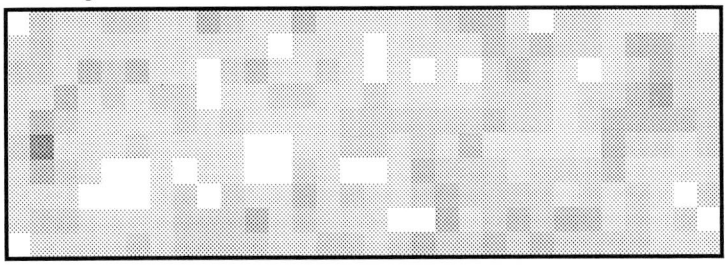

Vaccinium vitis-idaea L.

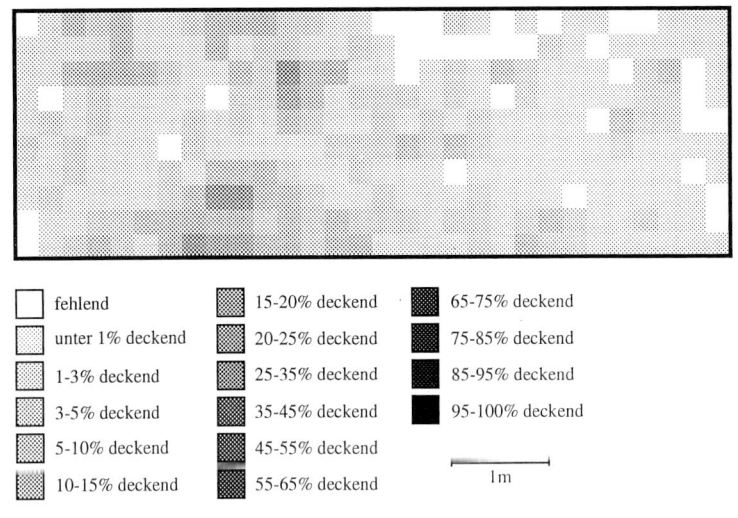

fehlend	15-20% deckend	65-75% deckend
unter 1% deckend	20-25% deckend	75-85% deckend
1-3% deckend	25-35% deckend	85-95% deckend
3-5% deckend	35-45% deckend	95-100% deckend
5-10% deckend	45-55% deckend	
10-15% deckend	55-65% deckend	1m

Abb. 41: Dominanzmuster von Cetraria islandica, Carex bigelowii und Vaccinium vitis-idaea in 300 Subplots der Untersuchungsfläche H 1

C Vegetationsdynamik ausgewählter Ökosysteme

Alectoria ochroleuca (Hoffm.) Massal.

Cetraria cucullata (Bellardi) Ach.

Oreochloa disticha (Wulf.) Lk.

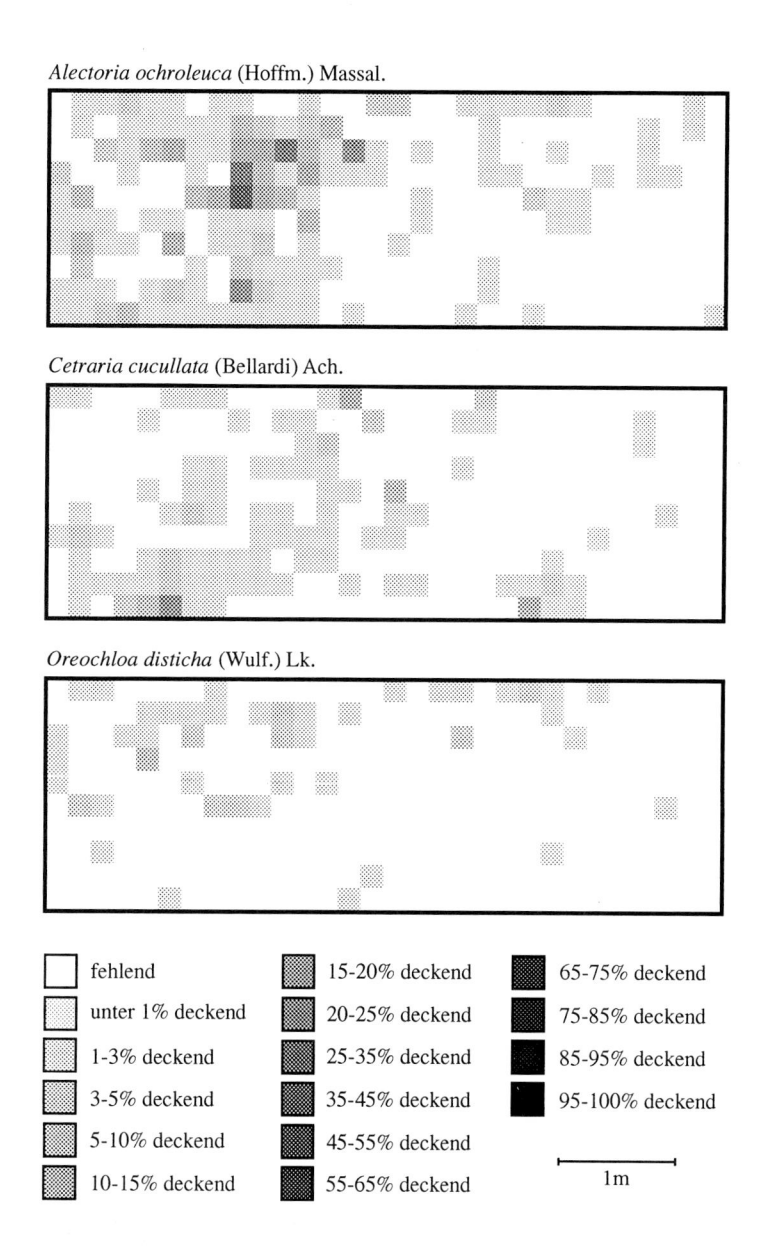

fehlend	15-20% deckend	65-75% deckend
unter 1% deckend	20-25% deckend	75-85% deckend
1-3% deckend	25-35% deckend	85-95% deckend
3-5% deckend	35-45% deckend	95-100% deckend
5-10% deckend	45-55% deckend	1m
10-15% deckend	55-65% deckend	

Abb. 42: Dominanzmuster von Alectoria ochroleuca, Cetraria cucullata und Oreochloa disticha in 300 Subplots der Untersuchungsfläche H 1

100   C Vegetationsdynamik ausgewählter Ökosysteme

Thamnolia vermicularis (Swartz) Ach.

Cetraria nivalis (L.) Ach.

Loiseleuria procumbens (L.) Desv. (abgestorben)

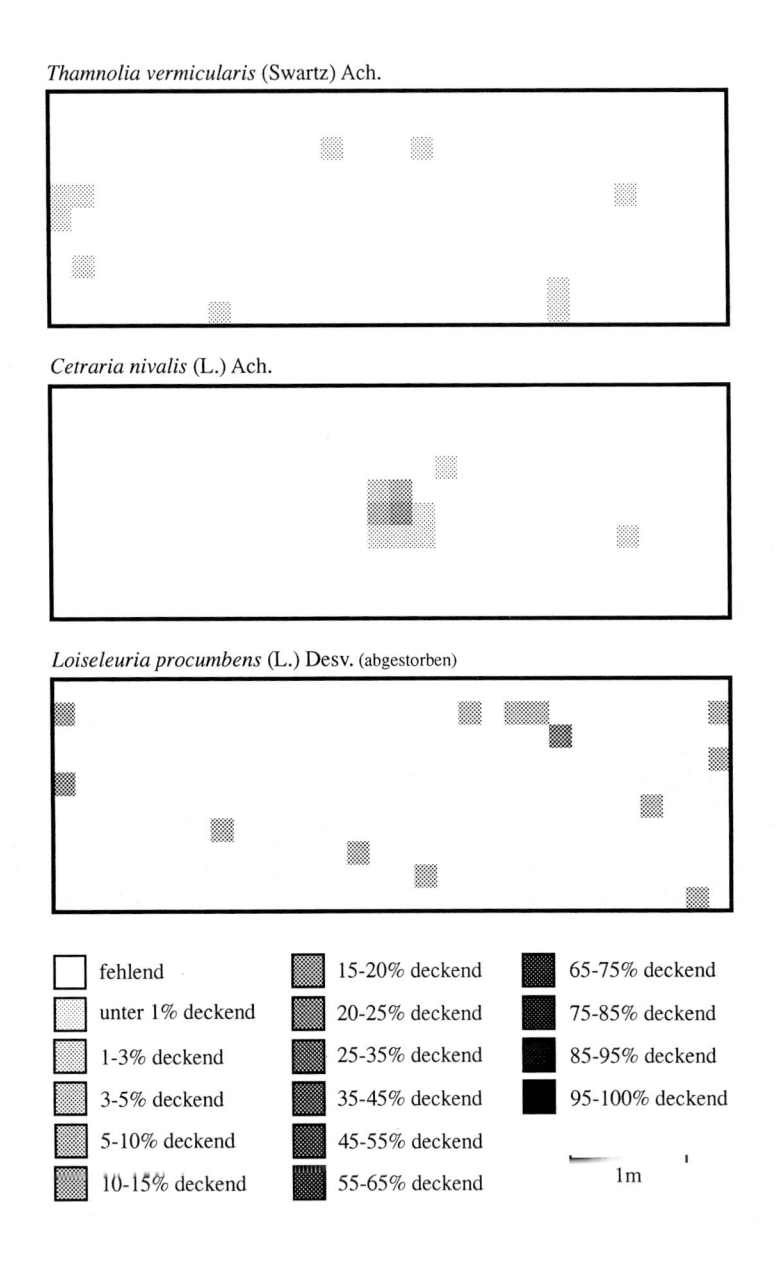

fehlend	15-20% deckend	65-75% deckend
unter 1% deckend	20-25% deckend	75-85% deckend
1-3% deckend	25-35% deckend	85-95% deckend
3-5% deckend	35-45% deckend	95-100% deckend
5-10% deckend	45-55% deckend	
10-15% deckend	55-65% deckend	1m

Abb. 43: *Dominanzmuster von Thamnolia vermicularis, Cetraria nivalis und abgestorbener Loiseleuria procumbens in 300 Subplots der Untersuchungsfläche H 1*

C *Vegetationsdynamik ausgewählter Ökosysteme* 101

Loiseleuria procumbens									
5									
75			300	300	125		5		
125	75		300	75	800	975	800	300	125
800	700	500	900	975	700	500	400	500	400
125	20	175	500	5	400	75	5	75	75
900	225	40	75		400	500	75	400	800
75	400	700	800	600	700	225	75	500	900
175	40	5	300	225	400	40	975	975	800
175				5		225	900	300	20
500	75	400	75	20		5	20		125

Vaccinium gaultherioides									
400	500	600	75	75		20			
300	400	400	75	5					
5	75	300	75	75	75				
	75	500	75	5	125				
							75	75	
						75	300	75	
							75	5	

Pycnothelia papillaria									
			75				75		
		20					20		
							75	20	
	75		40		20	400	300		500
	75	75			75	175		300	175	500
			20	20			125	75	
40	75					75	20		
	300	20	40	5	75	75			75
75	125	75	75	125	75	175		75	125
75	600	125	75	75	175		400	175	175

Saponaria pumila									
	5	225	75					75	500	5
225	225		175						5
400	75		5	75					
75			125				20		
			5			5		20	
20	175			20	5			5	20
				5	40				
	500		125	75	5			175	5
	75	75	5	5					

Primula minima									
									5
5									
					5	5			
5					5		5		
5		5	5		5	5			
5	5	5			5			5	
5	75	40	5	5	5			5	20
20	5		5	5	5	5		5	5

Polytrichum juniperinum									
5	20	20							5
5			5		20	5			
		5	20		40	20			
			20		5	5			
5	5	5	5	5					5
			20	5	20	5	5		
5	5		5	5	5				
5	5	20		5					
5	5	5	20	5	5				
5	5	5	20	5	40	20		5	5

▒ höchste Werte

Abb. 44: Dominanzmuster ausgewählter Arten in 100 Subplots der 2x2m großen Untersuchungsfläche H 3; die Deckungswerte sind in 1/1000 angegeben (5=0,5%, 20=2%, 40=4%, 75=7,5%, etc.)

Saponaria pumila (38,0/3,66), *Juncus trifidus* (24,0/0,49) und *Cetraria ericetorum* (24,0/0,17). Entblößter Boden zwischen den Windsicheln ist die Domäne von *Pycnothelia papillaria* (52,0/6,84), aber auch von *Polytrichum juniperinum* (52,0/ 0,51), *Cladonia pyxidata* (26,0/0,16), *Thamnolia vermicularis* (23,0/0,12) und *Solorina bispora* (3,0/0,03). Winzige Lager von *Rhizocarpon sp.* (66,0/0,42) sind fast überall auf den Steinen verbreitet.

2.5.4 Mikrosoziologie

Hafeneck 1

Die Clusteranalyse (Aufnahmen) des untransformierten Datensatzes spiegelt zunächst die entscheidende Rolle von *Loiseleuria procumbens* wider. 72 % der Aufnahmen werden zu einer Klasse zusammengefaßt, die sich durch eine klare Dominanz der Gemsheide auszeichnen, während die übrigen Aufnahmen in drei unbedeutende Klassen aufgeteilt werden, deren Differenzierung sich im wesentlichen aus den Dominazmustern von *Vaccinium gaultherioides* und *Cetraria islandica* ergibt. Da dieses Verfahren aufgrund der insgesamt niedrigen Variabilität des Gesamtdatensatzes keine befriedigende Interpretationsgrundlage liefert, wurde eine p/a-Transformation vorgenommen. Damit wird der Einfluß der dominanten Arten auf die Clusterbildung gemindert. Die Clusteranalyse mit den nunmehr qualitativen Daten (Abb. 45; vgl. Abb. 46 und 47) erzeugt ein differenzierteres Bild: Hier fallen zwar die *Loiseleuria*-dominierten und die übrigen Subplots erneut klar auseinander, doch ergibt sich eine mehrklassige Differenzierung innerhalb der Gemsheide-Plots, weil die Unterschiede zwischen ihnen geringer sind.

In den 54 Aufnahmen von Klasse 1 treten *Loiseleuria procumbens*, *Cetraria islandica*, *Vaccinium vitis-idaea* und *Carex bigelowii* mit einer Stetigkeit von 100% auf. *Vaccinium gaultherioides* weist eine geringere Stetigkeit auf (61,1%). Alle übrigen Arten fehlen. *Loiseleuria* deckt in diesen Subplots durchschnittlich 90,7% (Max. 97,5%, Min. 60%), *Cetraria islandica* 5,3% (22,5/0,5), *Carex bigelowii* 1,8% (7,5/0,5), *Vaccinium vitis-idaea* 0,7% (4,0/0,5) und *Vaccinium gaultherioides* 2,4% (17,5/0).

In den 40 Aufnahmen von Klasse 2 kommen nur noch *Loiseleuria procumbens* und *Cetraria islandica* mit einer Stetigkeit von 100% vor. *Carex bigelowii* erreicht diesen Wert annähernd (95%), *Vaccinium gaultherioides* tritt auch hier zurück (43%). Mit geringer Stetigkeit enthält diese Klasse *Alectoria ochroleuca* (17,5%), *Oreochloa disticha* (7,5%), *Thamnolia vermicularis* (2,5%) und *Cladina rangiferina* (2,5%). *Loiseleuria* deckt hier durchschnittlich 90,5% (Max. 97,5%, Min. 70%), *Cetraria islandica* 5,8% (30/0,5). *Carex bigelowii* fällt mit 1,8% (7,5/ 0) ebenso wie *Vaccinium gaultherioides* mit 1,2% (7,5/0) kaum ins Gewicht. *Alectoria ochroleuca* mit 0,2% (2,0/0), *Oreochloa disticha* mit 0,1% (0,5/0), *Thamnolia vermicularis* mit 0,01% (0,5/0) und *Cladina rangiferina* mit 0,01% (0,5/0) sind zu vernachlässigen.

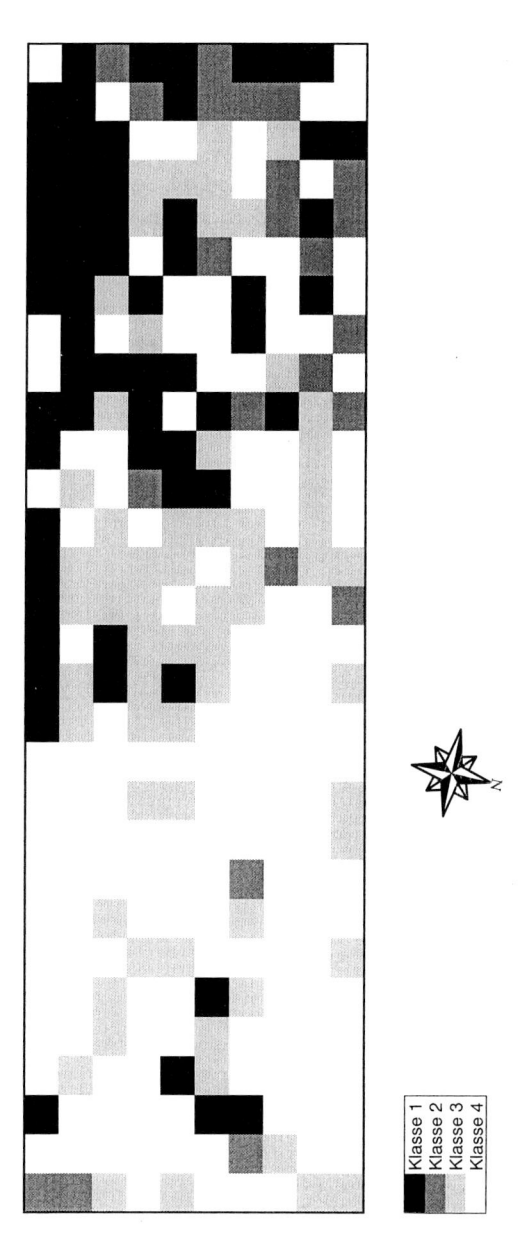

C Vegetationsdynamik ausgewählter Ökosysteme   103

Abb. 45: Ergebnis der Clusteranalyse des p/a-transformierten Datensatzes von 300 Subplots der Untersuchungsfläche H 1; aus Gründen der Übersichtlichkeit wurde auf das Dendrogramm der 300 Aufnahmen verzichtet; stattdessen werden die errechneten Klassen als Graustufen dargestellt

Auch in Klasse 3 (94 Aufnahmen) erreichen *Loiseleuria* und *Cetraria islandica* noch eine Stetigkeit von 100%. Die Deckungsgrade weisen hier jedoch weit größere Schwankungen auf als in den Klassen 1 und 2. *Loiseleuria procumbens* deckt durchschnittlich nur noch 73,1% in den Subplots (Max. 97,5%, Min. 4%), *Cetraria islandica* hingegen schon 14,1% (70,0/0,5). Auch *Vaccinium gaultherioides* erreicht bei einer Stetigkeit von 75,5% bereits eine durchschnittliche Deckung von 10,4% (60,0/0). Sehr ähnlich entwickelt sind bei Stetigkeiten von 76,6 bzw. 86,2% *Vaccinium vitis-idaea* mit dem Deckungswert 1,3% (7,5/0) und *Carex bigelowii* mit 1,7% (7,5/0). Einen hohen Wert (92,5%) bei durchwegs geringer Deckung von 0,6% (7,5/0) zeigt *Cladina rangiferina*. Eine nennenswerte Stetigkeit erreicht ferner *Cetraria cucullata* (35%) bei ebenfalls geringer Deckung von 0,4% (7,5/0). Lokal bedeutsam sind die Anteile von *Alectoria ochroleuca* (22,5/0) bei einer Stetigkeit von 4,3% (mittlere Deckung: 0,3%) und *Cetraria nivalis* (7,5/0) bei einer Stetigkeit von 9,6% (mittlere Deckung: 0,2%). *Thamnolia vermicularis* (0,5/0) spielt keine Rolle (Stetigkeit 2,1% / mittlere Deckung 0,01%), *Oreochloa disticha* kommt nicht vor.

In den 152 Subplots der Klasse 4 erscheint das gesamte Artenspektrum von H 1, doch erreicht dabei keine Art eine Stetigkeit von 100%. *Cetraria islandica* und *Vaccinium vitis-idaea* kommen auf immerhin je 98,7% bei jedoch stark unterschiedlicher Deckung: Die Flechte deckt durchschnittlich 21,7% der Aufnahmeflächen (80,0/0), während *Vaccinium* nur einen Wert von 2,5% (22,5/0) aufweist. Gleichermaßen hohe Stetigkeiten zeigen *Vaccinium gaultherioides* (90,1%) und *Carex bigelowii* (88,8%) bei ebenfalls stark differierenden Mittelwerten von

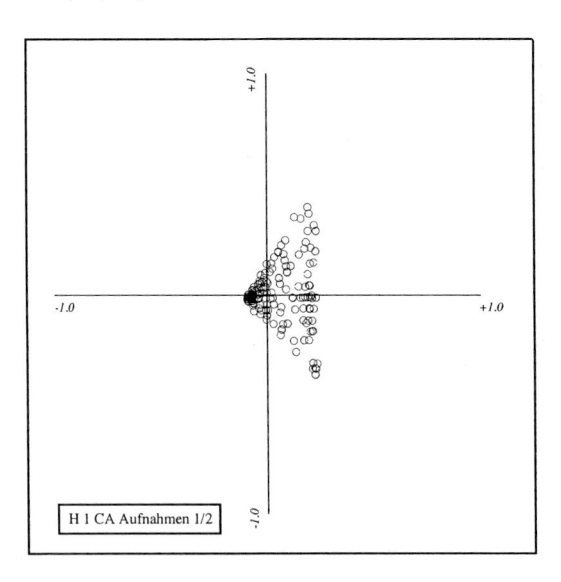

Abb. 46: CA des untransformierten Datensatzes von H 1 (vgl. Abb. 47a-d)

19,5% (80,0/0) bzw. 1,7% (30,0/0). Erst an fünfter Stelle rangiert die Stetigkeit von *Loiseleuria procumbens* (86,2%) mit einer mittleren Deckung von 53,6% (97,5/0). Eine unwesentlich geringere Stetigkeit (80,9%) zeichnet in dieser Klasse *Alectoria ochroleuca* bei allerdings wesentlich geringerer Deckung von 1,7% (30,0/0) aus. Beachtlich sind hier auch die Werte von *Cladina rangiferina* (71,7%), *Cetraria cucullata* (38,2%) und *Oreochloa disticha* (27,0%) bei einer durchschnittlichen Deckung von 0,8% (17,5/0) bzw. 0,4% (17,5/0) bzw. 0,2% (4,0/0). Gering ist wiederum die Stetigkeit von *Thamnolia vermicularis* (4,6%) bei einer mittleren Deckung von 0,02% (0,5/0). *Cetraria nivalis* kommt nur in einem Subplot vor (Stetigkeit 0,6), hier allerdings mit einer Deckung von 17,5%.

Die vier Klassen sind auf der Fläche H1 sehr ungleichmäßig verteilt. Klasse 1 liegt schwerpunktmäßig im Westteil des Plots, ebenso Klasse 2. Klasse 3 häuft sich im Zentrum, während Klasse 4 überwiegend im Ostteil der Fläche auftritt. Auch hier deutet sich ein Muster an (vgl. H 3), das der Hauptwindrichtung folgt (vgl. Abb. 45).

Hafeneck 3

Aufgrund des gegenüber H 1 deutlich breiteren Artenspektrums auf dem um zwei Drittel kleineren Plot H 3 können im Text nur die wichtigsten Trends kurz angesprochen werden (vgl. Abb. 48-50).

Auch für H 3 wurde mit Hilfe einer Clusteranalyse am p/a-transformierten Datensatz eine vierklassige Differenzierung vorgenommen. In den 31 Aufnahmen der Klasse 1 kommen alle registrierten 20 Arten vor, doch es erreicht nur *Loiseleuria procumbens* eine hohe Stetigkeit von 96,7% bei durchschnittlich 51,5% Deckung (Max. 97,5%/Min. 0%). Dies ist der mit Abstand höchste Wert in dieser Klasse. *Cladonia pyxidata* folgt mit 58,1% an zweiter Stelle, bei allerdings verschwindend geringem Deckungsanteil von 0,03% (2/0). *Thamnolia vermicularis* und *Juncus trifidus* verhalten sich mit 51,6% bzw. 48,4% Stetigkeit ähnlich. Beide Flechten und die Binse haben hier ihren Verbreitungsschwerpunkt, ebenso wie *Cetraria islandica* (35,5%). Hohe Werte erreichen ferner *Pycnothelia papillaria* (45,1%) und *Vaccinium gaultherioides* (35,5%). Zusammenfassend könnte man diese Klasse als „Windsichel-Klasse" bezeichnen, da hier der Großteil der Subplots mit geschlossener Pflanzendecke enthalten ist.

In Klasse 2 (18 Aufnahmen) erreicht *Vaccinium gaultherioides* eine Stetigkeit von 100%. Daneben zeigt nur *Saponaria pumila* (67%) einen Schwerpunkt in diesen Aufnahmen. In Klasse 3 (18 Aufnahmen) erscheinen *Primula minima*, *Pycnothelia papillaria* und *Rhizocarpon sp.* mit hoher Stetigkeit (94%), während die Gemsheide ebenso wie in Klasse 2 im Schnitt um 10% bleibt. Dies erklärt sich durch Randeffekte der Aufnahmemethode: Durch die regelmäßig plazierten Aufnahmeflächen gelangen Ränder der *Loiseleuria*-Flecken in Aufnahmen der Steinpflaster. Die 33 Aufnahmen der Klasse 4 sind von einer zunehmenden Domi-

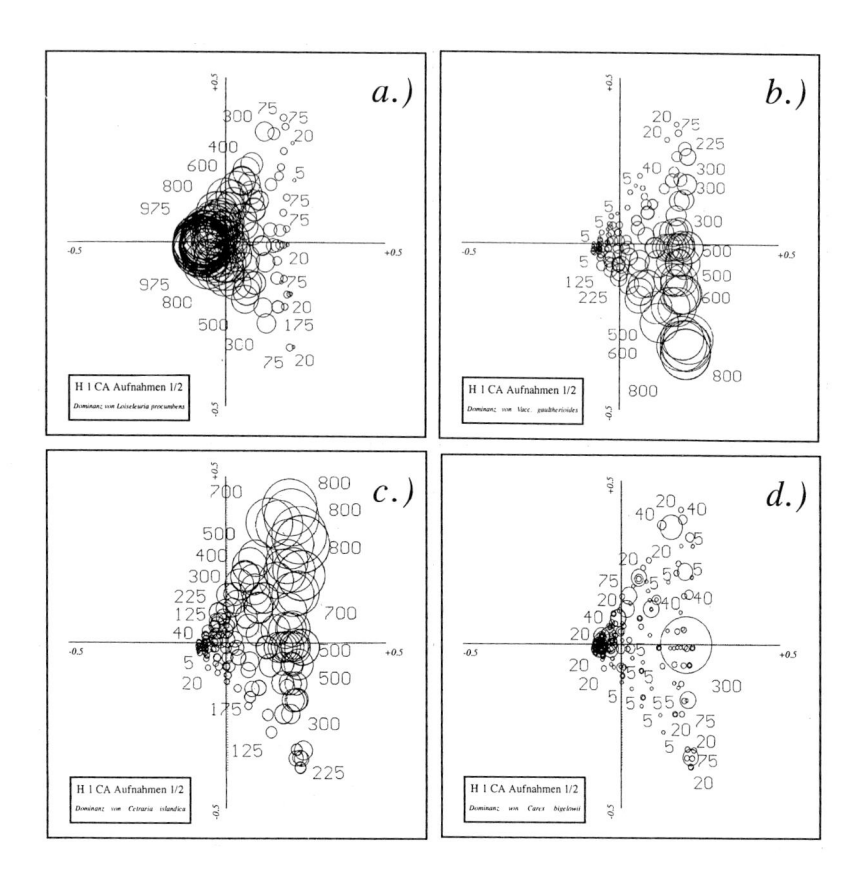

Abb. 47 a-d: Deckung ausgewählter Arten in H 1 auf Grundlage der CA (Abb. 46); a: Loiseleuria proc.; b: Vaccinium gaulth.; c: Cetraria islandica; d: Carex bigelowii

nanz der Gemsheide (durchschn. Deckung: 23,4%) gekennzeichnet, bei einer hohen Stetigkeit von 84,8%. Hier häufen sich die leeseitigen Aufnahmeflächen, in denen *Loiseleuria* an das Steinpflaster grenzt, weshalb *Rhizocarpon sp.* und *Polytrichum juniperinum* ebenfalls eine hohe Stetigkeit aufweisen.

2.5.5 Diversität

Hafeneck 1

Das Maximum der Artenzahl in den 300 subplots von H 1 liegt bei 9, das Minimum bei 3. Die Artenzahl pro Subplot ist in der Westhälfte (Mittelwert: 5,4) geringer als im Osten (6,8). Die Varianz der Artenzahl ist in Hauptwindrichtung

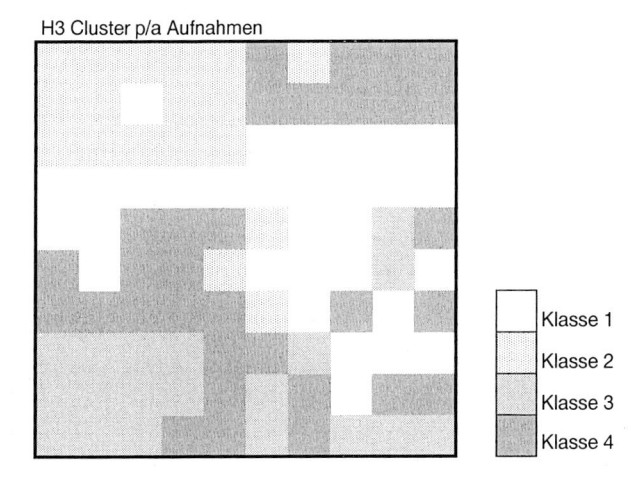

C Vegetationsdynamik ausgewählter Ökosysteme 107

Abb. 48: Ergebnis der Clusteranalyse von 100 subplots auf Fläche H 3 (p/a-transformiert, chord distance, minimum variance)

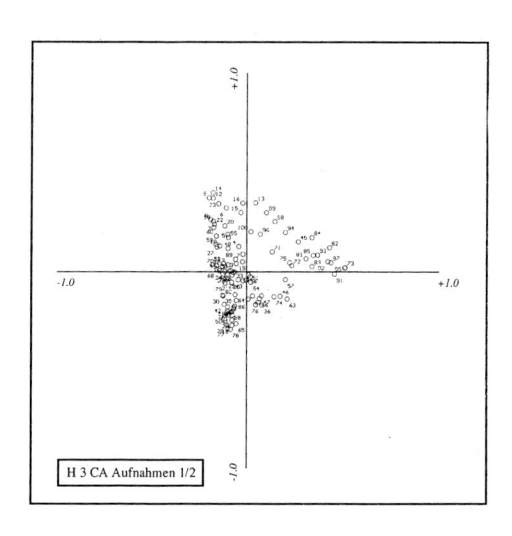

Abb. 49: Ergebnis der CA von 100 subplots auf Fläche H 3 (untransformiert)

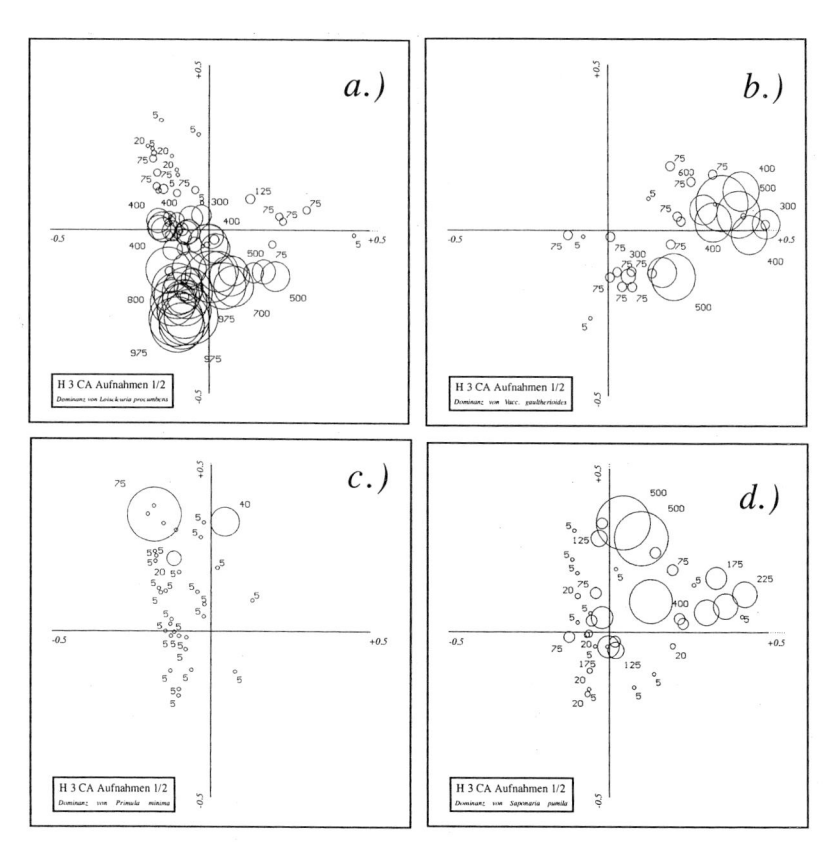

*Abb. 50 a-d: Deckung ausgewählter Arten auf Grundlage der CA in Abb. 49;
a: Loiseleuria proc.; b: Vaccinium gaulth.; c: Primula minima; d: Saponaria pumila*

insgesamt höher (vgl. Abb. 51). Die Berechnung der alpha-Diversität (Shannon-Wiener) ergibt die geringsten Werte für die Subplots der Klasse 1, d. h. den von *Loiseleuria procumbens* mit maximaler Deckung beherrschten Abschnitten. Werte über 1 erreichen die von *Vaccinium gaultherioides* dominierten Aufnahmen. Die Werte im Optimum von *Cetraria islandica* bewegen sich zwischen 0,8 und 1,4.

Hafeneck 3

Das Maximum der Artenzahl in den 100 Subplots von H 3 liegt bei 12, das Minimum bei 1. Die Varianz der Artenzahl ist in Hauptwindrichtung deutlich höher (vgl. Abb. 24). Die Berechnung der alpha-Diversität ergibt auch hier die niedrigsten Werte im Optimum von *Loiseleuria*. Niedrig sind auch die Zahlen für die Klasse 2, während an den Rändern der sich auflösenden Windsicheln der maximale Wert von 1.448 auftritt.

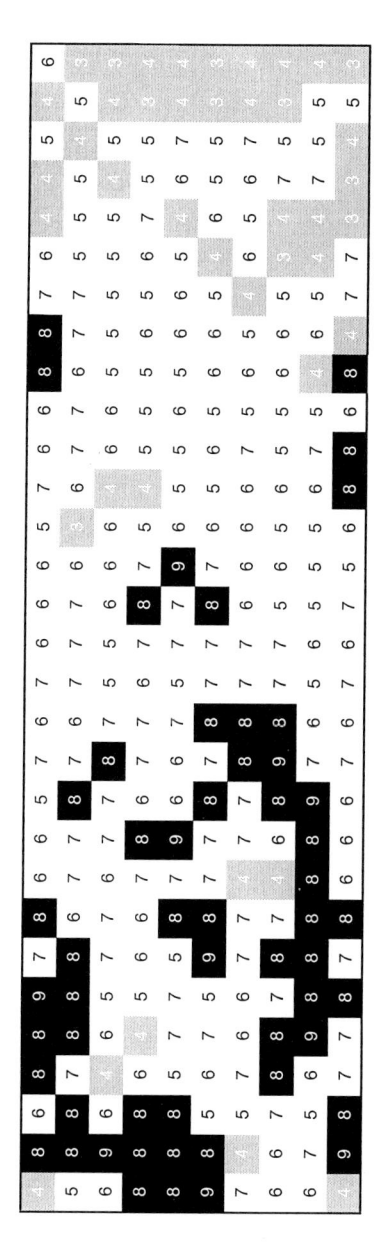

C Vegetationsdynamik ausgewählter Ökosysteme 109

Abb. 51: Artenzahl pro Subplot auf Fläche H 1

110 C Vegetationsdynamik ausgewählter Ökosysteme

H 1 CA Aufnahmen 1/2
alpha-Diversität

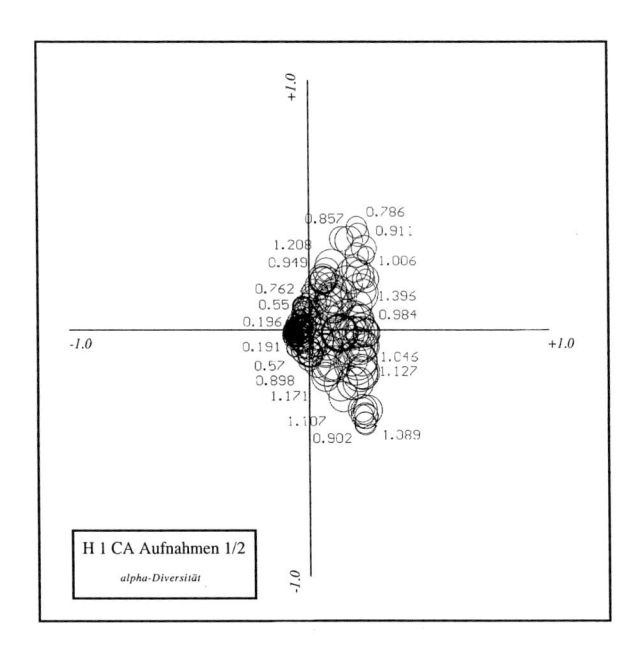

Abb. 52: alpha-Diversität nach Shannon-Wiener auf Grundlage der CA von 300 Subplots auf Fläche H 1 (untransformiert)

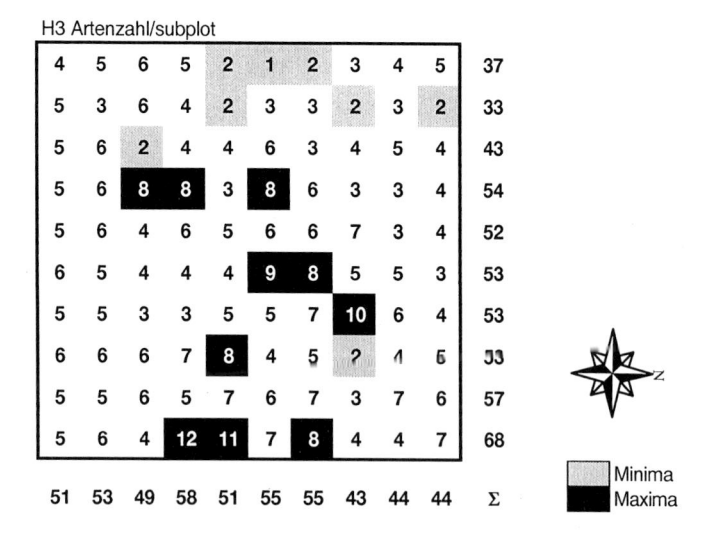

H3 Artenzahl/subplot

4	5	6	5	2	1	2	3	4	5	37
5	3	6	4	2	3	3	2	3	2	33
5	6	2	4	4	6	3	4	5	4	43
5	6	8	8	3	8	6	3	3	4	54
5	6	4	6	5	6	6	7	3	4	52
6	5	4	4	4	9	8	5	5	3	53
5	5	3	3	5	5	7	10	6	4	53
6	6	6	7	8	4	5	?	4	6	33
5	5	6	5	7	6	7	3	7	6	57
5	6	4	12	11	7	8	4	4	7	68
51	53	49	58	51	55	55	43	44	44	Σ

Minima
Maxima

Abb. 53: Artenzahl pro Subplot auf Fläche H 3

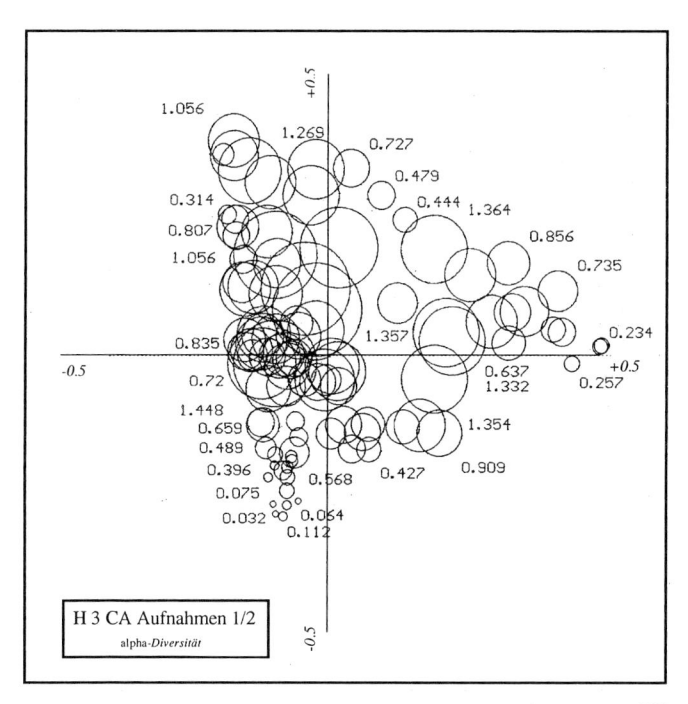

Abb. 54: alpha-Diversität nach Shannon-Wiener auf Grundlage der CA von 100 Subplots auf Fläche H 3 (untransformiert); vgl. Abb. 49 und 50

2.6 Diskussion

2.6.1 Vegetationsdynamik

Die vorgestellten Ergebnisse legen nahe, daß die Vegetationsdynamik der Windheiden wesentlich vom Störungsregime „Wind" gesteuert wird. Schon angesichts des bezeichnenden Begriffes mag dies nicht erstaunen. Einen Anhaltspunkt gibt zwar bereits die der Hauptwindrichtung folgende Ausrichtung der Windsicheln auf H 3 mit luvseitigen Deflationskanten und leewärtig vordringenden *Loiseleuria*-Trieben. Eine gewisse Bestätigung erfährt die im Gelände formulierte Arbeitshypothese aber erst durch die Analyse der erhobenen Daten. Vor allem die in Hauptwindrichtung größere beta-Diversität ist ein Hinweis auf die Abhängigkeit der Vegetationsverteilung vom Störungsregime. Überraschend ist, daß dieser Trend sich auch im subjektiv als ungestört eingeschätzten, geschlossenen *Loiseleurio-Cetrarietum* auf der Fläche H 1 abzeichnet. Gewißheit könnte aber nur eine größere Zahl von Transekten geben, da H 1 zu schmal ist, um eine evtl. existierende Vegetationszonierung lotrecht zur Hauptwindrichtung auszuschließen.

Die Unterschiede der Klassen im geschlossenen *Loiseleurietum* von H 1 sind gering. Die Klassen 1-3 zeigen übereinstimmend die überwältigende Dominanz der

Gemsheide und die hohe Stetigkeit ihrer typischen Begleiter, deren Dominanzmuster mehr oder weniger deutliche Abhängigkeiten von der Schlüsselart belegen. Wo aber die *Loiseleuria*-Population im vermeintlichen Klimax-Bestand H 1 Lücken aufweist (Klasse 4), dominiert sehr oft *Vaccinium gaultherioides*. Ist dieses *Vaccinium*-Stadium ein Pionierstadium oder Ausdruck einer „Zerfallsphase"? Einen Hinweis zur Beantwortung dieser Frage liefert die Fläche H 3.

Auf H 3 dominieren beide Arten ebenfalls kaum gemeinsam. Der Verbreitungsschwerpunkt der Rauschbeere in den Zwergstrauch-Frostböden befindet sich im Luv der *Loiseleuria*-Sicheln (Klasse 2). Auf diesen Wuchsorten ist die Gemsheide bereits abgestorben, nur noch ausgebleichte Holzreste von Stämmchen und Hauptwurzel (in Hauptwindrichtung kriechend) zeugen von ihrer vormaligen Anwesenheit. Betrachtet man den Dominanzgradienten in Hauptwindrichtung als Zeitreihe (location for time, vgl. Kap. B), kommt *Vaccinium gaultherioides* nach *Loiseleuria procumbens*. Das bedeutet aber auch, daß die Konkurrenzkraft von *Loiseleuria* nicht der allein ausschlaggebende Faktor für die Verbreitung von *Vaccinium* sein kann. Denn dann müßte die Rauschbeere auch vor *Loiseleuria* auftreten. Dies aber ist nicht der Fall. Im Lee der Windsicheln herrschen Bedingungen, die *Vaccinium gaultherioides* offensichtlich nicht zusagen. Hier fehlt vor allem der humose Oberboden, dessen Reste im Luv noch vorübergehend zur Verfügung stehen. Die Rauschbeere benötigt also zu ihrer Etablierung ein Milieu, das am untersuchten Standort von *Loiseleuria procumbens* geschaffen wird.

Allerdings scheinen adulte Exemplare von *Vaccinium gaultherioides* den Widrigkeiten der Luvseiten besser widerstehen zu können als die Gemsheide. So erklärt sich der regelmäßig zu beobachtende luvseitige Rauschbeerensaum um die Windsicheln. Er verkörpert ein Degradationsstadium des *Loiseleurietums*. Betrachtet man so die vier Subplot-Klassen der Fläche H 3, drängt sich unweigerlich der Vergleich mit den von WATT (1940) beschriebenen, vierphasigen „grassland"-Zyklen auf. Klasse 1, die Windsicheln i. e. S., entsprächen der Reifephase („mature"), Klasse 2, das luvseitige *Vaccinium*-Stadium, käme der Zerfallsphase („degenerate") gleich. Darauf folgt ein „tabula rasa"-Stadium mit den alpinen Extremstandort-Spezialisten („hollow", Klasse 3), bis sich der Bestand leeseitig allmählich wiederetabliert („building", Klasse 4). Auf H 1 dürfte *Vaccinium gaultherioides* demnach eine Zerfallsphase des *Loiseleurietums* markieren. *Loiseleuria* stirbt im geschlossenen Verband stellenweise ab und hinterläßt Bestandslücken unterschiedlicher Größe (bis mehrere dm^2), in denen sich u. a. die Rauschbeere besser entfalten kann.

Auf einer wesentlich größeren (ca. 10m^2), allerdings anthropogenen Lücke in 2020m (Kienberg) konnte STÜTZER (1998) nachweisen, daß *Vaccinium gaultherioides* auch nach acht Jahren ungestörter Entwicklung noch immer fehlt, obwohl es im Umfeld mit hoher Stetigkeit auftritt. Die Wiederbesiedlung durch *Loiseleuria* selbst geht ebenfalls sehr langsam vor sich. An den Rändern der Störstelle entwickelt sich zunächst *Cetraria islandica* und erzeugt Mikrostandorte, die gegenüber der offenen Fläche mikroklimatisch begünstigt sind. Erst im Schutz dieser Strauchflechte kann *Loiseleuria* den einstigen Wuchsort wiederbesiedeln. Eher zu den Rändern der offenen Fläche hin gedeihen *Juncus trifidus, Oreochloa disticha, Hieracium alpinum, Polytrichum juniperinum* und *Alectoria ochroleuca*. Es handelt sich um Arten mit alpinem Verbreitungsschwerpunkt, die mit dem extremen Mikroklima besser zurechtkommen als die Arten des *Loiseleurietums* in unmittelbarer Nachbarschaft, zu denen auch *Vaccinium gaultherioides* gehört.

Wenngleich die Übertragbarkeit dieser Verhältnisse auf den geschlossenen Bestand H 1 begrenzt ist, wird doch das prinzipielle Problem der Regeneration am Extremstandort deutlich: Wo kein dichter *Loiseleuria*-Teppich ein verträgliches Bestandsklima schafft, wird die generative Ansiedlung höherer Pflanzen nahezu unmöglich. Schon kleine, endogene Bestandslücken weisen ein abweichendes Mikroklima auf. Durch die Freilegung des dunkleren Oberbodens wird die Fläche an Strahlungstagen stärker erwärmt und trocknet leichter aus. Gleichzeitig verringert sich die relative Luftfeuchtigkeit in Bodennähe. An einem bewölkten Sommertag betrug die Temperaturamplitude auf der von STÜTZER untersuchten Fläche 24 K, während sie im benachbarten *Loiseleurietum* nur 11 K erreichte (vgl. STÜTZER 1998). Diese Lücke in der *Loiseleuria*-Population ist offensichtlich zu groß, um den freien Raum für Arten des *Loiseleurietums* nutzbar zu machen und somit ein Beleg für die Abhängigkeit des Sukzessionsverlaufs von der Größe der Störfläche bzw. Bestandslücke (vgl. A).

Warum stirbt *Loiseleuria* im geschlossenen Bestand? Wie die in Hauptwindrichtung höhere beta-Diversität andeutet, könnte der Störfaktor „Wind" auch für die Dynamik des augenscheinlich ungestörten *Loiseleurietums* von Bedeutung sein. Die wellenartig in Hauptwindrichtung angeordneten Bestandstypen legen nahe, daß hier zumindest zwischenzeitlich ein intensiveres Störungsregime auch die Schlüsselart schädigt und so die Altersstruktur der Gemsheide-Population steuert. Andererseits könnte in Analogie zum Verhalten von *Calluna* in den schottischen Windheiden (vgl. GIMINGHAM 1996) in Phasen geringer Störwirkung das klonale Wachstum zurückgehen und *Loiseleuria* nach wenigen Jahrzehnten altersbedingt absterben.

Im Vergleich zum Krummseggenrasen (Kap. C 1) ist als entscheidender Unterschied festzuhalten, daß *Loiseleuria procumbens* trotz der hohen Dominanz kein Konkurrenz-Stratege ist. Während *Carex curvula* in der hochalpinen Stufe des Glatzbach-Einzugsgebietes die unangefochtene Klimax-Art darstellt, dominiert *Loiseleuria* nur die permanent vom Windregime betroffenen Geländeabschnitte. Das Störungsregime ist in diesem Falle als inhärent zu bezeichnen (vgl. Kap. A), da das *Loiseleurietum* bei seinem Ausbleiben zu existieren aufhörte. In diesem Falle würde sehr schnell ein *Rhododendro-Vaccinietum* an die Stelle der Windheide treten. *Loiseleuria* würde dem Konkurrenzdruck des frostempfindlichen *Rhododendron ferrugineum* nicht standhalten können und rasch die typischen Eigenschaften eines r-Strategen (vgl. Kap. A) offenbaren.

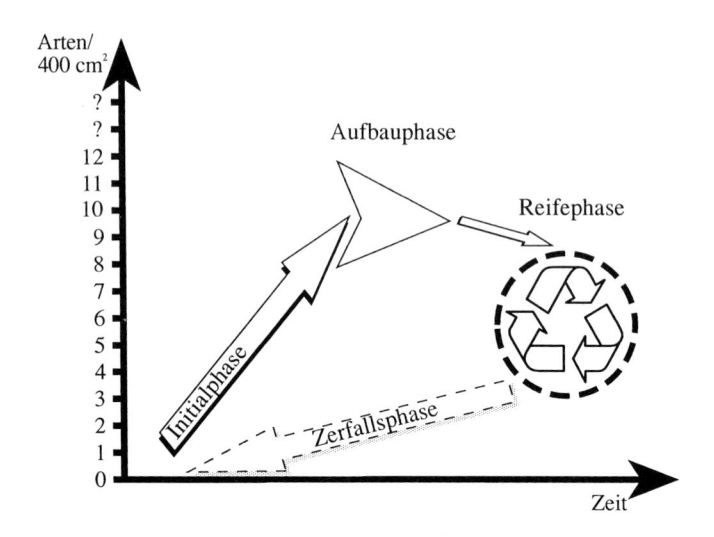

Abb. 55: Modell der Vegetationsdynamik im Loiseleurietum; im Verlauf der nach maximaler Störungsintensität einsetzenden Sukzession steigt die Artenzahl pro Subplot bis zu einem Kulminationspunkt (max. 12 Arten pro Subplot). Später geht sie konkurrenzbedingt wieder zurück und mündet bei schwächerem Störungsregime in einen dauerhaften Regenerationszyklus; bei konstantem oder stärkerem Windregime zerfällt der Bestand erneut

Somit liegt hier auch im Falle einer geschlossenen Vegetationsdecke kein Mosaik-Zyklus vor. Die zyklische Regeneration der Bestände ist letztendlich auch dort exogen gesteuert, wo das Störungsregime nicht stark genug ist, sichtbare Lücken im Gemsheide-Teppich zu schaffen. Ein Zustand maximaler Konkurrenz wie im *Curvuletum* wird nicht erreicht, weil K-Strategen keinen Zugang zu diesem System mit andauerndem Umweltstreß haben.

2.6.2 Verhaltenstypen

Vieles deutet darauf hin, daß in der von *Loiseleuria procumbens* determinierten Umwelt der zur Verfügung stehende Raum eine wichtige Ressource ist. Nun gibt es Arten, die gewissermaßen auf der gleichen Ebene mit der Schlüsselart konkurrieren. Das sind in diesem Fall *Vaccinium gaultherioides*, die mit *Loiseleuria* zusätzlich um Wurzelraum konkurriert, und *Cetraria islandica*, die nur oberirdisch in Erscheinung tritt. *Carex bigelowii* und *Vaccinium vitis-idaea* sind im von *Loiseleuria* dominierten System annähernd gleichverteilt, finden in größeren Bestandslücken aber keinen Lebensraum. Andere untergeordnete Begleiter der Schlüsselart weichen ihr nach Möglichkeit aus und finden ihr Optimum in deren vorübergehenden Populationslücken. Dies sind *Oreochloa disticha*, *Cladina rangiferina* und *Cetraria cucullata*.

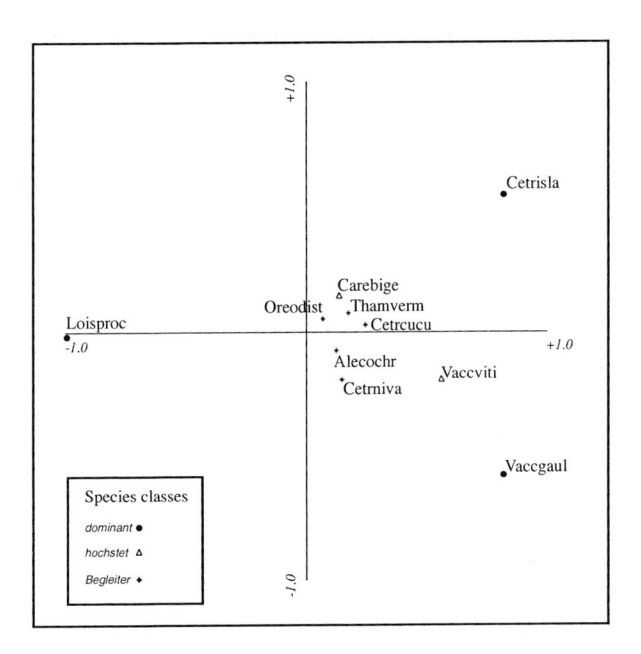

C Vegetationsdynamik ausgewählter Ökosysteme

Abb. 56: PCA des p/a-transformierten Gesamtdatensatzes von H 1, 1./2. Achse

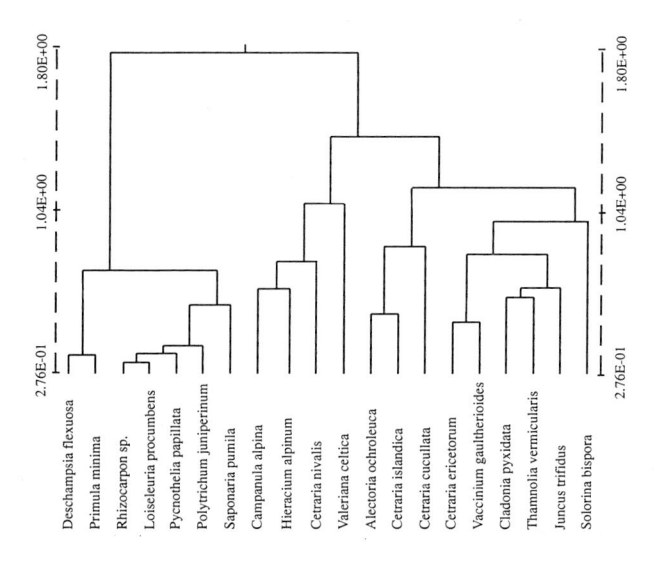

Abb. 57: Dendrogramm des p/a-transformierten Datensatzes von H 3 (chord distance, minimum variançe clustering)

Löst sich der Klimaxkomplex unter der intensiveren Wirkung des Störfaktors auf, d. h. werden die Lebensbedingungen für die Schlüsselart ungünstiger, steigt die Standortsdiversität und mit ihr die Artenzahl sprunghaft an. Jetzt finden Spezialisten eine Ansiedlungsmöglichkeit, die im geschlossenen Gemsheide-Teppich nicht vorkommen. Dies ist v. a. die Gruppe der „alpinen Ruderalia" (vgl. GRABHERR & MUCINA 1993), d. h. Gefäßpflanzen der alpinen Stufe, die hier im subalpin-alpinen Ökoton durch die Wirkung des Störfaktors einen entscheidenden Vorteil erlangen. So ergibt sich auf Grundlage der Dominanzmuster folgende Klassifizierung (vgl. Abb. 56 und 57):

Umweltstreßstrategen

1. Protagonisten (vgl. S. 80)

   Haupt-Protagonist: enorme Raumdominanz auf dauergestörten Standorten, Umweltgestalter, Schlüsselart:

   Loiseleuria procumbens;

   Co-Protagonist: Antagonisten des Haupt-Protagonisten mit breiterer ökologischer Amplitude; hohe Stetigkeit im Gemsheide-Teppich, lokale Dominanz:

   Vaccinium gaultherioides, Cetraria islandica;

   Opportunisten: untergeordnete Begleiter der Schlüsselart, deren Populationen auf die schlüsselartspezifischen, ausgeglichenen Standortverhältnisse angewiesen sind:

   Carex bigelowii, Vaccinium vitis-idaea;

   Anarchisten: untergeordnete Begleiter im geschlossenen *Loiseleurietum*, die der Schlüsselart eher ausweichen:

   Cladina rangiferina, Oreochloa disticha, Cetraria cucullata;

2. Ruderalstrategen

   a) Spezialisierung auf das Leben mit dem Haupt-Störfaktor im +/- intakten Gemsheide-Teppich:

   Alectoria ochroleuca, Cetraria nivalis; Thamnolia vermicularis;

   b) „externe" Spezialisten und echte Ruderalstrategen nach Auflösung des Klimaxkomplexes:

   Primula minima, Hieracium alpinum, Saponaria pumila, Campanula alpina, Valeriana celtica, Juncus trifidus, Polytrichum juniperinum, Cetraria cristata, Rhizocarpon sp., Pycnothelia papillaria;

3 Ökosystem „Subalpiner Lärchenwald"

3.1 Zum Forschungsstand der Vegetationsdynamik in Wäldern

Bereits in Kapitel A 1 wurde darauf hingewiesen, daß die Beobachtung und Interpretation dynamischer Vorgänge in Wäldern eine lange Tradition hat. Nach dem heutigen Kenntnisstand ist davon auszugehen, daß die Dynamik von Wäldern einer großen Zahl verschiedenster Einflüsse unterliegt. Schon wegen der langen Lebensspanne der Schlüsselarten muß für das Erreichen der „Klimax" eine Reihe günstiger Voraussetzungen erfüllt sein (vgl. SPURR & BARNES 1980). Stabile Terminalstadien (Klimax) sind deshalb nicht überall selbstverständlich, in manchen Klimazonen sogar eine Ausnahme (vgl. KNAPP 1982 b). In der jüngeren Vergangenheit hat vor allem REMMERT (u. a. 1993) darauf hingewiesen, daß die Vorstellung einer stabilen Klimax nur dann zulässig ist, wenn dabei berücksichtigt wird, daß diese Stabilität auf großer Fläche durch kleinräumige, endogene Regenerationszyklen ermöglicht wird, die permanent phasenverschoben im „Gesamtsystem" ablaufen (Mosaik-Zyklus, vgl. A). Im Verlauf solcher Regenerationszyklen können sich langfristig auch die Schlüsselarten ablösen (z. B. WELSS 1985). Damit hat die traditionelle Vorstellung ungestörter Walddynamik (gleichmäßige Verteilung der für den „Grundbestand" wesentlichen Arten, konstante Artenzusammensetzung am selben Standort, vgl. z. B. KNAPP 1982 b: 42) eine wesentliche Aufweitung erfahren. Störungen (z. B. RUNKLE 1985, OTTO 1994) und störungsähnliche Effekte (z. B. BROKAW 1985, vgl. Kap. A) zählen ebenfalls zu den selbstverständlichen Mechanismen natürlicher Walddynamik. Auch Wälder unterliegen also endogenen *und* exogenen Steuergrößen, wobei je nach Naturraum bzw. Ökozone die eine oder die andere Komponente überwiegt (vgl. BÖHMER & RICHTER 1996). U. a. REBERTUS & VEBLEN (1993; vgl. VILLALBA & VEBLEN 1997) demonstrierten am Beispiel südamerikanischer *Nothofagus*-Wälder den Einfluß von Störungsregimen und endogener Dynamik auf die Waldstruktur. Selbst großflächiges Waldsterben ist nicht unbedingt eine Naturkatastrophe, sondern eine Selbstverständlichkeit im Verlaufe von Regenerationszyklen (vgl. z. B. SHUGART 1987).

Ein Beispiel hierfür ist die Kohorten-Dynamik. In zahlreichen Veröffentlichungen hat MUELLER-DOMBOIS (u. a. 1991, 1993) den Begriff „Kohortensterben" (cohort senescence) geprägt. Beschrieben wurde diese Erscheinung anhand der *Metrosideros*-Regenwälder auf Hawaii. Dort starben in den sechziger und siebziger Jahren riesige Waldflächen aus zunächst ungeklärter Ursache ab. Während einige Autoren das Massensterben auf eine unbekannte endemische Krankheit zurückführten und den Untergang des Ökosystems binnen eines Vierteljahrhunderts prophezeiten, ging MUELLER-DOMBOIS von der Annahme aus, es könne sich um eine im Verlauf der Waldentwicklung normale, wiederkehrende Erscheinung handeln. Tatsächlich konnte nachgewiesen werden, daß weder Krankheiten noch, wie ebenfalls zuerst angenommen, Klimastreß als hauptsächliche Auslöser des Massensterbens in Betracht kommen. Stattdessen rückte ein demographischer Faktorenkomplex in den

Blickpunkt: eine auf alte Lavaströme zurückgehende, einheitliche Bestands- bzw. Altersstruktur (Kohorten), die ein gleichzeitiges Altern und schließlich auch Absterben der Bestände bedingt (vgl. 3.5.1). In Wäldern, die durch demographische Ungunst anfällig werden, können Klimaschwankungen einen physiologischen Schock erzeugen oder Schadorganismen die Oberhand gewinnen.

3.2 Das Untersuchungsgebiet

3.2.1 Lage und Abgrenzung

Das Untersuchungsgebiet liegt ca. 40 km vom Alpensüdrand entfernt im oberen Valle di Gressoney, einem nördlichen Seitental des Aostatales (vgl. Abb. 58). Das schmale, meridional verlaufende Trogtal ist tief in die innere kristalline Zone der Westalpen eingeschnitten und durch einen deutlichen Stufenbau gekennzeichnet. Den Talschluß nördlich von Staval (1850m) bildet das Monte Rosa-Massiv mit Lyskamm (4527m), Castor (4226m) und Vincent-Pyramide (4215m). Aus deren Flanken dringen die Eismassen des Lys-Gletschers (Ghiacciaio del Lys) ins Tal vor und vereinigen sich südlich der „Cresta del Naso" zu einer Gletscherzunge, die noch heute bis zum sogenannten „Plateau" auf knapp 2500m herabreicht. Das Vorfeld dieser Zunge, zerschnitten vom Lys-Fluß, verkörpert das engere Untersuchungsgebiet (vgl. Abb. 59). Ca. 30 km südlich von Staval mündet das Tal bei Pont Saint Martin (345 m) als Hängetal in das Aostatal, der Lys entwässert in die Dora Baltaea.

3.2.2 Klima

Hinsichtlich seiner klimatischen Verhältnisse nimmt das Valle di Gressoney eine Zwischenstellung ein: Während die westlich benachbarten Täler noch stark vom inneralpinen Trockenklima geprägt sind, empfangen Gressoney la Trinité (949mm), Gressoney St. Jean (1008mm) und Gressoney D'Ejola (1117mm) einen weit höheren Jahresniederschlag als die vergleichbaren Stationen Champoluc (737mm) und Crepin (812mm) im Val d'Ayas bzw. Valtournanche. Allerdings erreicht das Valle di Gressoney nicht die hohen Niederschlagswerte seiner östlichen Nachbartäler. Die luvseitigen „Regenlöcher" am Ostfuß des Monte Rosa, im unmittelbaren Stau der nordmediterranen Frühjahrs- und Herbstregen gelegen, verzeichnen noch deutlich höhere Werte (Alagna 1275mm, Rima 1497mm, Carcoforo 1697mm; vgl. ROTHER 1966: 17 und MENELLA 1970: 137).

Die Klimadaten der gletschernahen Station in Gressoney D'Ejola (1850m, vgl. BIANCOTTI & MERCALLI 1991) ergeben für die Jahre 1928-1989 eine durchschnittliche Jahresmitteltemperatur von 3,3°C. In der Vegetationsperiode (Mai bis September) beträgt die Durchschnittstemperatur 9,7°C. Bei den Niederschlagsverhältnissen macht sich der Einfluß der mediterranen Frühjahrs- und Herbstregen bemerkbar: Die Hauptniederschlagsperioden liegen im Frühjahr (April bis Juni) und im

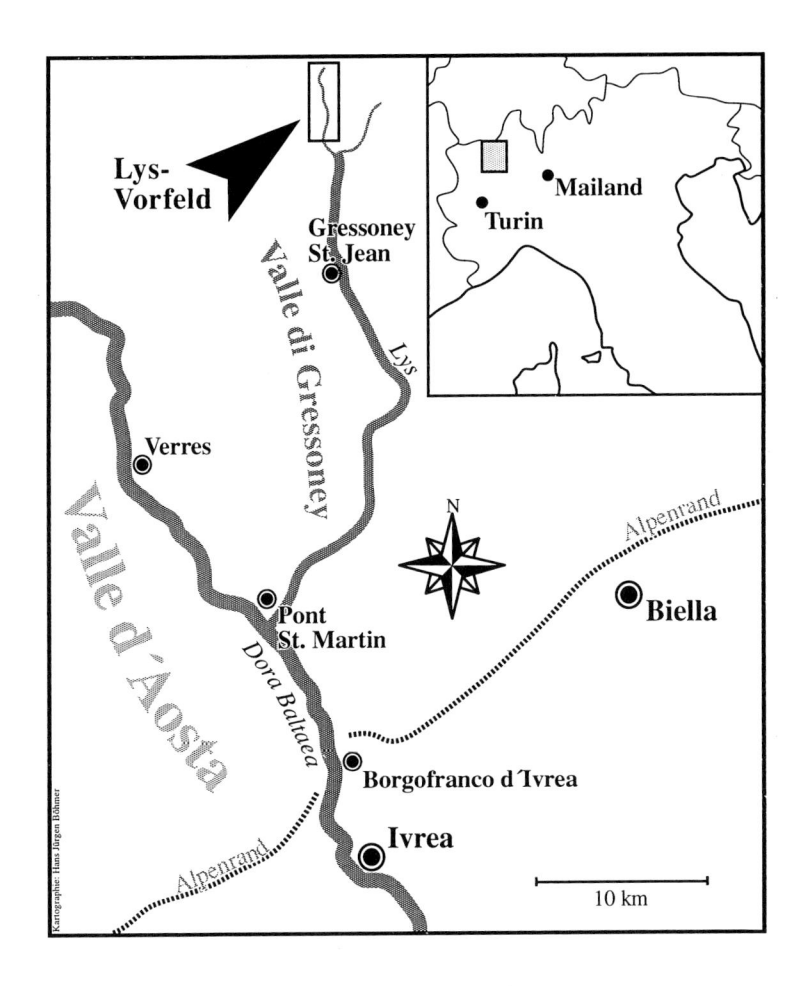

Abb. 58: Lage des Untersuchungsgebietes

Herbst mit dem Maximum im Mai (131mm) und einem sekundären Maximum im Oktober/November. Das Niederschlagsminimum ist in den Wintermonaten (Dezember bis Februar) zu verzeichnen (Minimum im Januar: 62mm). Trockenster Sommermonat ist Juli mit 80mm. Die Sommermonate zeichnen sich durch häufige Starkregenereignisse aus, wobei unterdessen auch ausgesprochene Trockenphasen möglich sind. Abgesehen von Juli und August wurde in allen Monaten Schneefall registriert. Die Schneeauflage erreicht im Winter Mächtigkeiten von durchschnittlich 90-100 cm mit einem Maximum im März und April (vgl. BIANCOTTI & MERCALLI 1991).

3.2.3 Geologie

Die Granite und Gneise der Monte-Rosa-Decke bilden eine kuppelförmige, nach Norden überliegende Falte, die steil nach Süden abtaucht (LABHART 1992). Die mittleren und unteren Talabschnitte erstrecken sich ebenfalls in widerständigen Gneisen, die dem Deckenpaket von Sesia-Stura di Lanzo angehören (ROTHER 1966: 17). Während das obere Lystal bis Castel den von Westen herüberreichenden Gesteinskomplex der Grünschiefer, Bündner Schiefer und Serpentinite aufschließt, bilden im Talschluß die penninischen Gneise der Monte-Rosa-Decke mit den Gipfeln von Castor, Lyskamm und Vincentpyramide eine mächtige Wand (vgl. D. RICHTER 1974). Dementsprechend setzt sich der Moränenschutt des Lys-Gletschers hauptsächlich aus silikatischem Deckenmaterial zusammen. Im Untergrund anstehende Serpentinite und Schiefer werden stellenweise vom Lys-Fluß und seinen Zuläufen aufgeschlossen.

3.2.4 Geomorphologie

Die Flanken des Valle di Gressoney zeichnen sich durch intensive glazigene Zufirstung aus, was dem engen Tal mit seinen unverhältnismäßig steilen Hängen einen schluchtartigen Charakter verleiht. ROTHER (1966: 17) bezeichnet das Lystal wegen des unausgeglichenen Gefälles als junge Erosionsform. Obwohl dies angesichts der glazialen Überformung natürlich nicht zu bestreiten ist, dürften auch die unterschiedlichen Widerständigkeiten von Gneisen und Schiefern wesentlich zur Stufung des Talgrundes beitragen (vgl. H. MONTERIN 1924).

Der von der Südflanke des Monte Rosa herabreichende Lys-Gletscher ist mit über 5 km Gesamtlänge und 1,3 km Zungenlänge bei einer Oberfläche von 10,78 km^2 der größte Talgletscher der Italienischen Alpen (BACHMANN 1978: 147). Sein 4 km^2 umfassendes Nährgebiet wird durch den 1,5 km langen Felsgrat der „Cresta del Naso" geteilt. Die gegenwärtig auf dem „Plateau" liegende Gletscherzunge trägt bemerkenswert viel Obermoräne und erreicht eine maximale Breite von etwa 500 m (vgl. STRADA 1988: 275, MONTERIN 1991: 28f).

Das Störungsregime „Gletscherdynamik"

Entscheidend für die Wahl des Untersuchungsgebietes war u. a. die klare Gliederung des Gletschervorfeldes in verschiedene Rückzugsstadien. Wie vergleichende Studien belegen (STRADA 1988), stimmt der Lys-Gletscher in seinen Oszillationsbewegungen mit anderen Alpengletschern überein und hinterließ mehrere, noch heute im Gelände deutlich nachvollziehbare Seiten- und Endmoränenzüge (vgl. Abb. 59 und STRADA 1988: 283). Die Dynamik der Eisfront ist zudem für die Jahre 1812-1989 gut dokumentiert. Die Angaben richten sich nach überlieferten Dokumenten (Gemälde, Photographien) und Beobachtungen von Humbert und Willi Monterin, Meteorologisches Observatorium Gressoney d' Ejola. Die Moränenzüge wurden außerdem von STRADA (1988) lichenometrisch datiert. Nach den Angaben läßt sich folgende Gletschergeschichte rekonstruieren (vgl. Tab. 2):

Von 1812-1821 expandierte der Gletscher um 300 Meter. Seine Stirn befand sich damals bei ca. 1900m, also unmittelbar nördlich der heutigen Ortschaft Staval. Zeugnis hierfür ist die gewaltige 1821er Seitenmoräne, die durch einen Zulauf des Lys teilweise anerodiert bzw. zerschnitten wurde. Gletschergünstige, kalte und niederschlagsreiche Jahre mit allmonatlichen Schneefällen, insbesondere die niedrigen Temperaturen im Herbst und Frühjahr 1812-17 bewirkten zu jener Zeit einen allgemeinen Vorstoß der Alpengletscher (ZUMBÜHL 1980). Danach schmolzen die Eismassen um 365 Meter zurück; diese Phase dauerte von 1822-1842.

Von 1843-1860 bewegte sich die Gletscherstirn wieder um 315 Meter talabwärts. Während die Sommertemperaturen in diesem Zeitraum relativ konstant blieben, stiegen die Temperaturen im Frühjahr, Herbst und Winter an (RUDLOFF 1980). Die Front lag unterhalb des Ross-Felsens, der im Gelände eine deutliche Steilstufe bildet. Ein Anstieg der Frühjahrsniederschläge ab 1840 und ein Wärmemanko im Winterhalbjahr (PFISTER 1985: 132) waren ausschlaggebend für diesen Vorstoß, der hier im Gegensatz zu vielen anderen Alpengletschern keine überdurchschnittlichen Ausmaße erreichte. 1861-1882 wich der Gletscher um ca. 950 m zurück. Seine Stirn lag jetzt etwa 450 Meter oberhalb des Ross-Felsens.

Ein erneuter Vorstoß erfolgte zwischen 1883 und 1891, eingeleitet durch mehrere Strengwinter (RUDLOFF 1980). In dieser Zeit schob sich das Eis um 120 Meter talabwärts. Im Gelände ist dieser Endmoränenzug nicht mehr auszumachen, da er bei einem späteren Vorstoß (s. u.) ausgeräumt wurde. 1892-1912 folgte eine längere Rückzugsphase, die mit einem Stillstand in den Jahren 1893-1897 eingeleitet wurde. Von 1913-1921 gewann der Gletscher erneut 186 Meter Gelände. Nach ZUMBÜHL (1980) und PFISTER (1985) gestalteten sich die Herbstmonate bis 1920 um 0,7-0,8°C kühler als im Mittel 1901-1960. Die 1921er Randlage ist durch einen markanten Moränenwall gekennzeichnet, der noch immer im Gelände deutlich auszumachen ist.

Mit dem Jahr 1922 begann eine längere, über fünfzig Jahre andauernde Schwundphase, in deren Verlauf sich das Eis um 640 Meter zurückzog. Ein Klimaoptimum von 1940-1953 mit milden Wintern, zeitigen Frühjahren und warmen Sommern verhinderte eine positive Massenbilanz des Gletschers (PFISTER 1985). In der Rückzugsphase 1922-1972 betrug die jährliche Schneefallmenge im Mittel 500-700 cm. Bis 1949 stieg die Jahresmitteltemperatur allmählich bis auf 4,5 °C an und fiel danach wieder langsam ab. Die Niederschlagswerte bewegen sich bis 1950 relativ konstant um 1200 mm und sinken bis 1972 auf 900 mm ab (BIANCOTTI & MERCALLI 1991: 14ff.).

Der bisher letzte Vorstoß des Lys-Gletschers wurde durch mehrere strenge Winter und einen Anstieg der Niederschläge im Winter und Sommer (Schnee) eingeleitet. Von 1972-1985 drang der Gletscher 119 Meter ins Tal vor. Ab 1972 sank die Jahresmitteltemperatur auf 3,5 °C ab, die Niederschläge nahmen bis 1300mm zu, die jährliche Neuschneemenge stieg auf 800-1200 cm an. Der noch weitgehend vegetationsloser Endmoränenwall ist unschwer im Gelände zu erkennen. Seither ist die Gletscherzunge wieder um ca. 80m zurückgewichen.

Expansions-phase	Dauer in a	Ausmaß in m	Rückzugs-phase	Dauer in a	Ausmaß in m
1812 - 1821	9	+ 300			
			1822 - 1842	20	- 365
1843 - 1860	17	+ 315			
			1861 - 1882	21	- 950
1883 - 1891	8	+ 120			
			1892 - 1912	20	- 126
1913 - 1921	8	+ 186			
			1922 - 1972	50	- 640
1972 - 1985	13	+ 119			
			1986 - 1993	8	- 58

Tab. 2: Die Dynamik des Lys-Gletschers von 1812 - 1993 nach W. Monterin (1993)

Mit der Gletscherdynamik untrennbar verbunden ist der Abfluß von Schmelzwässern. Der Lys-Fluß sammelt die Schmelzwässer des sich zurückziehenden Gletschers im Talgrund und durchschneidet das Gletschervorfeld dabei der Länge nach. Weil die jungen glazifluvialen Schotter arm an Ton und Schluffpartikeln sind, bieten sie der angreifenden Flußerosion zunächst wenig Widerstand.

Wo der Talgrund sich aufweitet (südwestlich Alpe Salxa), wird das Flußbett schlagartig breiter. Die somit schwindende Transportkraft des Lys führt vor allem im Bereich der älteren Rückzugsstadien zur Aufschüttung eines riesigen Schotterfeldes, das auf breiter Fläche nur noch von Hochwässern umgelagert werden kann. Die aufgetürmte Transportfracht zwingt das Hauptbett des Flusses zum uferwärtigen Ausweichen. Hier findet zwar noch keine Breitenverzweigung i. e. S. statt (vgl. AHNERT 1996), weil der relativ enge Talboden dies gar nicht zuläßt, doch ist das Prinzip der Flußdynamik vergleichbar.

Die Seitenerosion des reißenden Flusses zerstört die jungen Lärchenbestände im Gletschervorfeld langsam, aber bestimmt. In den älteren Rückzugsstadien ist die Ufererosion zwar durch den etablierten Wald und das hier akkumulierte schluffigtonige Material bereits erschwert, doch werden die Bestände unweigerlich seitlich unterspült. Die Bäume kippen dann einzeln vom Waldrand in den Fluß. Bei Hochwässern werden an den Prallhängen große Schottermassen in den Wald transportiert und begraben den Waldboden unter sich. Dieser Vorgang führt zum kleinflächigen Baumsterben am Waldrand.

3.2.5 Böden

Auf der vom Gletscher freigegebenen Grundmoräne entwickeln sich im Bereich der jungen Lärchensukzession zunächst inselartig, später flächig Rohboden-Regosole mit feinmaterialarmem Rohhumus. Die organische Auflage besteht aus Lärchennadeln und Holzresten, insbesondere kleinen Ästen. Mineralisches Feinmaterial sammelt sich im Schutt punktuell in „Feinerdenestern". Im jungen Lärchenwald schließen sich Krautschicht und Bodendecke nur zögerlich. Mit dichterem Bestandsschluß der Zwergstrauchdecke (*Rhododendron ferrugineum*, *Vaccinium sp.*) im etablierten Hochwald wird die Bildung von Eisenhumuspodsolen unterschiedlicher Mächtigkeiten begünstigt. Die Bodenentwicklung im Gletschervorfeld muß insgesamt als sehr inhomogen bezeichnet werden, zumal auch im heutigen Waldinneren noch Moränen- bzw. Schotterwälle anzutreffen sind, die als extrem trockene Sonderstandorte kaum bewachsen sind und noch immer keine nennenswerte Bodenbildung aufweisen (vgl. MOSIMANN 1985).

3.2.6 Nutzung

Unmittelbar unterhalb der ersten Untersuchungsfläche bei ca. 1900 m befindet sich eine Alm (Alpe Cortlys), deren Viehbestand die Westflanke des Tales in den Sommermonaten bis auf 2200m beweidet. Mitunter wird auch der untere Waldbereich (ältere Rückzugsstadien) vom Weidevieh betreten. Vereinzelte Baumstümpfe in den unteren Lagen zeugen zudem von Holzeinschlag in der jüngeren Vergangenheit.

Die touristische Nutzung reicht im wesentlichen bis zur Alpe Cortlys. Die Zahl der Wanderer auf der großen östlichen Seitenmoräne (Weg zum Gletschertor) ist vergleichsweise gering. Auch Fläche 8 (Abb. 59) quert ein wenig begangener Weg, der auf ca. 2100 Metern nach Westen abzweigt. Die Vegetation dieser Untersuchungsfläche ist durch Tritteinfluß gestört, zumal der Weg gelegentlich auch vom Weidevieh benutzt wird (vgl. 3.4).

3.2.7 Die aktuelle Vegetation im Vorfeld des Lys-Gletschers

Das Untersuchungsgebiet liegt im Bereich der subalpinen Stufe, wobei die gletschernächsten Untersuchungsflächen 1-3 als hochsubalpin bis tiefalpin anzusprechen sind. Die Obergrenze der subalpinen Stufe wird von der Baumgrenze (ELLENBERG 1978) markiert. Typisch für diesen Übergangsbereich ist ein Mosaik aus Einzelbäumen und Waldinseln, die eng mit Formationen der alpinen Stufe (alpine Rasen, Schneetälchen, Schutt- und Felsfluren) verzahnt sind.

Die Vegetation der jüngsten Rückzugsstadien ist sehr inhomogen. Die frühe Sukzession ist vorwiegend durch das *Sieversio-Oxyrietum digynae* gekennzeichnet. Das artenarme Initialstadium im Lys-Vorfeld zeigt die charakteristische Artenkombination mit *Cerastium pedunculatum*, *Cerastium uniflorum* und *Poa laxa* (vgl. Fläche Lys 1). Weit verbreitet ist vor allem auf regelmäßig überschwemmtem Grund das *Epilobietum fleischeri*. Kleinflächige, mosaikartig im Gelände angeordnete Einheiten können je nach Standort dem *Juncetum trifidi*, dem *Festucetum halleri*, dem *Caricetum frigidae* oder dem *Rumicetum scutati* zugeordnet werden. Das *Cryptogrammetum crispae* besiedelt im Arbeitsgebiet den groben Moränenschutt höherer Lagen (vgl. BÖSCHE 1996).

Im Gegensatz zur häufig noch schütteren Pflanzendecke der Grundmoräne stehen die dichten Buntschwingelrasen der großen Seitenmoränen. Das *Festucetum variae* besiedelt saure, trockene und skelettreiche Böden in sonniger Lage. Hochstete Charakterarten im Gebiet sind neben *Festuca varia* (Rasenbildner, vgl. GRABHERR & MUCINA 1993: 356, HESS et al. 1970: 352) *Astragalus penduliflorus*, *Pedicularis tuberosa* und *Astragalus penduliflorus* (BÖSCHE 1996: 24).

Oberhalb der Waldgrenze ist das *Salicetum helveticae* die am weitesten verbreitete Gehölzgesellschaft. Die namengebende *Salix helvetica* ist typisch für kalkfreien, feuchten Moränen-Blockschutt auf Standorten mit relativ kurzer Aperzeit. Regelmäßig kommen hier auch andere *Salix*-Arten wie *S. glaucosericea* vor; daneben ist nicht selten *Rhododendron ferrugineum* am Bestandsaufbau beteiligt; das auf benachbarten, etwas früher auspernden Standorten etablierte *Vaccinio-Rhododendretum* (s. u.) ist an der Obergrenze seiner Verbreitung eng mit den *Salicetum helveticae* verzahnt (vgl. BRAUN-BLANQUET 1954: 117). Diese Standorte unterliegen offensichtlich keinem Weideeinfluß, da *Salix helvetica* wie viele andere *Salix sp.* sehr empfindlich auf Beweidung reagiert (GRABHERR & MUCINA 1993: 459). Auf dem auenahen Moränenschutt gedeiht regelmäßig *Salix foetida*, auf älteren Moränen oft im Kontakt zum *Alnetum viridis*. *Alnus viridis* festigt hier den auswaschungsbedingt sauren Boden. Hierher gehören auch Elemente subalpiner Hochstaudenfluren wie *Peucedanum ostruthium*.

Für die vorliegende Untersuchung sind die Lebensbedingungen im Waldgrenzbereich von besonderem Interesse. Das hier verlangsamte Baumwachstum ist v.a. bedingt durch niedrige Temperaturen, eine kurze Vegetationsperiode, Windeinfluß und wenig entwickelte Böden (HOLTMEIER 1989). Der höhenbedingte Temperaturrückgang verursacht eine Reduktion der Photosyntheseleistung, die in Grenzlagen innerhalb von wenigen Höhenmetern bis um die Hälfte zurückgehen kann. Die Assimilation beginnt spät und ist auf wenige Monate beschränkt. Mit zunehmender Höhe sinkt zudem das jährliche Höhen- und Dickenwachstum; die generative Verbreitung ist erschwert, da die Entwicklungsmöglichkeiten der Samen mit steigender Höhe rasch zurückgehen. Für Einzelbäume sind die Umweltbedingungen an der Baumgrenze ungünstiger als für solche, die in Gruppen zusammenstehen und somit eine Art „Bestandsklima" schaffen können. Entsprechend häufig ist in größerer Höhe die Rottenbildung (OZENDA 1988: 199).

Eine enge Verzahnung besteht im Gletschervorfeld zwischen dem jungen Lärchenwald und dem *Vaccinio-Rhododendretum ferruginei*. Diese Gesellschaft zeichnet sich durch die klare Dominanz von *Rhododendron ferrugineum* aus;

andere Zwergsträucher, insbesondere *Vaccinium*-Arten, sind jedoch fast immer beteiligt. Die begleitende Kryptogamenschicht wird vorwiegend von *Pleurozium schreberi* und *Hylocomium splendens* gebildet, aber auch Blattflechten wie *Peltigera aphthosa* sind häufig. Ein bedeutender Standortfaktor, der die Verbreitung der Alpenrose steuert, ist die winterliche Schneebedeckung, auf die die frostempfindliche Pflanze angewiesen ist. Mit zunehmender Höhe und offenerem Gelände bevorzugt *Rhododendron ferrugineum* deshalb geschützte Muldenlagen. Verbreitungsschwerpunkt von *Rhododendron* sind im Untersuchungsgebiet die z. T. beweideten älteren Rückzugsstadien (BÖSCHE 1996). Andere zwergstrauchreiche Bestände auf trockenen und exponierten Standorten sind eher zum Verband *Juniperion nanae* zu stellen. Hier dominieren *Juniperus communis, ssp. nana* und *Calluna vulgaris*, die Bestände sind wesentlich artenreicher als die vorgenannte Gesellschaft.

Angesichts des geringen Alters der Waldstandorte (vgl. RAMSBECK 1996) hat sich noch keine Klimaxvegetation eingestellt. Weite Teile der sich entwickelnden Wälder sind am ehesten als *Junipero-Laricetum* zu bezeichnen. Diese Gesellschaft ist eng mit dem *Larici-Cembretum* verwandt, doch fehlen hier (durch frühere Ausrottung im Tal) die Zirben. Der Unterwuchs ist reich an Zwergsträuchern, vor allem *Rhododendron ferrugineum, Juniperus communis, ssp. nana* und *Vaccinium sp.*, aber auch an genügsamen Gräsern wie *Deschampsia flexuosa* und *Festuca varia*. Wo die Vegetation unter Weideeinfluß steht, finden sich *Nardion*-Arten, u. a. *Campanula barbata* und *Trifolium alpinum*.

Als potentielle natürliche Schlußwaldgesellschaft im Gebiet zeichnet sich das *Larici-Piceetum (Piceetum subalpinum)* ab (vgl. 3.4). STEIGER (1994) gibt diese Fichten-Gesellschaft für trockene, saure und flachgründige Böden auf silikatischen Moränen in Südexposition an. Den offenen, eher schwachwüchsigen Wäldern ist üblicherweise auch im Reifestadium reichlich *Larix decidua* beigemischt. *Pinus cembra* und *Pinus uncinata* können ebenfalls zur Baumschicht gehören. Während *Pinus uncinata* in den älteren Rückzugsstadien nachgewiesen werden konnte, fehlt *Pinus cembra* im Gletschervorfeld noch völlig. Die Ursache hierfür dürfte im vergangenen starken Raubbau an dieser Art zu suchen sein, doch belegen die Untersuchungen von RAUSCH (1996), daß *Pinus cembra* im Valle di Gressoney wieder deutlich auf dem Vormarsch ist (vgl. 3.5).

Die Waldbilder der älteren Rückzugsstadien kommen den Beschreibungen der Gesellschaft in der Literatur sehr nahe. Die Krautschicht des *Larici-Piceetum* ist artenarm (vgl. GRABHERR & MUCINA 1993). Zahlreiche fichtenbegleitende Moose wie *Dicranum scoparium, Hylocomium splendens* und *Pleurozium schreberi* bewachsen mosaikartig den streureichen Waldboden. Wo *Rhododendron ferrugineum* auf großer Fläche einen dichten Unterwuchs bildet, kann dies ein Hinweis auf anthropogene Einflüsse (insbesondere Waldweide) sein. Hierbei ist zu beachten, daß *Rhododendron* den Fichtennadelrost (*Chrysomyxa rhododendri*) überträgt, der Fichten stark schädigen kann (vgl. 3.5).

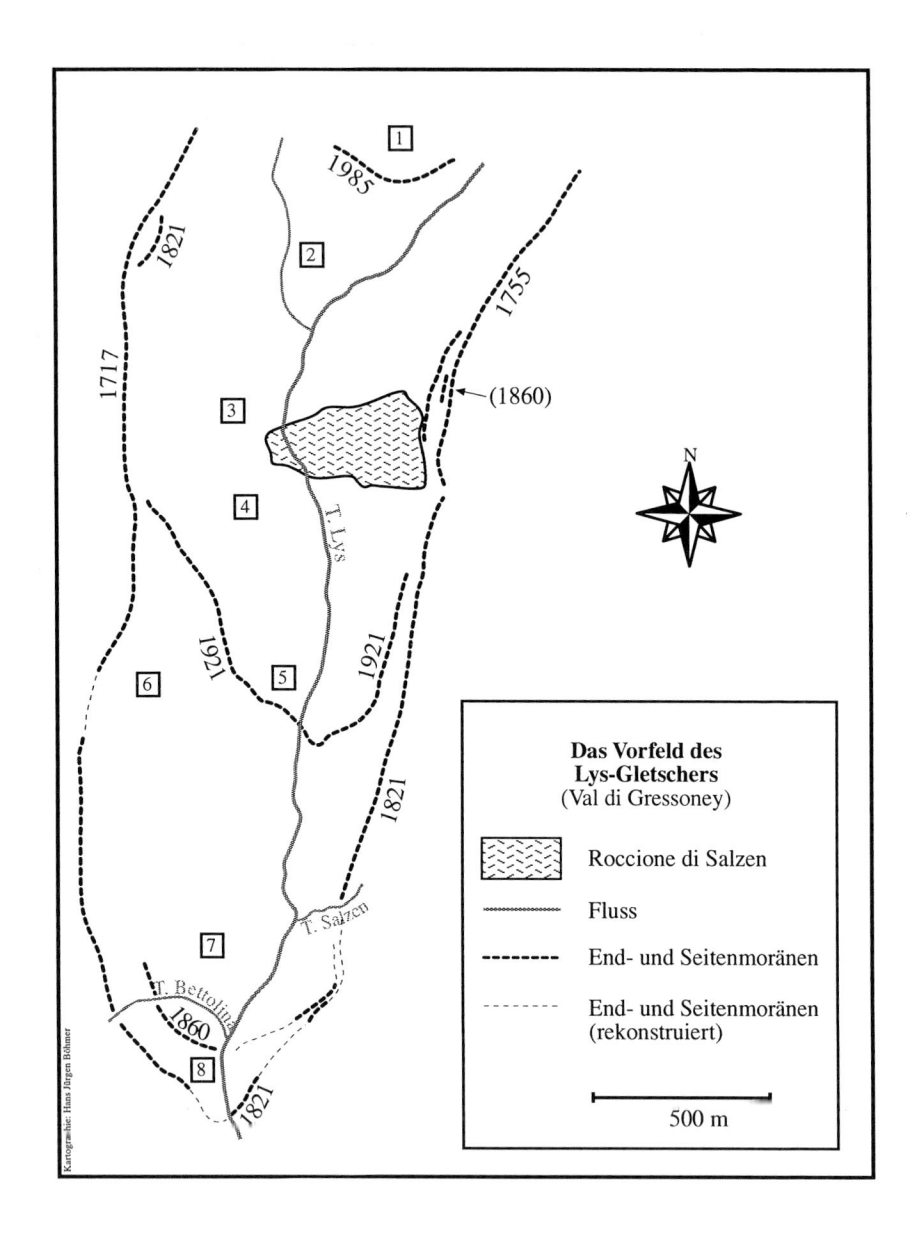

Abb. 59: Moränenzüge im Lys-Vorfeld nach Strada (1988) und die Lage der Untersuchungsflächen

3.3 Untersuchungsflächen und Aufnahmedesign

Die Untersuchungsflächen befinden sich im Talschluß etwa 100-500 Höhenmeter unterhalb der rezenten Front des Lys-Gletschers. Insgesamt wurden acht Untersuchungsflächen in Höhenlagen von 2000m bis 2470m eingerichtet. Anhand im Gelände erkennbarer, sicher datierter Moränenzüge wurden zunächst sechs Standorte (Lys 3-8) ausgewählt, um die Struktur des Lärchenwaldes innerhalb der einzelnen Rückzugsstadien repräsentativ zu erfassen. Die Lage der Probeflächen richtete sich dabei nach den im Gelände leicht zu identifizierenden Endmoränenzügen (Abb. 59). Um eine vergleichbare Basis zu schaffen, haben die Probeflächen die einheitliche Größe von 20 x 20 Metern. In den jüngeren, noch baumfreien Rückzugsstadien wurden zusätzlich zwei kleinere Untersuchungsflächen (Lys 1 und 2) angelegt, um die Chronosequenz zu vervollständigen. Die dort erhobenen Daten finden hier aber nur am Rande Erwähnung, da die Flächen noch keinerlei Baumwuchs tragen und somit keinen Aufschluß über die Waldentwicklung geben.

Wegen der sehr ungünstigen Witterungsbedingungen im Aufnahmezeitraum mußte die ursprüngliche Absicht, auf allen acht Flächen 100 1m^2-Subplots (angeordnet als 10x10m-Quadrat) anzulegen, aufgegeben werden. Das Aufnahmedesign ist deshalb unvollständig geblieben, wodurch die Vergleichbarkeit der Subplots aber nicht beeinträchtigt wird; lediglich die Menge der Information ist geringer. Lys 1 besteht aus 30 (=3x10m), Lys 2 aus 100 (=10x10m) Subplots. Die Plots auf den 20x20m-Flächen setzen sich folgendermaßen zusammen: Lys 3: 50 (=5x10m), Lys 4: 40 (=4x10m), Lys 5: 50 (=5x10m), Lys 6: 50 (=5x10m), Lys 7: 100 (=10x10m) und Lys 8 ebenfalls aus 100 (=10x10) Subplots.

Lys 1

Die Untersuchungsfläche Lys 1 liegt innerhalb des 1985er Endmoränenzuges auf etwa 2470m Höhe, nur wenige Meter vor der gegenwärtigen Gletscherstirn. Die Grundmoräne ist hier wallartig aufgeschüttet und mit ca. 3° (wie alle übrigen Untersuchungsflächen) nach SSW geneigt. Die Fläche zerfällt in einen sandigen, einen feinschuttreichen und einen eher grobblockigen Abschnitt. Die Vegetationsdecke ist hier noch äußerst schütter und erreicht maximal 5% Deckung pro m^2.

Lys 2

Lys 2 liegt außerhalb der 1985er-Randlage zwischen zwei Flußarmen in ca. 2450m Höhe bei 9° Neigung. Die Pflanzendecke besteht aus mehr oder weniger geschlossenen, kraut- und grasreichen Pioniergesellschaften. Daneben gibt es in Flußnähe auch fast unbewachsene Schotterinseln.

Lys 3

Relativ steil (20°) ist die innerhalb der 1921er Endmoräne plazierte Fläche Lys 3, die in einer Höhe von 2395m gleichzeitig die rezente Baumgrenze

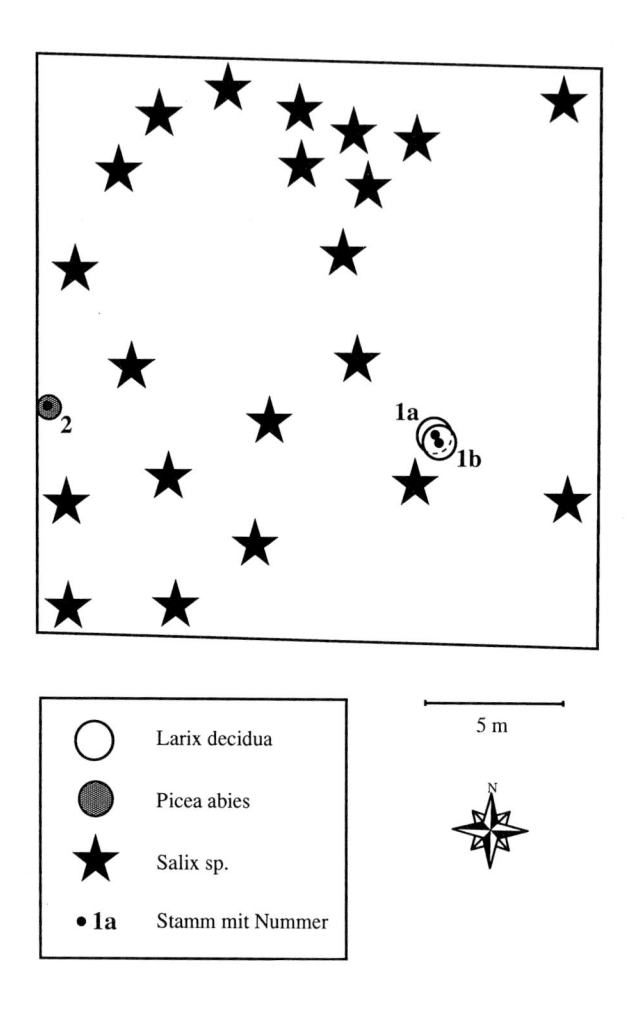

○	Larix decidua
●	Picea abies
★	Salix sp.
• 1a	Stamm mit Nummer

Abb. 60. Untersuchungsfläche Lys 3

markiert. Die Oberfläche ist durch groben Blockschutt sehr unruhig, der erkennbare Feinmaterialanteil gering. Zwei kleine Lärchen und eine kniehohe Fichte stellen den Baumbestand, abgesehen von zahlreichen Weiden. Die Bodenvegetation zwischen den Gehölzen ist schütter und reich an Kryptogamen.

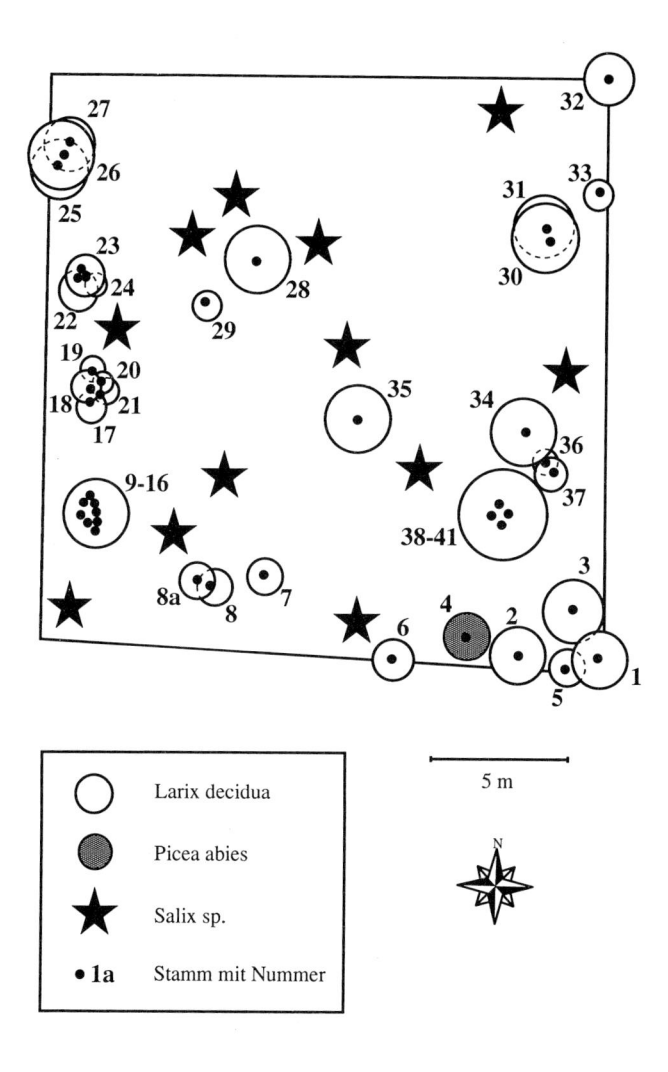

C Vegetationsdynamik ausgewählter Ökosysteme 129

Abb. 61: Untersuchungsfläche Lys 4

Lys 4

Ebenfalls innerhalb der 1921er Randlage in gleichermaßen steilem Gelände liegt in ca. 2320m Höhe die Fläche Lys 4. Sie zeichnet sich durch eine vergleichsweise hohe Standortsvielfalt aus: Grober Blockschutt bildet mit ersten Baumgruppen und offenen, trockenen bis feuchten Abschnitten ein kleinräumiges Mosaik. Im lichten Lärchenbestand gedeiht auch eine kleine Fichte.

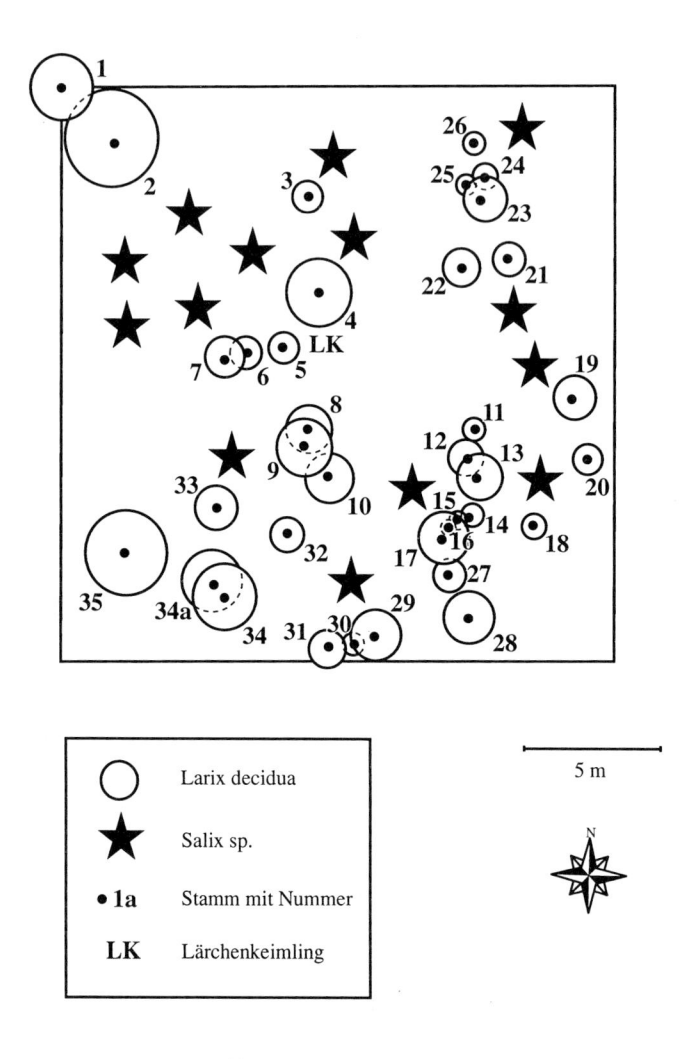

130   C Vegetationsdynamik ausgewählter Ökosysteme

Abb. 62: Untersuchungsfläche Lys 5

Lys 5

In 2200m, fast unmittelbar hinter der 1921er Endmoräne liegt Fläche 5. Hier ist die Hangneigung mit 9° wieder deutlich geringer, die Standortsdiversität aber ähnlich hoch wie auf Lys 4. Grund hierfür ist einerseits die Nähe des Endmoränenzuges, andererseits die schon beachtliche Streuauflage unter Lärchen und *Rhododendron*-Gestrüpp. Zahlreiche Weiden verdichten den Gehölzbestand.

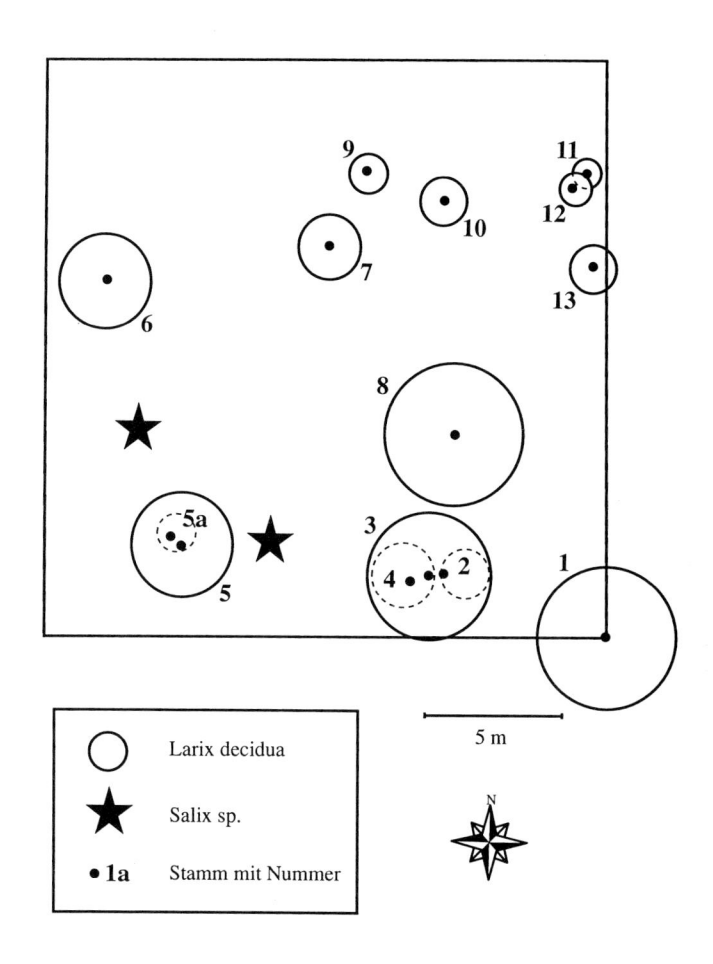

C Vegetationsdynamik ausgewählter Ökosysteme 131

Abb. 63: Untersuchungsfläche Lys 6

Lys 6

In vergleichbarer Höhenlage (2230m) und Inklination, aber schon außerhalb der 1921er Randlage wurde Fläche 6 plaziert. Der überwiegend grobe Blockschutt ist noch kaum bewachsen, der Standort ist insgesamt recht trocken. *Rhododendron ferrugineum* bildet im offenen Vorwald eine stellenweise dichte Zwergstrauchschicht.

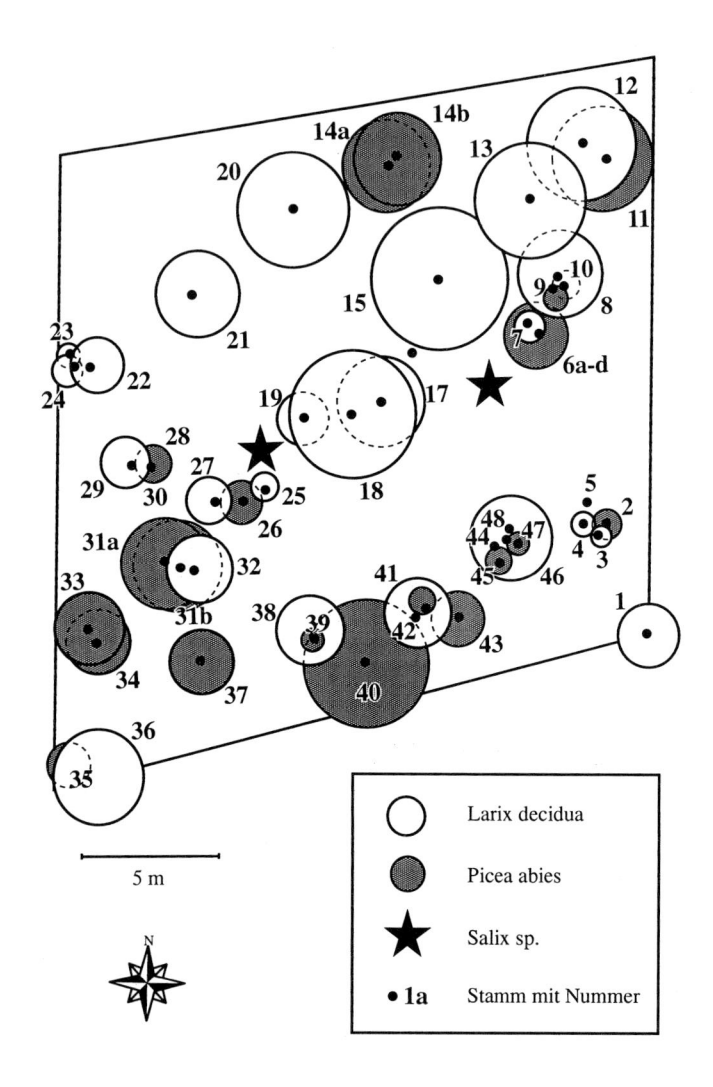

132   C Vegetationsdynamik ausgewählter Ökosysteme

Abb. 64: Untersuchungsfläche Lys 7

Lys 7

Weiter innerhalb der 1860er Randlage liegt in 2100m Höhe die Untersuchungsfläche Lys 7. Der mit 4° Hangneigung nahezu ebene Standort befindet sich im mit Fichtenjungwuchs verdichteten Lärchenwald. Entsprechend hoch ist die Streuauflage über dem skelettreichen Substrat. Auch hier stellt *Rhododendron ferrugineum* die bedeutendste Population im Unterwuchs. Größere Felsblöcke sind noch kaum bewachsen.

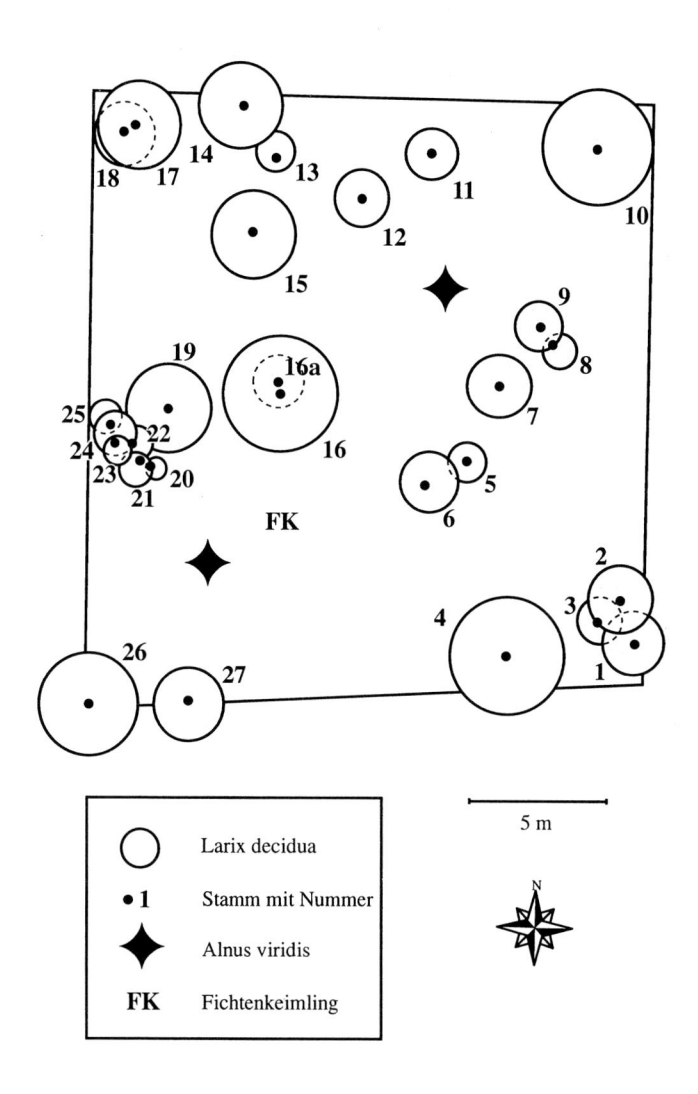

Abb. 65: Untersuchungsfläche Lys 8

Lys 8

Die Untersuchungsfläche liegt innerhalb des 1821er Endmoränenzuges auf einer Höhe von 2000m, verkörpert also das am längsten eisfreie Entwicklungsstadium. Der Geländeabschnitt ist mit 9° nach SSW geneigt. Der dichte *Rhododendron*-Bestand unter den hochstämmigen Lärchen weist nur unter *Alnus viridis* und im Bereich des Weges Lücken auf.

3.4 Ergebnisse

3.4.1 Arteninventar

Im Vorfeld des Lys-Gletschers wurden insgesamt 247 Arten von Gefäßpflanzen, Moosen und Flechten nachgewiesen. Neben 217 Farn- und Blütenpflanzen wurden dreißig Moos- und Flechtenarten bestimmt, wobei epiphytische Kryptogamen nicht berücksichtigt wurden. Auf den näher untersuchten Flächen 3-8 kommen insgesamt 130 Arten vor, die im Dendrogramm in Anhang 3 aufgeführt sind.

3.4.2 Waldentwicklung

Die Entwicklung des subalpinen Waldökosystems läßt sich im Gletschervorfeld vom „statu nascendi" bis zum geschlossenen Hochwald auf entwickelten Böden nachvollziehen. Sie beginnt mit der Etablierung erster Pionierbäume, die mit z. T. recht kurzer Verzugszeit nach dem Rückzug des Eises auf der Grundmoräne zu siedeln beginnen (vgl. Abb. 74). Die gletschernächsten Bäume, die in die Untersuchung einbezogen wurden, finden sich auf Lys 3, wo die Bestandsdichte 75 Bäumen pro Hektar entspricht. Das Alter der drei Bäume liegt zwischen 10 und 40 Jahren, der Standort ist also schon 10-20 Jahre nach der Freilegung des Geländes besiedelt worden. Die Bäume wachsen im Schutz größerer Steine und erreichen nur geringe Wuchshöhen und Kronenweiten (Abb. 60). Die 50 Subplots zeigen eine relativ artenarme Kraut- und Kryptogamenschicht (35 Arten, darunter vier Moos- und 6 Flechtenarten). Hochstet sind *Achillea moschata*, *Agrostis schraderiana* und *Polytrichum piliferum* (vgl. 3.4.3). *Agrostis schraderiana* hat einen deutlichen Verbreitungsschwerpunkt unter *Larix decidua* und *Salix caprea*, während die beiden anderen Arten vorzugsweise echte Pionier-standorte besiedeln und unter *Larix* ihre einzigen Verbreitungslücken aufweisen.

Auf Lys 4 gedeihen 41 blühende Lärchen und eine kniehohe Fichte. Die Bestandsdichte entspricht 1050 Bäumen pro Hektar. Das maximale Baumalter beträgt 46 Jahre, die Haupt-Altersklasse liegt im Bereich von 10-40 Jahren. Die Verzugsdauer zwischen Eisrückzug und Bewaldung dürfte weniger als 20 Jahre betragen. Freistehende Einzelbäume sind selten. Stattdessen ist verbreitet Rottenbildung zu beobachten, woraus sich ein starker Gegensatz zwischen vorwaldähnlichen und nahezu vegetationslosen, grobblockigen Geländeabschnitten ergibt (Abb. 61). Die Rotten sind stark verdichtet, Individuen kaum auszumachen. Obwohl das Exemplar von *Picea abies* zu den ältesten Bäumen auf der Fläche gehört, weist es nur eine Höhe von 1,3m auf. Auf den 40 Subplots gedeihen 54 Arten, darunter 6 Moos- und 7 Flechtenarten. Bedeutendste Arten sind *Agrostis schraderiana*, *Juncus jacquinii*, *Lotus alpinus* und *Rhododendron ferrugineum*.

Auf Lys 5 siedeln Gruppen niedrigwüchsiger, ausnahmslos blühender Lärchen mit einer Bestandsdichte von 900 Bäumen pro Hektar (Abb. 62). Nach einer ersten Einwanderungsphase ab 1945, die mit einer Verzugszeit von 20-30 Jahren einsetzte, verdichtete sich der Bestand zwischen 1955 und 1964 zusehends. Der Besiedlungsschub reichte bis in die 70er Jahre und brach dann ab. Auf den 50 Subplots wachsen 33 Arten, darunter 5 Moos- und 8 Flechtenarten. Bedeutend ist vor allem *Rhododendron ferrugineum*, der nur an Stellen mit hohem Blockschuttanteil Bestandslücken aufweist. Hochstet sind ferner *Racomitrium canescens*, *Stereocaulon alpinum* und wiederum *Agrostis schraderiana*.

Der Baumbestand auf Lys 6 besteht ausschließlich aus Lärchen, von denen die älteren Exemplare blühen. Die Zahl der Bäume ist gering und entspricht einer Bestandsdichte von 350 pro Hektar (Abb. 63). Das Altersspektrum reicht von 115jährigen bis zu zehnjährigen Exemplaren, echte Besiedlungsschübe lassen sich nicht ausmachen. Nach einer geringen Verzugszeit von 10-20 Jahren etablierten sich die ersten Bäume, denen sich mit Ausnahme der 20er und frühen 30er Jahre immer wieder einzelne Exemplare hinzugesellten. Insgesamt 39 Arten (7 Moos-, 8 Flechtenarten) gedeihen auf den 50 Subplots. Die wichtigsten Arten im Unterwuchs sind *Rhododendron ferrugineum* und *Avenella flexuosa*.

Die Fläche Lys 7 weist mit 1425 Bäumen pro Hektar die höchste Bestandsdichte auf. Neben zahlreichen Lärchen wachsen hier 22 Fichten (Abb. 64). Das maximale Baumalter beträgt 115 Jahre, die Bewaldung begann also am höchstens 135 Jahre eisfreien Standort bereits nach etwa 10-20 Jahren. Um 1885 setzte ein etwa 20 Jahre dauernder Entwicklungsschub ein, an dessen Ende die Einwanderung von Fichten beginnt. Ab 1915 etablierten sich zunehmend Fichten, die sich bereits ab 1943 generativ verjüngten und den Bestand wesentlich verdichteten. Nach 1960 erfolgte keine heute nachweisbare Verjüngung. Viele Bäume sind säbelwüchsig, der Totholzanteil der Lärchen ist außergewöhnlich hoch. Auf den 100 Subplots wachsen nur 40 Arten, darunter 8 Moos- und 10 Flechtenarten. Vor allem Moose wie *Dicranum scoparium* spielen eine wichtige Rolle, doch auch hier ist *Rhododendron* der Hauptbestandsbildner im Unterwuchs. Als hochstete Art verdient ferner *Avenella flexuosa* besondere Erwähnung.

Auf Lys 8 ist die Bestandsdichte mit 725 Bäumen pro Hektar wieder deutlich geringer (Abb. 65). Die ältesten Bäume sind ca. 150 Jahre alt, die jüngsten ca. 70 Jahre, wobei die Altersklasse der 120-130jährigen den Hauptanteil stellt. Die Besiedlung an diesem zum Aufnahmezeitpunkt höchstens 174 Jahre eisfreien Standort setzte also erst nach ca. 20-30 Jahren Verzugszeit mit vereinzelten Exemplaren von *Larix decidua* ein. In der Warmphase von 1865 bis 1884 kam es bei gleichzeitig wachsender Entfernung von der Gletscherstirn zu einem deutlichen Keimungsimpuls. Die Bäume erreichen heute eine Wuchshöhe von über 20m bei Stammumfängen von z. T. über 2m. In den 100 Subplots wurden ebenfalls 40 Arten (nur drei Moose und eine Flechtenart!) beobachtet. Dem Weideeinfluß entsprechend dominiert ausschließlich *Rhododendron* den Unterwuchs. Nur dort, wo *Alnus viridis* - Büsche eine schüttere Strauchschicht bilden, weicht die Alpenrose etwas zurück. Entlang des Weges sind *Nardion*-Arten eingeschleppt worden.

3.4.3 Mikrosoziologie

Ähnlich wie im Falle der anderen Datensätze entsteht hier das Problem, daß die große Datenmenge nicht in einem Rechengang verarbeitet werden kann, weil die verwendeten Programme an ihre Kapazitätsgrenzen stoßen. Die Daten der Flächen 3-8, also der Untersuchungsflächen mit Baumbewuchs, wurden deshalb zusammengefaßt, um die mikrosoziologische Entwicklung vom ersten Einzelbaum (Baumgrenze) bis zum etablierten Wald nachzuvollziehen (die frühe Sukzession auf Lys 1 und Lys 2 bleibt ausgeklammert). Dabei wurden die 390 Subplot-Aufnahmen der sechs Standorte zu einer Datei zusammengefaßt, p/a-transformiert und einer Clusteranalyse unterzogen, bei der wiederum sechs Klassen berechnet wurden (vgl. Abb. 66-71 und die Tabelle in Anhang 3).

Klasse 1 (Abb. 66) umfaßt 49 Aufnahmen. Häufigste Arten sind *Achillea moschata*, *Agrostis schraderiana*, *Sempervivum montanum*, *Stereocaulon alpinum* und *Polytrichum piliferum*, die bezeichnende Art dieser Klasse. Ebenfalls häufig, aber weniger spezifisch sind *Racomitrium canescens*, *Cladonia pyxidata*, *Juncus jacquinii* und *Lotus alpinus*. *Rhododendron ferrugineum* und *Hypnum cupressiforme* fehlen, während *Salix sp.* (*S. helvetica*, *S. caprea*, *S. breviserrata*, *S. foetida*) in ihrer Gesamtheit eine bedeutende Rolle spielen.

In Klasse 2 (39 Aufnahmen, Abb. 67) stellen *Salix helvetica*, *Salix foetida*, *Rhododendron ferrugineum* und *Calluna vulgaris* gemeinsam die Strauch- bzw. Zwergstrauchschicht unter eingestreuter *Larix decidua*. Regelmäßige Begleiter sind *Agrostis schraderiana*, *Juncus jacquinii*, *Lotus alpinus* und *Deschampsia flexuosa* sowie die Kryptogamen *Racomitrium canescens*, *Cladonia pyxidata*, *Hypnum cupressiforme* und *Polytrichum formosum*.

In den 105 Aufnahmen der Klasse 3 (Abb. 68) erzielt *Larix decidua* (zusammen mit relativ steter *Salix appendiculata* und *Salix helvetica*) eine nennenswerte Durchschnittsdeckung über einer schütter ausgebildeten Zwergstrauchschicht mit *Rhododendron ferrugineum*, *Calluna vulgaris* und *Vaccinium uliginosum*. Kennzeichnend ist hier jedoch die Bedeutung der Kraut-Gras-Schicht (*Sempervivum montanum*, *Lotus alpinus*, *Festuca varia*, *Deschampsia flexuosa*, *Agrostis schraderiana*) und vor allem der reichen Kryptogamenschicht (*Bryum argenteum*, *Polytrichum formosum*, *Stereocaulon alpinum*, *Cladonia pyxidata*, *Cladonia squamosa*, *Hypnum cupressiforme*, *Dicranum scoparium*).

Die kleinste und artenärmste Klasse 4 (21 Aufnahmen, Abb. 69) steht ganz im Zeichen der Dominanz von *Larix decidua* und *Rhododendron ferrugineum*. Relativ stete Begleiter sind *Deschampsia flexuosa* und *Hypnum cupressiforme*, mit Einschränkungen auch *Sempervivum montanum*.

Klasse 5 (83 Aufnahmen, Abb. 70) ähnelt mit der hohen Stetigkeit von *Rhododendron* und *Deschampsia flexuosa* den Klassen 4 und 6, zeichnet sich aber durch eine wesentlich reichere Kryptogamenschicht (v. a. *Bryum argenteum*, *Dicranum*

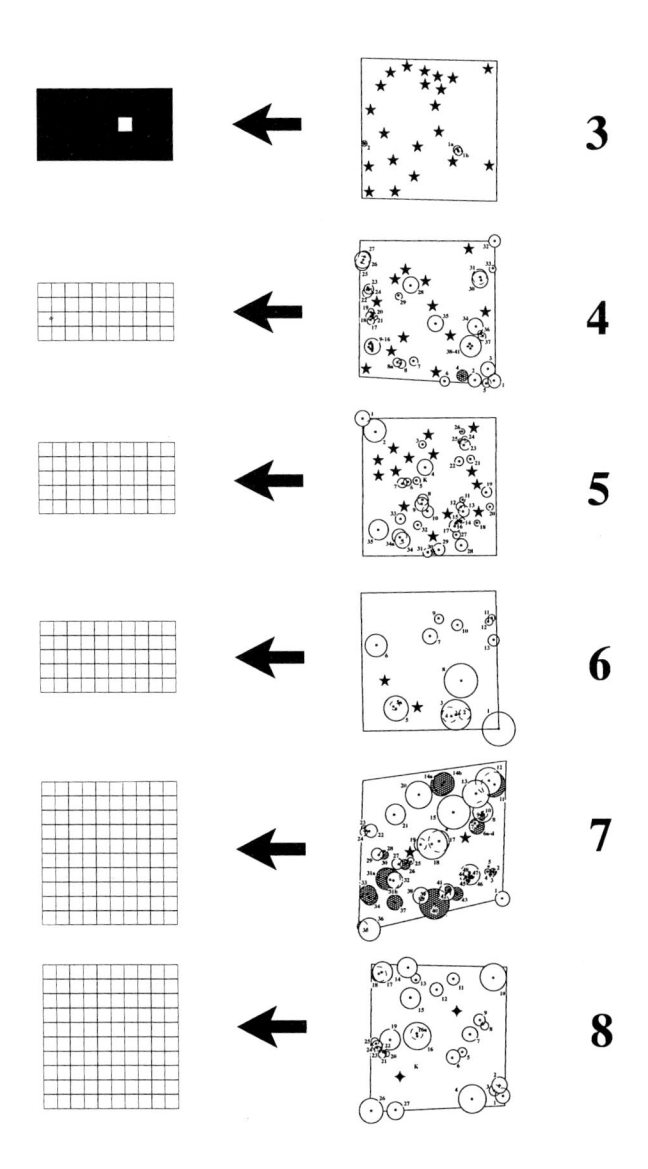

C Vegetationsdynamik ausgewählter Ökosysteme   137

Abb. 66: Verbreitungsmuster von Klasse 1 (p/a transformiert, chord distance, minimum variance clustering)

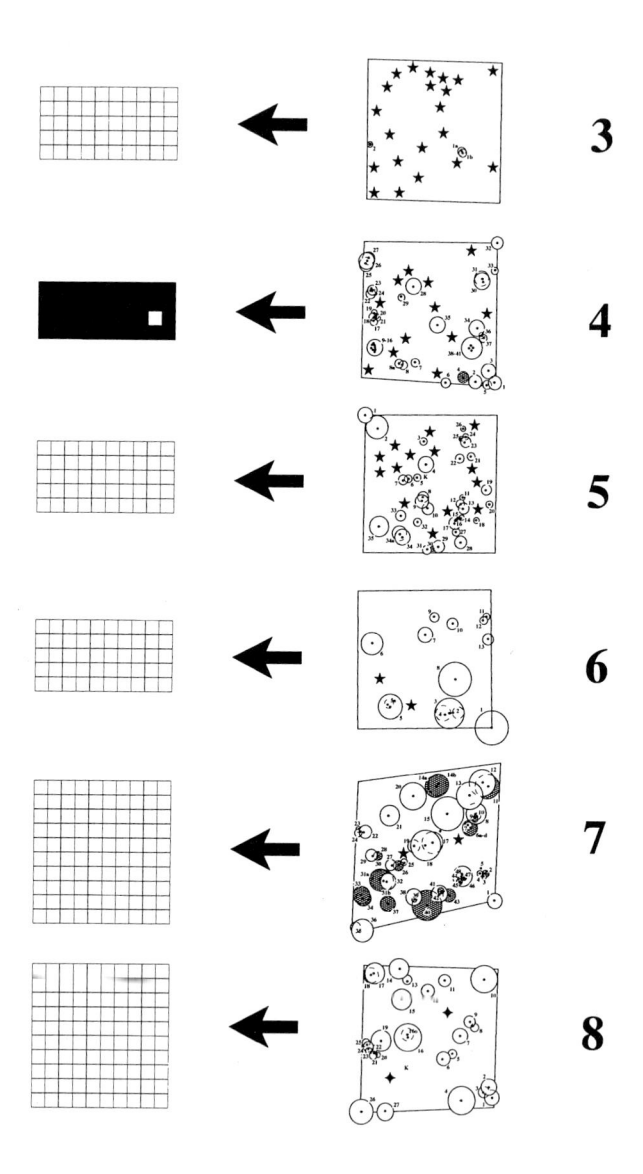

138   C   Vegetationsdynamik ausgewählter Ökosysteme

Abb. 67: Verbreitungsmuster von Klasse 2 (p/a transformiert, chord distance, minimum variance clustering)

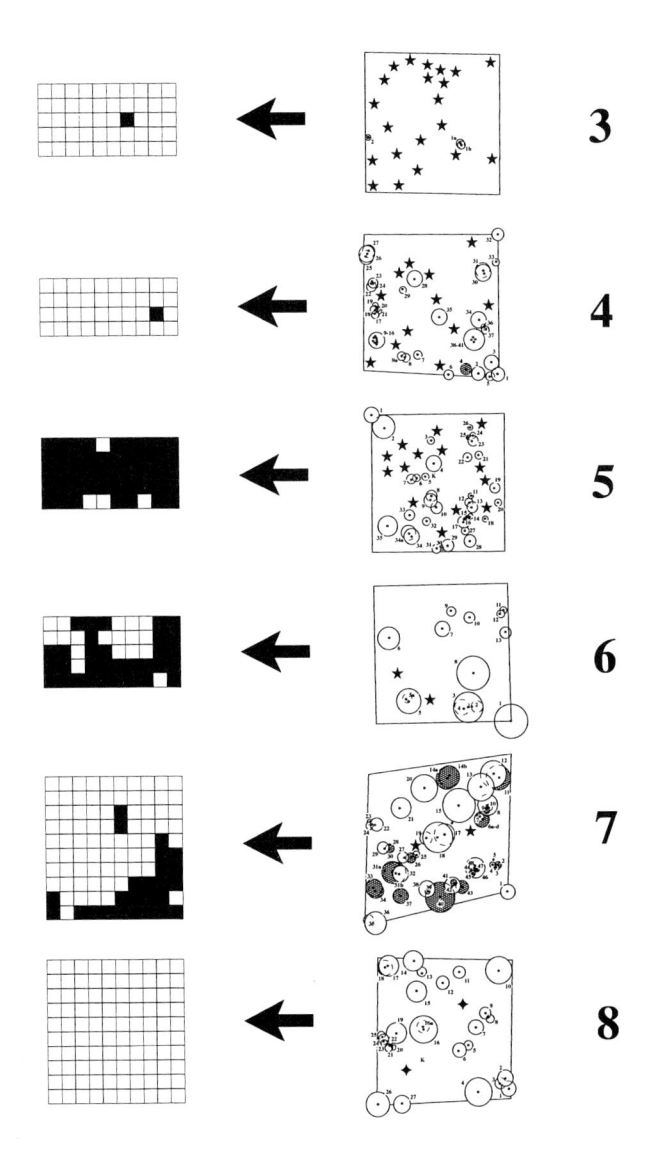

C Vegetationsdynamik ausgewählter Ökosysteme   139

Abb. 68: Verbreitungsmuster von Klasse 3 (p/a transformiert, chord distance, minimum variance clustering).

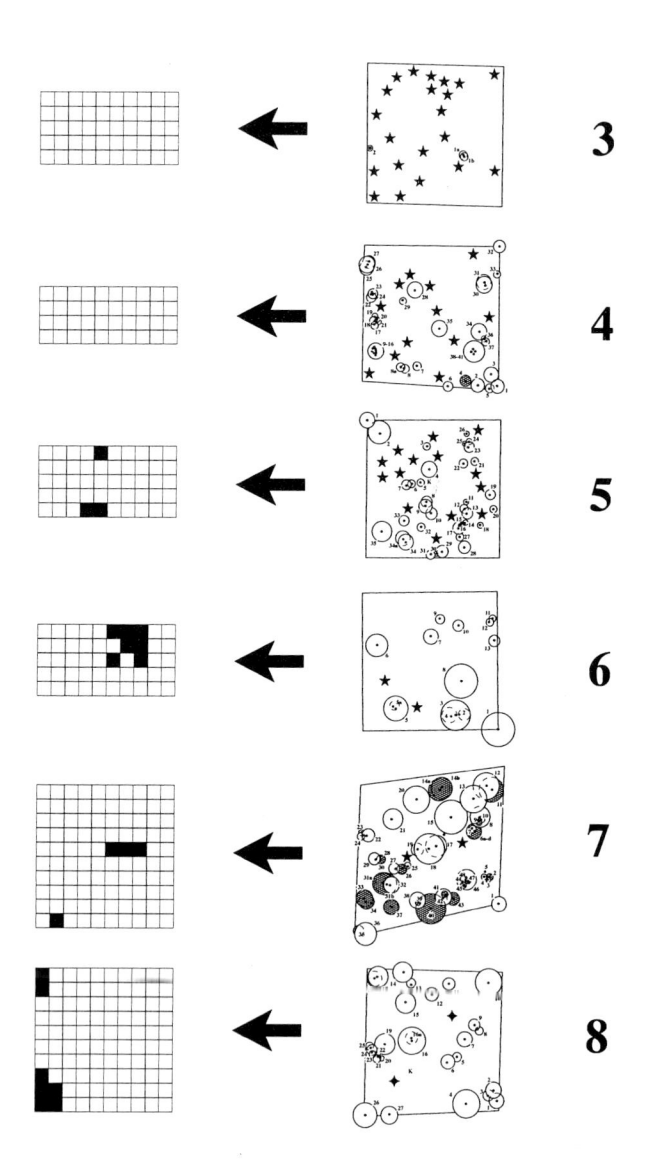

Abb. 69: Verbreitungsmuster von Klasse 4 (p/a transformiert, chord distance, minimum variance clustering)

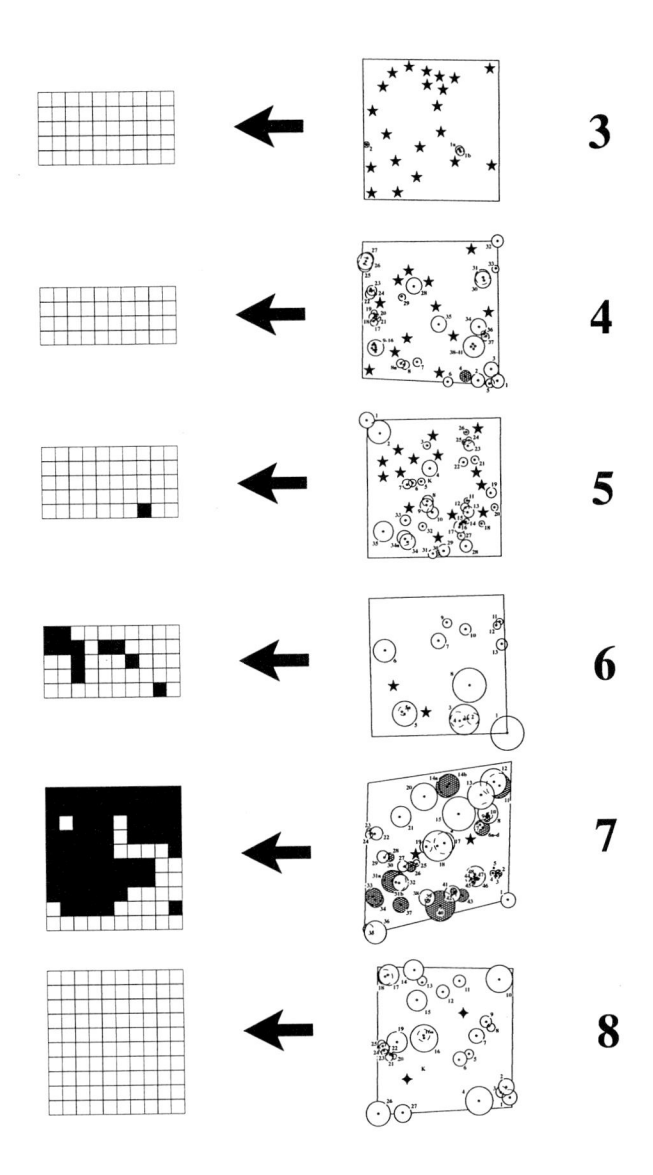

C Vegetationsdynamik ausgewählter Ökosysteme 141

Abb. 70: Verbreitungsmuster von Klasse 5 (p/a transformiert, chord distance, minimum variance clustering)

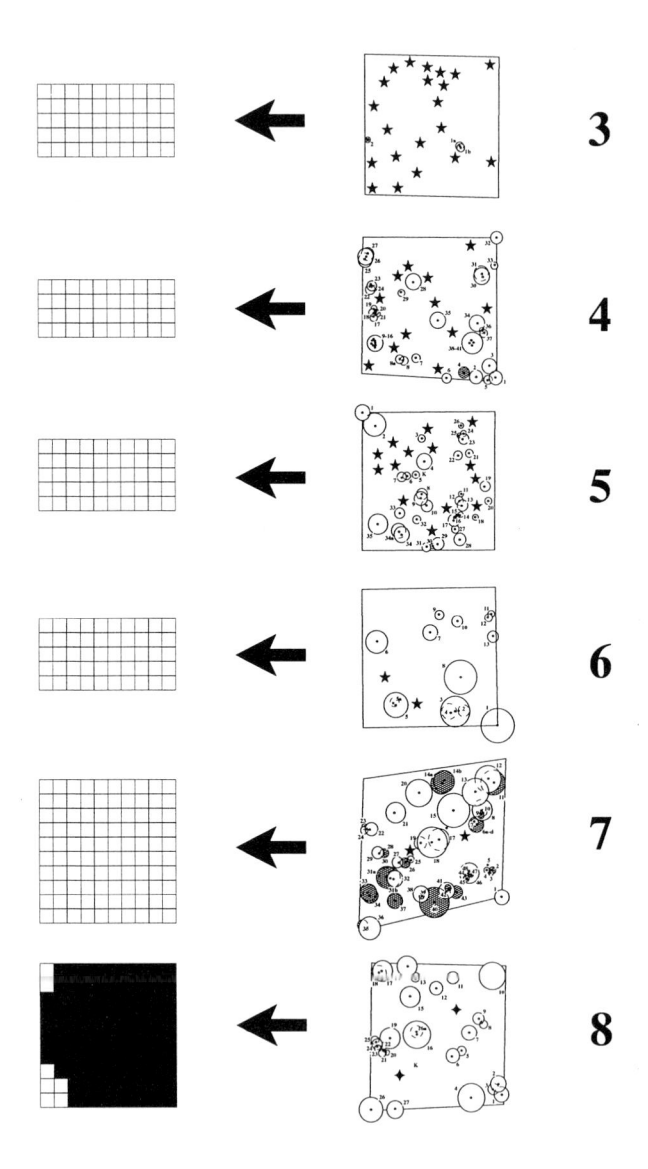

142   C   Vegetationsdynamik ausgewählter Ökosysteme

Abb. 71: Verbreitungsmuster von Klasse 6 (p/a transformiert, chord distance, minimum variance clustering)

scoparium, Hypnum cupressiforme, Racomitrium canescens, Hylocomium splendens, Pleurozium schreberi) aus, die mit z. T. sehr hohen Stetigkeiten auftreten. Nur wenige Kräuter wie *Hieracium sylvaticum, Lotus alpinus* und *Sempervivum montanum* erscheinen regelmäßig.

In Klasse 6 (93 Aufnahmen, Abb. 71) sind *Rhododendron ferrugineum* (durchschn. Deckung: 70,1%!) und *Hypnum cupressiforme* mit höchster Stetigkeit vertreten. Hochstet sind ferner *Agrostis schraderiana, Deschampsia flexuosa* und der stark differenzierende *Peucedanum ostruthium*, der ebenso wie *Solidago virgaurea* und *Chaerophyllum hirsutum* nur hier vorkommt. Auch *Epilobium angustifolium* und *Vaccinium myrtillus* sind als typisch für diese Klasse zu bezeichnen, die eine insgesamt sehr reiche Krautschicht aufweist.

Ergänzend wurde eine Korrespondenzanalyse der 390 Aufnahmen mit dem wurzeltransformierten Datensatz vorgenommen. Die in Abbildung 72 abgegrenzten 6 Einheiten entsprechen nicht den oben beschriebenen Clustern, sondern den 6 Untersuchungsflächen.

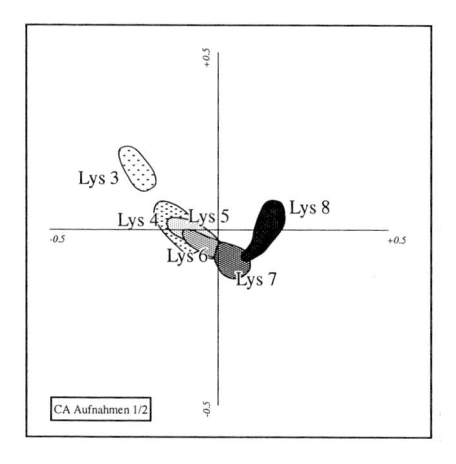

Abb. 72: CA des wurzeltransformierten Datensatzes der 390 Subplots, idealisierte Darstellung; die jungen Waldstadien (Lys 5-7) ähneln sich sehr, während Lys 3 (Baumgrenze) noch zu den initialen Sukzessionsstadien vermittelt; die Waldsukzession verläuft ab einer gewissen Bestandsdichte kontinuierlich, bis der Wald infolge Beweidung und fluvioglazialem Störeinfluß aus der kontinuierlichen Sukzession ausschert (Lys 8);

3.4.4 Diversität

Die durchschnittliche Artenzahl der Subplots auf Lys 3 beträgt 10. Die Spanne reicht von 4 bis 16 Arten pro Aufnahme. Auf Lys 4 sind insgesamt höhere Artenzahlen auszumachen. Die mittlere Artenzahl beträgt 15 bei einem Minimum von 8 und einem Maximum von 22 Arten pro Aufnahme. Ein demgegenüber deutlicher Rückgang mit

144 C Vegetationsdynamik ausgewählter Ökosysteme

Lys 1

Varianz: 7,78	0	2	6	2	0	0	0	0	0
Mittelwert: 2,06	0	0	7	5	6	0	0	0	0
Maximum: 7	0	2	6	7	7	5	6	1	0	0
Minimum: 0									

Lys 2

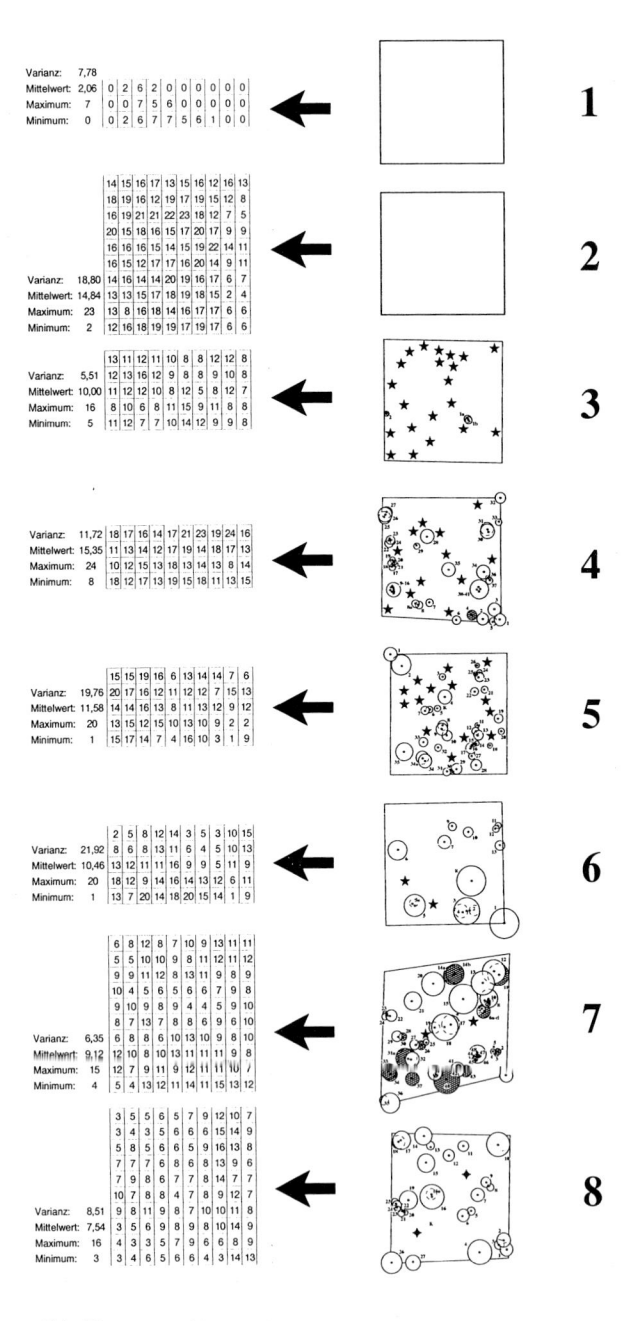

	14	15	16	17	13	15	16	12	16	13
	18	19	16	12	19	17	19	15	12	8
	16	19	21	21	22	23	18	12	7	5
	20	15	18	16	15	17	20	17	9	9
	16	16	16	15	14	15	19	22	14	11
	16	15	12	17	17	16	20	14	9	11
Varianz: 18,80	14	16	14	14	20	19	16	17	6	7
Mittelwert: 14,84	13	13	15	17	18	19	18	15	2	4
Maximum: 23	13	8	16	18	14	16	17	17	6	6
Minimum: 2	12	16	18	19	19	17	19	17	6	6

Lys 3

	13	11	12	11	10	8	8	12	12	8
Varianz: 5,51	12	13	16	12	9	8	8	9	10	8
Mittelwert: 10,00	11	12	12	10	8	12	5	8	12	7
Maximum: 16	8	10	6	8	11	15	9	11	8	8
Minimum: 5	11	12	7	7	10	14	12	9	9	8

Lys 4

Varianz: 11,72	18	17	16	14	17	21	23	19	24	16
Mittelwert: 15,35	11	13	14	12	17	19	14	18	17	13
Maximum: 24	10	12	15	13	18	13	14	13	8	14
Minimum: 8	18	12	17	13	19	15	18	11	13	15

Lys 5

	15	15	19	16	6	13	14	14	7	6
Varianz: 19,76	20	17	16	12	11	12	12	7	15	13
Mittelwert: 11,58	14	14	16	13	8	11	13	12	9	12
Maximum: 20	13	15	12	15	10	13	10	9	2	2
Minimum: 1	15	17	14	7	4	16	10	3	1	9

Lys 6

	2	5	8	12	14	3	5	3	10	15
Varianz: 21,92	8	6	8	13	11	6	4	5	10	13
Mittelwert: 10,46	13	12	11	11	16	9	9	5	11	9
Maximum: 20	18	12	9	14	16	14	13	12	6	11
Minimum: 1	13	7	20	14	18	20	15	14	1	9

Lys 7

	6	8	12	8	7	10	9	13	11	11
	5	5	10	10	9	8	11	12	11	12
	9	9	11	12	8	13	11	9	8	9
	10	4	5	6	5	6	6	7	9	8
	9	10	9	8	9	4	4	5	9	10
	8	7	13	7	8	8	6	9	6	10
Varianz: 6,35	6	8	8	6	10	13	10	9	8	10
Mittelwert: 9,12	12	10	8	10	13	11	11	11	9	8
Maximum: 15	12	7	9	11	9	12	11	11	10	7
Minimum: 4	5	4	13	12	11	14	11	15	13	12

Lys 8

	3	5	5	6	5	7	9	12	10	7
	3	4	3	5	6	6	6	15	14	9
	5	8	5	6	6	5	9	16	13	8
	7	7	7	6	8	6	8	13	9	6
	7	9	8	6	7	7	8	14	7	7
	10	7	8	8	4	7	8	9	12	7
Varianz: 8,51	9	8	11	9	8	7	10	10	11	8
Mittelwert: 7,54	3	5	6	9	8	9	8	10	14	9
Maximum: 16	4	3	3	5	7	9	6	6	8	9
Minimum: 3	3	4	6	5	6	6	4	3	14	13

Abb. 73: Artenzahlen in den 520 Subplots von Lys 1 bis Lys 8

einem Mittelwert von 12 ist auf Lys 5 zu verzeichnen. Die Amplitude reicht dabei von 1 bis 20 Arten pro Subplot. Auf Lys 6 geht die mittlere Artenzahl auf 11 zurück. Auch hier schwanken die Werte zwischen 1 und 20. Lys 7 verzeichnet einen weiteren Rückgang auf 9 Arten pro Subplot bei einer geringeren Amplitude zwischen Minimum (4) und Maximum (15). Auf Fläche Lys 8 liegt die mittlere Artenzahl bei 8, wäre aber ohne den Einfluß des Weges, der die weite Spanne von 3 (Minimum) bis 22 (Maximum) Arten pro Subplot bedingt, noch deutlich niedriger (vgl. Abb. 73).

3.5 Diskussion

3.5.1 Vegetationsdynamik

Die Chronologisierung von Standorten, die über ein Höhenintervall von 400m verstreut sind, hat eine begrenzte Aussagekraft. Trotzdem dürfte die Vegetation auf Fläche Lys 8 der heutigen auf Lys 3 vor rund 150 Jahren recht ähnlich gewesen sein. Unter Berücksichtigung der seither vollzogenen Erwärmung, die ihren Ausdruck in der Gletscherdynamik findet, ist eine Vergleichbarkeit der Standorte durchaus gegeben.

Doch die Zeit ist offensichtlich nur einer unter vielen zu berücksichtigenden Faktoren. Wenn alle sechs Standorte so unterschiedlich wären wie ihre Entstehungszeitpunkte, hätte sich dies in der Berechnung der sechs mikrosoziologischen Klassen niederschlagen müssen, indem jede Klasse einem Plot entspricht. So aber zeigt sich, daß die Vegetationsentwicklung im Gletschervorfeld nicht kontinuierlich, sondern mosaikartig verläuft (vgl. Abb. 66-71). Dabei finden sich schon in jungen Rückzugsstadien relativ hochentwickelte „Waldstandorte", während im augenscheinlich geschlossenen Wald noch immer Elemente initialer Sukzession anzutreffen sind. Die Chronosequenz wird also regelmäßig vom Wirken der Standortfaktoren überlagert. Für die Beziehungen zwischen Jahrringbreiten und Klimavariablen konnten nur z. T. signifikante Anhängigkeiten ermittelt werden (RAMSBECK 1996). Auch dieser Umstand spricht dafür, daß ein komplexes Wirkungsgefüge von Umweltvariablen die Vegetationsentwicklung im Gletschervorfeld steuert und eine kontinuierliche, homogene Sukzession nicht zuläßt.

Betrachtet man die Altersstruktur des Waldes, ist dies überraschend. Die Lärchenbestände im Vorfeld des Lys-Gletschers bilden einen ausgesprochenen Alterklassenwald, der den Rückzugsstadien des Gletschers entspricht. Mit unterschiedlicher Verzugsdauer (vgl. Abb. 74), für die standörtliche Bedingungen, das Großklima und der Zufall (Sameneintrag) verantwortlich sind, setzt eine Sukzession ein, die auf allen Untersuchungsflächen dem gleichen Prinzip folgt: An Gunststellen (geschützte Lage, geeignetes Substrat) etablieren sich zunächst einzelne Bäume. Erst später folgt ein zweiter Besiedlungsschub mit vielen erfolgreichen Keimlingen, der eindeutig mit günstigen klimatischen Bedingungen korreliert. Der dritte Besiedlungsschub stützt sich bereits auf die generative Reproduktion der mit ca. 30 Jahren fertilen Nadelbäume (vgl. RAMSBECK 1996).

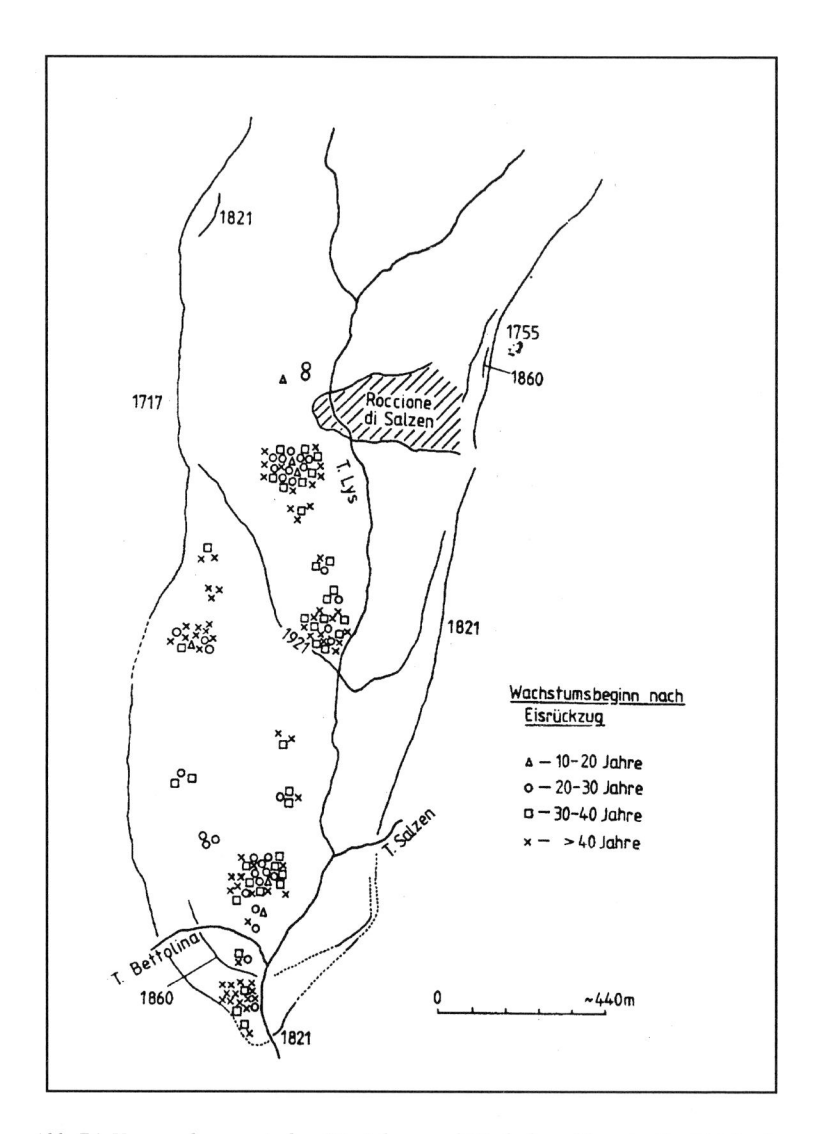

146　　　C Vegetationsdynamik ausgewählter Ökosysteme

Abb. 74: *Verzugsdauer zwischen Eisrückzug und Wiederbewaldung im Vorfeld des Lys-Gletschers (aus Ramsbeck 1996: 79)*

Betrachtet man anstelle der Baumentwicklung die Gesamtentwicklung des Ökosystems, stellt sich heraus, daß die Verteilung vieler Arten nicht allein von der Baumschicht abhängen kann. Die mikrosoziologische Klasse 1 steht zwar noch ganz im Zeichen der weitgehenden Abwesenheit von Bäumen, im Vergleich zu den anderen

Klassen aber vor allem im Zeichen der Abwesenheit von *Rhododendron ferrugineum*. Hier gedeihen noch viele lichtbedürftige Arten, die unter einem dichten *Rhododendron*-Dach nicht überleben können. *Achillea moschata* und *Polytrichum piliferum* gehören zu den Erstbesiedlern des vom Eis freigegebenen Substrates und sind schon auf den Flächen Lys 1 und Lys 2 anzutreffen. *Sempervivum montanum* und *Stereocaulon alpinum* fehlen auf Lys 1, sind aber auf Lys 2 bereits hochstet. Ihr Erscheinen markiert also den Übergang von der Initalphase der Sukzession zu einer ersten Aufbauphase. Physiognomisch kennzeichnend für diese Phase ist das Erscheinen verschiedener Weidenarten, unter denen *Salix helvetica* bezüglich Abundanz und Deckung die mit Abstand bedeutendste ist. Die Unterschiede zwischen Lys 2 und Lys 3 sind insgesamt als gering zu bezeichnen, zumal Lys 3 noch immer stark von *Salix*-Arten geprägt ist. Mit dem Erscheinen von Bäumen steht Lys 3 am Übergang zur Aufbauphase 2.

In der Aufbauphase 2 (vgl. Klasse 2) treten zwei wesentliche Strukturelemente hinzu. Da ist zum einen die schon relativ große Bedeutung junger Bäume (Deckung um 20%), zum anderen die Entwicklung einer Zwergstrauchschicht (Deckung um 30%) mit *Rhododendron ferrugineum* und *Calluna vulgaris*. Gleichzeitig sind noch Strukturelemente der ersten Aufbauphase (*Salix helvetica*, *Salix foetida*) und der Initialphase (z. B. *Juncus jacquinii*, *Achillea moschata*) eingestreut. Echte Pioniere wie *Polytrichum piliferum* oder *Saxifraga sp.* kommen bereits nicht mehr vor. Signifikant ist das Erscheinen von *Hypnum cupressiforme*, einer Art, die exemplarisch für den determinierenden Einfluß von *Rhododendron ferrugineum* auf die Kryptogamenschicht steht.

Unter den errechneten mikrosoziologischen Klassen zeigt Klasse 3 die breiteste Streuung im Gletschervorfeld. Sie ist zwar die eigentlich typische Klasse für die Untersuchungsfläche Lys 5, doch erscheint dieser Typus bereits auf Fläche 3 und ist noch bis zur Fläche 7 von Bedeutung. Bezeichnend ist hier das Nebeneinander unterschiedlichster Strukturelemente sowie die weitere Differenzierung der Vegetationsschichten. *Salix sp.* spielen noch immer eine Rolle zwischen den zunehmend dicht stehenden Lärchen. Unter den Zwergsträuchern baut *Rhododendron ferrugineum* seine Vormachtstellung aus, während *Calluna vulgaris* bereits zurückgedrängt wird. Daneben finden *Vaccinium uliginosum* und *Vaccinium vitisidaea* Ansiedlungsmöglichkeiten. Kraut- und Kryptogamenschicht sind bemerkenswert artenreich. Unter den Gräsern ergänzt *Festuca varia* die weiter verbreiteten *Agrostis schraderiana* und *Deschampsia flexuosa*. *Polytrichum formosum*, *Bryum argenteum*, *Stereocaulon alpinum*, *Cladonia pyxidata* und *Cladonia squamosa* erreichen ihr Optimum. Als Charakteristikum der Aufbauphase 3 ist demnach die schichtinterne Differenzierung festzuhalten.

In Aufbauphase 4, die gleichzeitig den Höhepunkt der Bestandsverdichtung in der Baumschicht markiert (erste generative Verjüngungsphase), fallen viele Strukturelemente der frühen Besiedlungsstadien aus. *Salix sp.* sind fortan ohne Bedeutung, nur wenige Vertreter der Kraut-Gras- bzw. Kryptogamenschicht kommen mit den extrem schattigen Bedingungen, der hohen Streuauflage und dem enormen Wurzeldruck zurecht. Einzig stete Arten sind hier die äußerst anspruchslosen *Deschampsia flexuosa* und *Hypnum cupressiforme*. Stattdessen erreichen *Larix decidua, Picea abies* und *Rhododendron ferrugineum* maximale Deckungswerte. Hier hat die artenarme Klasse 4 ihren Verbreitungsschwerpunkt, doch ist auch Klasse 5 in diesem Kontext zu sehen. Zu dieser Klasse gehören die etwas lichteren Standorte zwischen Baumgruppen und *Rhododendron*-Gestrüpp, die einen artenreicheren Unterwuchs zulassen. Mit *Dicranum scoparium, Vaccinium myrtillus* und *Hieracium sylvaticum* treten echte Waldarten in Erscheinung. Daneben gibt es noch immer schütter bewachsene, leicht erhöhte und extrem trockene Geländeabschnitte, auf denen lichtbedürftige Spezialisten wie *Sempervivum sp.* oder *Lotus alpinus* noch in dieser Phase der Waldentwicklung siedeln können.

Ein enormer Sprung in der Waldentwicklung vollzieht sich zwischen Lys 7 und Lys 8. Dafür gibt es mindestens zwei Gründe. Erstens haben sich die Bäume auf der ältesten Untersuchungsfläche zu einem ausgesprochenen Hochwald ausgewachsen, zu dessen Strukturelementen weder Sträucher noch Offenstandorte gehören. Zweitens unterliegt dieser Wald einem Beweidungseinfluß, welcher den Gang der natürlichen Waldentwicklung, wie sie sich auf Lys 7 mit der Ablösung von *Larix decidua* durch *Picea abies* andeutet, in eine andere Richtung lenkt.

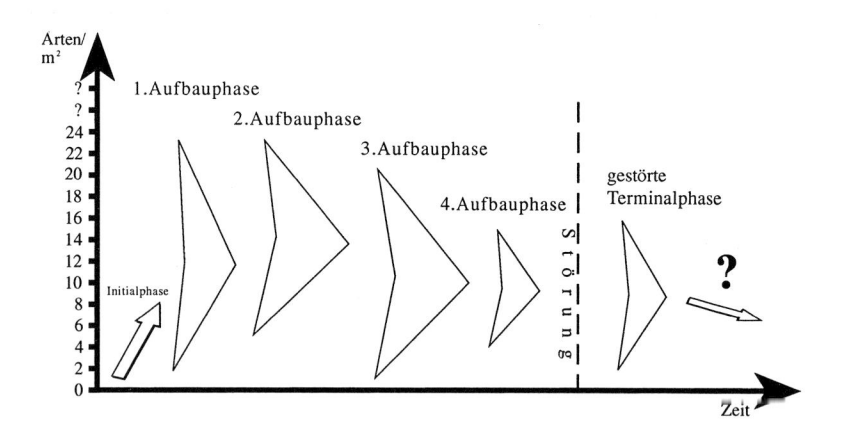

Abb. 75: Modell der Vegetationsdynamik im Vorfeld des Lys-Gletschers;
nach einer artenarmen Initialphase steigt die Artenzahl sprunghaft an, zeigt jedoch eine weite Amplitude (1. Aufbauphase); in der zweiten Aufbauphase ist die Artenzahl insgesamt höher, ehe in der dritten Aufbauphase die Artenzahl wieder sinkt; in der vierten Aufbauphase schlagen sich bereits die ausgeglichenen Verhältnisse im Waldinneren in einer geringen Amplitude bei insgesamt geringen Artenzahlen nieder; die Störeinflüsse unterbrechen die kontinuierliche Waldentwicklung und lenken den Verlauf der Sukzession in eine andere Richtung

Zudem macht sich auf Lys 8 der Einfluß des schon nahe heranverlagerten Flußlaufes bemerkbar: Die ausschließlich hier verbreitete Klasse 6 ist vor allem durch Hochstauden und *Alnus viridis* charakterisiert. Die mächtigen Lärchen sind so weitständig, daß sie für die Differenzierung des Unterwuchses kaum eine Bedeutung haben. Anstelle der Baumschicht determiniert der selektiv unterbeweidete *Rhododendron ferrugineum* die Verbreitung des (abgesehen vom Weg) schmalen Artenspektrums, in dem neben *Epilobium angustifolium* die typischen Vertreter der *Rhododendron*-Welt, *Deschampsia flexuosa* und *Hypnum cupressiforme*, den Hauptanteil stellen. Dieses Stadium, in dem die Lärchen optimal entwickelt sind, wird als „gestörte Terminalphase" bezeichnet (vgl. Abb. 75). Der Terminus „gestört" bezieht sich auf das anthropogene Fehlen von *Picea abies*, die zu diesem Zeitpunkt der Waldentwicklung bereits am Aufbau der Baumschicht beteiligt wäre, und die ebenfalls anthropogene Übermacht von *Rhododendron ferrugineum*.

Wie würde die subalpine Walddynamik weiterhin verlaufen, wenn der anthropogene Störeinfluß nicht gegeben wäre? Da unbeeinflußte subalpine Wälder vermutlich im gesamten Alpenraum nicht mehr existieren, ist die Frage nur spekulativ zu beantworten. Besser zu beantworten ist mittlerweile die modifizierte Fragestellung: Wie verläuft die subalpine Walddynamik, wenn der anthropogene Störeinfluß nicht mehr gegeben ist? Zur Beantwortung dieser Frage wurde die Dynamik eines etwa 20km entfernten, hochmontanen bis subalpinen Waldes untersucht (RAUSCH 1996, BÖHMER et al. 1998).

Die Dynamik der Bergwälder am Monte Cimino (Valle di Gressoney) wurde bis etwa 1950 durch verschiedene Nutzungsformen geprägt. Waldweide führte zu einem zeitweiligen Ausfall der Verjüngung von *Abies alba* und *Pinus cembra*, bei gleichzeitiger indirekter Förderung von *Larix decidua*. Potentielle natürliche Waldgesellschaften im Gebiet sind tiefsubalpiner Fichten-Tannenwald (*Abietetum*) und hochsubalpiner Lärchen-Zirbenwald (*Larici-Pinetum cembrae*, vgl. MAYER 1986: 175f.).

Als Spätfolge der Nutzung ist die Tatsache anzusehen, daß sich *Picea abies* in weiten Teilen des Untersuchungsgebietes nur mühevoll etabliert. Die Jungfichten werden von *Chrysomyxa rhododendri* stark geschädigt, der von *Rhododendron ferrugineum* übertragen wird. In Teilbereichen mit geschlossenen *Rhododendron*-Vorkommen fehlt aus diesem Grunde Fichtenverjüngung nahezu vollständig. *Rhododendron ferrugineum* ist in der Vergangenheit durch Auflichtung und Beweidung stark gefördert worden. Der fehlende Selektionsvorteil durch Beweidung und die Ausdunkelung der lichtbedürftigen Alpenrose durch den zunehmenden Anteil an Schattbaumarten dürften allerdings künftig einen Rückgang von *Rhododendron ferrugineum* im Untersuchungsgebiet bewirken. Dementsprechend wird auch die Beeinträchtigung von *Picea abies* durch den Fichtennadelrost abnehmen.

Die Zusammensetzung des Jungwuchses unterscheidet sich erheblich vom erwarteten Inventar der potentiellen natürlichen Waldgesellschaften. Gegenwärtig vollzieht sich in den alternden Lärchen-Weidewäldern eine rapide Ausbreitung von *Pinus cembra*. Die eher konkurrenzschwache *Pinus cembra* kann sich etablieren, weil die konkurrenzstärkeren *Picea abies* und *Abies alba* nutzungsbedingt fehlen und *Larix decidua* wegen ihres großen Lichtbedürfnisses zu keiner nennenswerten Verjüngung fähig ist. Im anthropogenen „Machtvakuum" unter den Lärchen sind Verbreitungsstrategie und Populationsdichte der potentiellen Besiedler von besonderer Bedeutung. *Pinus cembra* ist im Vorteil, weil sie durch die zoochore Ausbreitung mit Hilfe des Tannenhähers (*Nucifraga caryocactates*) von samenden Altbäumen im Bestand unabhängig ist. *Abies alba* ist weit mehr auf Samenbäume im Bestand angewiesen und zeigt zwar eine ebenfalls starke Ausbreitungstendenz, jedoch eine weit geringere Ausbreitungsgeschwindigkeit (vgl. RAUSCH 1996).

Die fortdauernd ungestörte Waldentwicklung im hochmontan-subalpinen Übergangsbereich wird irgendwann in einen Mosaik-Zyklus münden, in dem sich auf mesophilen Standorten Tannen und Fichten (hochmontan Buchen) kleinräumig ablösen, vermutlich unter gelegentlicher Beteiligung von *Acer pseudoplatanus*. In mindestens säkularen Abständen wird dieser endogene Zyklus durch Felsstürze unterbrochen, die nach dem Zufallsprinzip extreme Sonderstandorte schaffen. Hier findet vor allem *Pinus cembra* eine Ansiedlungsmöglichkeit, während *Larix decidua* besser in größeren mesophilen Bestandslücken aufkommt, die vielleicht auch im naturnahen Wald durch die beobachteten Lawinen, Hangrutschungen, Felsstürze oder andere natürliche, mehr oder weniger zufällige Störungen geschaffen werden.

In der gestörten Terminalphase des Lys-Vorfeldes ist im Falle der Nutzungsaufgabe eine im Prinzip ähnliche Entwicklung denkbar. Zwar spielen *Abies alba* und *Acer pseudoplatanus* aufgrund der Südexposition des Gebietes wohl keine Rolle. Das Erscheinen der Zirbe ist jedoch eine Frage der Zeit, wenn sich die ehemals extrem übernutzte Population im Tal ausreichend erholt hat. In Anbetracht des dürftigen Substrates ist langfristig von einem eher lichten Fichtenwald auszugehen, in dem *Pinus cembra*, mitunter auch *Larix decidua* ihren Anteil an der Baumschicht behaupten.

Wo die klimatisch rezent mögliche, d. h. potentielle natürliche Waldgrenze an der Monte Rosa-Südflanke verlaufen würde, ist schwer festzulegen. Sicher ist jedenfalls, daß sie weit über der gegenwärtig außerhalb des Gletschervorfeldes beobachtbaren liegt, wo die etablierten Rasengesellschaften mit ihrem dichten Filz die mögliche Gehölzansiedlung verhindern und so echte Sukzessionshandicaps darstellen. Auf der „tabula rasa" der Grundmoräne folgt der Wald dem zurückweichenden Gletscher in beeindruckendem Tempo. Selbst innerhalb der 1985er Endmoräne, d. h. auf knapp 2500m, konnten in unmittelbarer Nähe des Gletschertores Lärchenkeimlinge angetroffen werden. Natürlich werden diese mangels geeignetem Substrat vorerst nicht dauerhaft überleben; sie sind aber ein deutlicher Fingerzeig dafür, daß die Waldgrenze nicht mehr unbedingt anthropogen relativ niedrig ist, sondern von den etablierten alpinen Rasengesellschaften passiv fixiert wird.

Ein entscheidender Unterschied zum Vergleichsgebiet am Monte Cimino besteht jedoch darin, daß die katastrophale Störung Gletscher eine großflächige Primärsukzession bedingt. Diese besonderen Umstände der Vegetationsentwicklung waren immer wieder Gegenstand vegetationskundlicher Forschung im Alpenraum (z. B. FRIEDEL 1938, LÜDI 1944, 1958, JOCHIMSEN 1970, TEUFL 1981, BÄUMLER 1988, PIROLA & CREDARO 1994, RICHTER 1994, STÖCKLIN & BÄUMLER 1996) und anderen Naturräumen (z. B. MATTHEWS 1978, MCCARTHY et al. 1991, HELM & ALLEN 1995).

Form, Größe und Lage der Talgletscher bzw. der von ihnen gestörten Flächen haben Konsequenzen für den Verlauf der Sukzession. Das vom Eis freigegebene Gelände befindet sich auf dem Talgrund. Der Gletscher oszilliert phasenweise, d. h. er gibt Geländeabschnitte relativ gleichzeitig frei und hinterläßt Rückzugsstadien. Diese werden bei Vorstößen wieder ausgeräumt und ggf. schärfer gegeneinander abgegrenzt. Die gestörten Flächen sind sehr groß, haben eine der Gletscherzunge entsprechende, längliche Form und folgen in ihrer Ausrichtung dem Talverlauf. Sie bieten somit sehr viel Angriffsfläche für das Störungsregime „Wildflußdynamik", aber auch für weitere hochgebirgstypische Störungsregime.

Auf dem Vorfeld des Lys-Gletschers entstanden (bzw. entstehen) auf diese Weise den Rückzugsstadien entsprechende Altersklassenwälder, deren Flächenanteil mit zunehmendem Alter durch die angreifende Flußerosion reduziert wird. Wo das Gelände nicht von der Flußdynamik betroffen ist, sind die Alterklassen, wie gezeigt, klar nachzuvollziehen. Man könnte diese letztendlich durch das relativ gleichzeitige Wirken einer katastrophalen Störung (vgl. Abb. 5) hervorgerufene Waldstruktur als Kohorten-Struktur (vgl. 3.1) bezeichnen. Der Störfaktor „Gletscher" bedingt das relativ gleichzeitige Einsetzen einer Primärsukzession; der geschaffene, riesige Extremstandort besitzt keine Puffereigenschaften gegen klimatische Einflüsse. Deswegen hängt die erfolgreiche Etablierung von Bäumen von seltenen Gunstjahren ab, die wiederum ein gleichzeitiges Keimen der Lärchen ermöglichen.

Innerhalb des Lärchen-Altersklassenwaldes entstehen im Laufe der Bestandsentwicklung Bedingungen, die eine Ansiedlung von Fichten zulassen. Auch die Fichten keimen relativ gleichzeitig, weil *Picea abies* im hochsubalpinen Bereich ebenfalls auf klimatische Gunstjahre angewiesen ist (vgl. Lys 7, Abb. 64). Hier deutet sich bereits eine sekundäre Kohorten-Struktur an, die zumindest mittelfristig, d. h. über Jahrhunderte, den Rhythmus der Walddynamik steuern wird. Geht man davon aus, daß die Baumgenerationen auch ungefähr gleichzeitig sterben, wird es im Gletschervorfeld eines Tages zu einem Kohortensterben kommen. Dies betrifft zunächst *Larix decidua*, später *Picea abies* und vielleicht weitere beteiligte Baumarten. Im Falle ungestörter Entwicklung wird die Kohorten-Dynamik solange von Bedeutung sein, bis die endogen bedingte Ungleichzeitigkeit des Baumsterbens so ausgeprägt ist, daß eine kleinräumige Mosaik-Struktur (Lücken-Dynamik, vgl. BÖHMER & RICHTER 1996) die Kohorten-Struktur ablöst.

Natürlich ist die Übertragung des anhand hawaiianischer Regenwälder beschriebenen Terminus´ „cohort senescence" auf ein europäisches Gletschervorfeld nicht unproblematisch. Auf Hawaii stocken *Metrosideros*-Altersklassen in feuchtwarmem Klima auf vulkanischem Substrat, im Valle di Gressoney entwickeln sich junge Lärchenwälder auf einem subalpinen Gletschervorfeld. Dortige Zeitreihen gehen auf ungleichaltrige Lavaströme zurück, hier handelt es sich um Rückzugsstadien eines Talgletschers. Und doch ist ein prinzipieller Vergleich nicht abwegig: Eine katastrophale Störung erzeugt riesige, vollkommen unbelebte Störflächen, die potentielle Besiedler vor ähnliche Probleme stellen (vgl. Form, Größe, Lage). Die Vegetationsentwicklung (Primärsukzession, vgl. A) reicht von initialer Kryptogamenbesiedlung bis zum reifen Waldökosystem. Das Nebeneinander unterschiedlich alter Störflächen erzeugt Altersklassenwälder (vgl. KITAYAMA et al. 1995). Für die pazifischen *Metrosideros*-Wälder wurde eine Vergleichbarkeit glazigener (Neuseeland) und vulkanischer (Hawaii) Standorte bereits angesprochen (MUELLER-DOMBOIS 1987: 579).

3.5.2 Verhaltenstypen

Die besonderen Verhältnisse auf Primärstandorten sowie die angesprochenen Eigenschaften der Störflächen bezüglich ihrer Lage, Größe und Form haben bedeutende Implikationen für den Gang der Primärsukzession. Entscheidend ist dabei nicht nur, wo Pflanzen siedeln können, sondern ebenso, wie sie an ihre potentiellen Wuchsorte gelangen. Als wichtigster biotischer Mechanismus der initialen Sukzession ist deshalb das Ausbreitungsverhalten (Verbreitungstyp, vgl. LINDACHER et al. 1995: 31f.) der Arten zu nennen. Als Transportmedien auf die weite Freifläche stehen in erster Linie Luft (bzw. Wind) und Wasser zur Verfügung. Der Diasporeneintrag ins Gletschervorfeld geschieht demnach vorwiegend anemochor (meteoranemochor, chamaeanemochor) — unterliegt also den besonderen Windregimen im Gletscherumfeld — und hydrochor, ist also an das Regime der abfließenden Schmelzwässer gebunden. Andere Verbreitungstypen spielen in der Initialphase der Sukzession eine untegeordnete Rolle. Gerade für Talgletscher muß allerdings auf die Bedeutung ihrer Lage *im Tal* hingewiesen werden, wo naturgemäß Diasporen von Arten verschiedener Höhenstufen akkumuliert werden (vgl. RICHTER 1994). Detaillierte Erkenntnisse über Diasporeneintrag und Lebensstrategien von Pionierpflanzen im Vorfeld des Morteratsch-Gletschers liefern in der jüngeren Vergangenheit STÖCKLIN & BÄUMLER (1996).

Angesichts der Komplexität der mehrschichtigen Vegetation und der großen Artenzahl macht eine Charakterisierung der Arten im Untersuchungsgebiet keinen Sinn, zumal über Eigenschaften und Lebensansprüche vieler Arten noch überhaupt keine oder keine gesicherten Erkenntnisse vorliegen (vgl. LINDACHER et al. 1995). An dieser Stelle können nur wenige, für die Waldentwicklung diagnostisch wichtige Arten den schon in den beiden vorangegangenen Kapiteln entwickelten Verhaltenstypen zugeordnet werden.

Die wichtigste Gruppe stellen die Umweltstreßstrategen. Spezialisten für das Leben auf dem konkurrenzfreiem Keimbett sind u. a. *Polytrichum piliferum, Pohlia obtusifolia, Cerastium uniflorum* und *Saxifraga aspera*. Echte Ruderalstrategen (frühe Sukzession auf Initialboden) sind *Festuca halleri, Poa alpina, Rhinanthus glacialis, Trisetum distichophyllum, Achillea moschata, Juncus jacquinii* und *Stereocaulon alpinum*.
Haupt-Protagonisten sind *Larix decidua* und *Rhododendron ferrugineum*, begleitet von den Opportunisten *Hypnum cupressiforme, Deschampsia flexuosa, Bryum argenteum* und *Polytrichum formosum*. Als Hauptkonkurrent zeichnet sich *Picea abies* ab.

D Vergleichende Betrachtung, Schlußfolgerungen und Ausblick

Gegenstand der vorliegenden Arbeit ist die hochgebirgstypische Vegetationsdynamik als Ausdruck der An- bzw. Abwesenheit naturraumtypischer Störungen (vgl. Kap. B). Die in diesem Zusammenhang in Kapitel A 2 (vgl. Abb. 5) getroffene Abstufung der Störungsintensität in „ungestört"(Mosaik-Zyklus), „dauergestört" (inhärente Störung) und „katastrophal gestört" findet in den Ergebnissen der Untersuchung Bestätigung: Das Ausbleiben von Störungen im Krummseggenrasen des Glatzbach-Einzugsgebietes erlaubt die Dominanz des K-Strategen *Carex curvula*. Beim Auftreten einer Störung (hier: Kryoturbation) zieht sich die Population sofort und für lange Zeit zurück. Das Wind-Störungsregime auf der Saualpe ermöglicht die dauerhafte Dominanz des r-Strategen *Loiseleuria procumbens*. Die Art wird nicht von Konkurrenten abgelöst, weil diese am Standort nicht überleben können. Ist die Störung intensiver, kommt es zur *Auflösung* der *Loiseleuria*-Population. Wird die Störung schwächer, kommt es zur konkurrenzbedingten *Ablösung* der *Loiseleuria*-Population. Im Valle di Gressoney schafft eine katastrophale Störung (Gletschervorstoß) eine „tabula rasa", die zunächst r-Strategen begünstigt. Diese werden im Verlauf der Sukzession durch Protagonisten und schließlich durch Konkurrenten abgelöst.

Störungen und Diversität

In allen drei Untersuchungsgebieten hat die Wirksamkeit des Störungsregimes entscheidenden Einfluß auf die Artenvielfalt. Im ungestörten *Curvuletum* ist die Artenzahl sehr gering. Mehr als die Hälfte der angetroffenen Arten kommt ausschließlich oder hauptsächlich im gestörten Bereich vor. Im dauergestörten *Loiseleurietum* ist die höchste Artenzahl ebenfalls nicht im geschlossenen Bestand zu verzeichnen. Im Vorfeld des Lys-Gletschers schließlich ist nur noch ein Bruchteil des Arteninventars in der angenommenen Klimax vertreten. So läßt sich umgekehrt als funktionale Gemeinsamkeit der Schlüsselarten festhalten, daß allesamt eine ausgleichende Wirkung auf die Artendichte haben und somit mehr oder weniger aktiv ihre Umwelt gestalten.

Der Vergleich der Ergebnisse belegt DENSLOWS (1985) Einschätzung, daß nach katastrophalen Störungen (large-scale disturbances) in frühen Sukzessionsstadien die höchste Diversität erzielt wird, während in hochentwickelten, selten oder nur kleinflächig gestörten Gesellschaften die höchste Diversität in den späten Sukzessionsstadien erreicht wird (Abb. 76).

Dies ist auch eine Bestätigung für VAN DER MAARELS (1993) Modifizierung der „Intermediate Disturbance Hypothesis" (HUSTON 1979), wonach auf einem mittleren Störungsniveau die höchste Diversität in mittleren Sukzessionsstadien erzielt wird. Auf dem großflächig katastrophal gestörten Gletschervorfeld ist die Artenzahl pro

Subplot (=Artendichte) in einem frühen Entwicklungsstadium (Lys 2: 23 Arten/m^2) am höchsten, im kleinflächig gestörten Krummseggenrasen in der späten Sukzession (11 Arten/100cm^2). Die dauergestörten Windsicheln erreichen die höchste Artendichte (12 Arten/400cm^2) an ihrem leewärtigen Rand, also dem Bereich mit „mittlerem" Störungseinfluß.

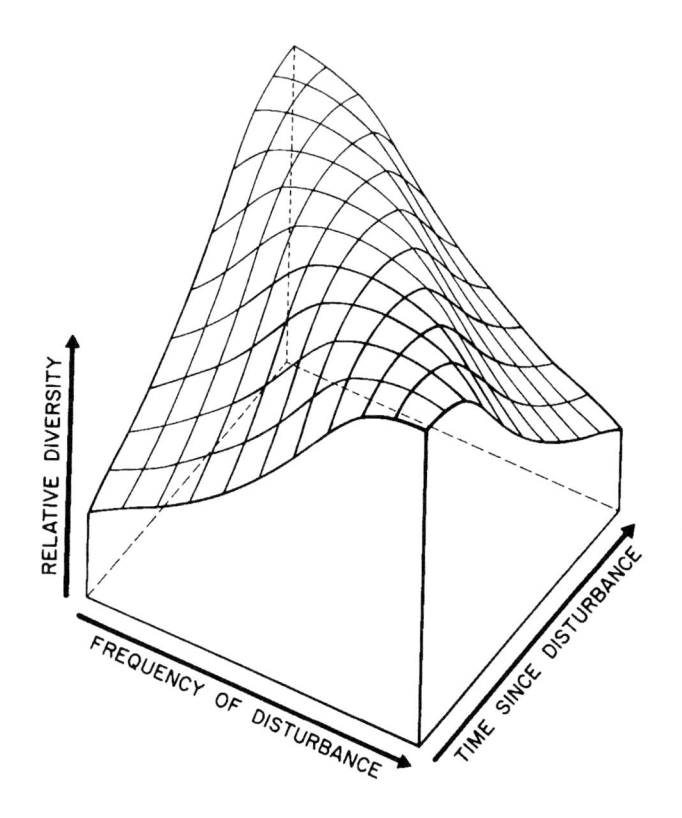

Abb. 76: Wandel der Artendiversität im Verlauf der Sukzession nach einer großflächigen Störung (large-scale disturbance, aus Denslow 1985: 309)

Die Ergebnisse liefern auch Hinweise auf funktionale Aspekte der Biodiversität. Das (Klimax-) *Curvuletum* könnte sich gegenwärtig nicht oder nur sehr langsam regenerieren. Beim derzeitigen Ausbreitungsverhalten von *Carex curvula* würde die vollständige Schließung der observierten Kryoturbationslücken mindestens Jahrhunderte dauern oder sogar völlig unmöglich sein, da *Carex curvula* Rohboden nicht besiedelt. Ein zu kleiner Ausschnitt des Ganzen erklärt hier also das „Funktionieren" des Ganzen nicht. Betrachtet man nur die absolute Klimax, bleibt unerklärlich, warum die Gesellschaft überhaupt existiert. Erst eine Aufweitung des Blickwinkels unter Einbeziehung der „Lückenbüßer" (GRABHERR 1987a) macht deutlich, wie das System erhalten bleibt. Die konkurrenzschwachen, lokal häufig fehlenden, auf größerer Fläche aber stets anwesenden Arten mit „hoher Umtriebsrate" (GRABHERR a. a. O.) sichern die vergleichsweise rasche Wiederbesiedlung des offenen Terrains und verringern so die Angriffsfläche für das primäre Störungsregime, das den Bestand geöffnet hat, aber auch für sekundäre Störungsregime wie Deflation und Denudation, die hier ansetzen können. Man könnte also ganz im Sinne REMMERTS (1988) den Schluß ziehen, daß die langfristige Stabilität des Ökosystems hier durch großflächige Diversität gesichert wird.

Das Maß der Nischendifferenzierung innerhalb der Lebensgemeinschaften scheint ebenfalls mit dem jeweiligen Störungsregime zusammenzuhängen. Im stark gestörten Windsichel-*Loiseleurietum* gibt es kaum ähnliche Arten, im geschlossenen *Loiseleurietum* immerhin das Paar *Vaccinium gaultherioides/Vaccinium vitis-idaea*. Im *Curvuletum* sind *Primula minima* und *Primula glutinosa* trotz recht unterschiedlichem Äußeren noch so eng verwandt, daß sie häufig bastardieren (die Nischenüberlappung wird beim Vergleich von Abb. 18 und 21 sichtbar). Die Arealüberlappung beider Arten auf der Untersuchungsfläche liegt im Bereich der späten Sukzession, also in den Abschnitten mit höchster Artendichte. Im jungen Lärchenwald des Lys-Vorfeldes finden sich im Sukzessionsverlauf sogar mehrere Gruppen eng verwandter Arten (*Sempervivum sp., Salix sp., Cladonia sp.*).

Trotz angedeuteter Nischenüberlappungen sind die Dominanzmuster der registrierten Arten so individuell wie Fingerabdrücke. Doch auch bei Korrelationen im Verbreitungsmuster kann nicht auf gleiche oder ähnliche Strategien geschlossen werden. Der Verhaltenstyp der Opportunisten belegt dies auf anschauliche Weise durch seine Passivität, die ihn vollkommen von den Puffereigenschaften oder der Konkurrenzkraft seiner Schlüsselart abhängig macht (z. B. positive Interaktionen der Paare *Carex curvula/Cladina rangiferina, Loiseleuria procumbens/Vaccinium vitis-idaea, Rhododendron ferrugineum/Hypnum cupressiforme*). Außerdem ist zu beachten, daß gleiche Arten bei unterschiedlichen Standortverhältnissen bzw. Störungsregimen ein unterschiedliches Verhalten zeigen können (z. B. *Loiseleuria procumbens*: hochsubalpin sehr ausdauernd, tiefsubalpin ephemer).

In Kapitel B wurde am Beispiel von Windheiden darauf hingewiesen, daß ähnliche Standorteigenschaften (in diesem Falle ähnliche Störungsregime) ähnliche Formationen erzeugen, die jedoch floristisch grundverschieden ausgestattet sein können. Dies bedeutet, daß die Adaptiogenese durch ein konstantes Störungsregime auch bei unterschiedlichem Genpool in eine bestimmte Richtung geführt wird, an deren Ende physiognomisch wie physiologisch ähnliche Organismen stehen. Bereits EGLER (1954) legt nahe, daß das taxonomische Artkonzept für ökologische Fragestellungen eine Sackgasse sein könnte. „Konsequent durchdacht folgt daraus, daß auf einer größeren phänomenologischen Ebene dem physiognomischen Prinzip Vorrang zu geben wäre vor dem floristischen. Auf der Ebene der direkten Betrachtung von Vegetationsprozessen wäre dem Studium der Populationen und Individuen Vorrang zu geben vor dem der Arten" (WIEGLEB 1986: 371).

Langfristige Vegetationsdynamik

Das etablierte *Caricetum curvulae* markiert Bereiche langdauernder Stabilität und erweist sich auch im Falle stärkerer Klimaschwankungen als stabil (HÖFNER 1993). Seine Zerstörung führen HÖFNER & GARLEFF (1993) im wesentlichen auf mechanische Schädigung durch frostdynamische Störungen zurück. Die Autoren interpretieren die große Ausdehnung dieser Gesellschaft im Glatzbach-Einzugsgebiet als Zeugnis einer langen Phase ungestörter Entwicklung zwischen 12 000 und 4000 v. h., was durch Erkenntnisse VEITS (1988) Bestätigung findet. Später erfuhr das *Curvuletum* infolge einer starken Temperaturdepression und der damit verbundenen stärkeren Frostdynamik einen empfindlichen Arealverlust an seiner oberen Verbreitungsgrenze.

HÖFNER entwickelt ein Modell, das die Beziehungen zwischen Klimaveränderungen, Intensität der Morphodynamik und dem Areal des *Curvuletums* im

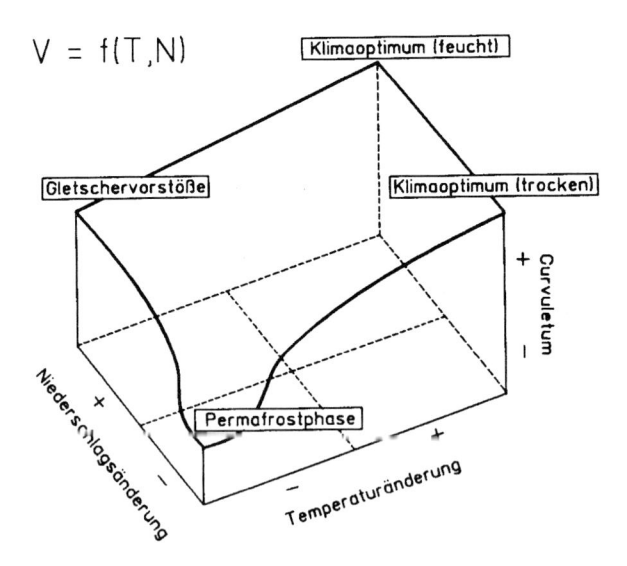

$$V = f(T, N)$$

Abb. 77: Die Reaktion des Curvuletums auf Klimaänderungen (aus Höfner 1993: 94). Die Deckung des Curvuletums ist als Funktion von Temperatur und Niederschlag dargestellt (vgl. Abb. 78)

D Schlußbetrachtung 157

Glatzbach-Gebiet berücksichtigt. Im Falle einer anhaltenden Erwärmung käme es demnach zu einer gipfelwärtigen Ausbreitung des *Curvuletums* und damit zu einer Stabilisierung der gegenwärtig noch aktiven Schutthänge im alpin-subalpinen Übergangsbereich. Das ist aber nur möglich, wenn *Carex curvula* ihr Ausbreitungsverhalten unter anderen Klimabedingungen ändert, was nicht unwahrscheinlich ist, denn auch die rasche Entwicklung der ausgedehnten *Curvuleten* im Postglazial kann mit dem heutigen Verhalten der Pflanze (keine nachweisbare generative Verjüngung im Gebiet, keinerlei Ausbreitungstendenz) nicht erklärt werden. Das bedeutet auch, daß die rezent an einem Standort existierende Vegetation nicht grundsätzlich als Ausdruck rezenter Standortbedingungen gedeutet werden kann. Einheiten wie die beschriebenen Rasengesellschaften (*Caricetum curvulae, Caricetum bigelowii*) sind offensichtlich in der Lage, ihren Wuchsort trotz deutlich veränderter Umweltparameter zu halten. Solche Rasen-Mosaik-Zyklen können auch mittelfristig nur durch katastrophale Störungen durchbrochen werden. Eine so ausgeprägte Stabilität ist für die anderen untersuchten Formationen kaum denkbar.

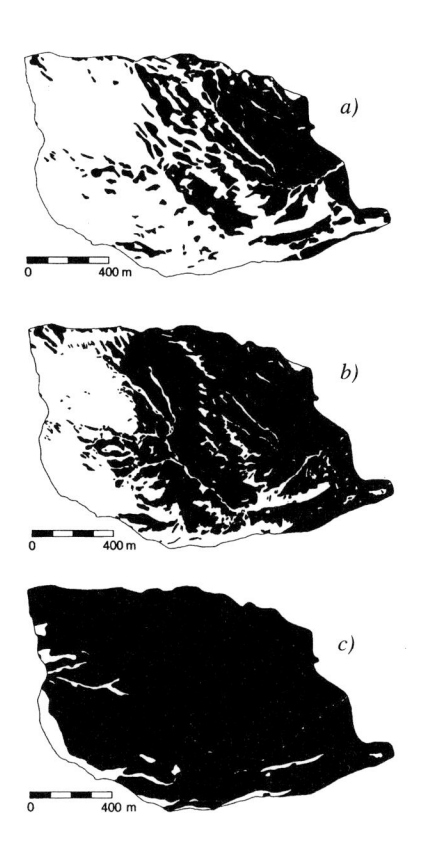

Abb. 78: Vegetationsbedeckung im Glatzbach-Einzugsgebiet während verschiedener Klimaphasen (aus Höfner 1993, vgl. Abb. 12).
Abbildung a) zeigt die erwartete Vegetationsbedeckung während einer Permafrostphase, Abb. b) die aktuelle Vegetationsbedeckung. Abbildung c) zeigt die Rekonstruktion der Vegetationsbedeckung während des holozänen Klimaoptimums. Die heute weit oberhalb der alpinen Stufe zu beobachtenden isolierten Raseninseln sind demnach keine Pioniere, sondern Persistenzerscheinungen;

Folgerungen für den Naturschutz

Die Vegetationsdynamik in dicht besiedelten Hochgebirgen wie den Alpen ist nicht nur von wissenschaftlichem Interesse. Die Pflanzendecke ist hier zugleich sensibler Indikator für Verschiebungen in Prozeßgefügen, wichtiger Fingerzeig zur Abschätzung von Naturgefahren und Maßstab zur Bilanzierung des Naturhaushaltes. Das Bewußtsein, daß natürliche Störungen selbstverständlich und in vielen Ökosystemen sogar Voraussetzung für Arten- und Strukturreichtum sind, könnte helfen, Veränderungen zu akzeptieren und etwas gelassener mit manchen Naturkatastrophen umzugehen. Natürliche Störungen sollten deshalb als integraler Bestandteil von Naturschutzbemühungen berücksichtigt werden (vgl. JAX 1994b, BÖHMER 1997).

STURMS Konzept einer naturschutzgerechten Waldwirtschaft (1993), heute unter dem Begriff „Prozeßschutz" naturschutzfachliches Allgemeingut, weist hier den richtigen Weg. Das Konzept fordert für natürliche dynamische Prozesse in Waldökosystemen die höchste Schutzpriorität. Die Wälder Mitteleuropas unterliegen jedoch nach wie vor einem flächigen Nutzungsdruck, der eine ungestörte Bestandsentwicklung praktisch nirgendwo zuläßt. Selbst an Grenzstandorten des Hochgebirges greift der Mensch in Struktur und Entwicklungsdynamik der Bestände ein, um deren Schutzwaldfunktionen zu erhalten. Die Einschätzung ihres natürlichen Regenerationspotentials wird hierdurch allerdings unmöglich. Überträgt man den Prozeßschutz-Begriff auf die Alpen, sind die natürlichen Störungsregime als essentielle Gestaltungsfaktoren der Ökosysteme zu berücksichtigen. Schon die natürlichen geomorphologischen Prozesse sorgen ganz von selbst für das Überleben vieler Arten im zufallsbeeinflußten multivariablen Sukzessionsmosaik der hochgebirgstypischen Ökosysteme (vgl. STURM 1993: 184).

Ausblick

Die hier verwendete Methodik zur Entschlüsselung der Vegetationsdynamik läßt viele Fragen offen. Das location-for-time Konzept ermöglicht die Anhäufung von Indizien, nicht aber den Beweis für die Richtigkeit der Interpretation dieser Indizien. Es kommt jedoch zunächst darauf an, die richtigen Fragen zu finden, ehe begonnen wird, das Beziehungsgeflecht in Lebensgemeinschaften zu entwirren; und genau hierfür ist die Methode sehr gut geeignet. Auf Grundlage der vorgestellten Ergebnisse wird es möglich, gezielt z. B. den biotischen Mechanismen der Vegetationsdynamik nachzuspüren. Die aus den Dominanzmustern interpretierten Nischenunterschiede (Verhaltenstypen) können nur provisorischen Charakter haben, weil keine direkten Informationen z. B. über die Ernährung der Pflanzen vorliegen oder darüber, ob und wie entsprechende Ressourcen begrenzend wirken. Es wird noch Jahre dauern, bis die im Rahmen des Projektes erhobenen Daten vollständig ausgewertet sind. Schon deshalb kann die vorliegende Arbeit keine umfassenden Antworten geben. Immerhin wurde angedeutet, welche Richtung die vegetationskundliche Forschung an der Schwelle zum 21. Jahrhundert nehmen könnte.

E Zusammenfassung

Die Vegetationsdynamik in Hochgebirgen unterliegt in besonderem Maße natürlichen Störeinflüssen. Es gibt jedoch auch im Gebirge Standorte, die selten oder nie von Störungsregimen betroffen sind. Während im erstgenannten Fall das „Konzept der natürlichen Störungen" (SOUSA 1984) den geeigneten Rahmen für die Betrachtung der Vegetationsdynamik darstellt, liefert im Falle endogener Dynamik das „Mosaik-Zyklus-Konzept" (REMMERT 1991) einen vielversprechenden Ansatz.

Leider haben begriffliche und inhaltliche Unschärfen in der Vergangenheit eine breitere Akzeptanz des Mosaik-Zyklus-Konzeptes verhindert. Von einem Mosaik-Zyklus kann nur dann die Rede sein, wenn sich ein reifes Ökosystem durch endogene Zyklen erhält. Dem ist die exogene Zyklizität dauergestörter Ökosysteme gegenüberzustellen. In solchen Fällen ist besser von „inhärenten Störungen" zu sprechen, weil das Störungsregime zwar von außen in das System eingreift, das System aber ohne den Störeinfluß nicht existieren kann.

Zur Abschätzung des Verhältnisses zwischen endogener und exogener Vegetationsdynamik an einem Standort ist es wichtig, a) Vegetationsmuster, b) diese Muster hervorrufende Vorgänge und c) die hinter den Vorgängen stehenden Steuermechanismen zu entschlüsseln. Anhand ausgewählter Ökosysteme (Krummseggenrasen, Windheide, subalpiner Lärchenwald) wurde versucht, mit Hilfe zeitgleich erhobener Daten Rückschlüsse auf Verlauf und Ursachen der Vegetationsdynamik zu ziehen.

Die Krummseggenrasen im Einzugsgebiet des Glatzbaches (Hohe Tauern) sind Zeugen einer lange währenden Stabilität. Im ungestörten Rasen übt die Schlüsselart *Carex curvula* einen enormen Konkurrenzdruck aus, der bei optimaler Entwicklung der Population die Ansiedlung anderer Gefäßpflanzenarten nicht zuläßt. Die hier stattfindende endogene Vegetationsdynamik kann als Mosaik-Zyklus bzw. einfache Karussell-Dynamik (VAN DER MAAREL & SYKES 1993) bezeichnet werden. Die dichten Rasen können nur mechanisch, in der Regel durch Frostdynamik, zerstört werden.

Kryoturbation schafft kleine Störflächen im geschlossenen Rasen, auf denen die konzentrisch abnehmende Intensität des Störfaktors eine deutliche Vegetationszonierung hervorruft. Der Großteil der Arten ist auf die gestörten Abschnitte beschränkt oder schwerpunktmäßig dort verbreitet. Das Störungsregime erzeugt eine differenzierte Folgeserie (Kryptogamenphase, *Luzula*-Phase, erste *Primula*-Phase, zweite *Primula*-Phase), die nach einer klimaxähnlichen Übergangsphase in ein relativ krautreiches Stadium mit *Carex curvula* mündet (Kraut-Klimax). Dieses Stadium wechselt vermutlich zyklisch mit einer artenarmen, „absoluten Klimax" und einem Stadium mit *Oreochloa disticha* („Grasklimax").

Die Windheiden der Saualpe (Kärnten) sind Ausdruck eines inhärenten Störungsregimes. Die Schlüsselart *Loiseleuria procumbens* behauptet sich dauerhaft, weil der permanente Einfluß des Störfaktors „Wind" die Ansiedlung konkurrenzstarker Arten nicht zuläßt. So entsteht auf großer Fläche eine artenarme, von *Loiseleuria* dominierte Dauergesellschaft. Innerhalb der durch *Loiseleuria*-Klone stark verdichteten Bestände zeichnen sich Zyklen ab, in deren Verlauf sich die Schlüsselart unmittelbar selbst ablöst oder im Wechsel mit *Vaccinium gaultherioides* regeneriert. Wo das Störungsregime stärker angreift, löst sich der dichte Bestand in sichelförmige Flecken („Windsicheln") auf. Hier ist ein vierphasiger Zyklus auszumachen (Initialphase, Aufbauphase, Reifephase, Zerfallsphase), an dem alpine Arten als „externe" Spezialisten am Regenerationszyklus beteiligt sind.

Auf einem subalpinen Gletschervorfeld im Valle di Gressoney (Aosta-Tal) entwickelt sich die Vegetation nach der katastrophalen Störung „Gletschervorstoß" kontinuierlich in fünf Phasen. Die artenarme Initialphase zeichnet sich durch eine schüttere Pflanzendecke mit hohem Kryptogamenanteil aus. Die „erste Aufbauphase" (beginnende Gehölzsukzession) ist dagegen sehr artenreich und von einer hohen Standortsdiversität gekennzeichnet. In der zweiten Aufbauphase etablieren sich erste Bäume und Baumgruppen, die Ausbildung verschiedener Vegetationsschichten wird erkennbar. In der dritten Aufbauphase findet ein allmählicher Bestandsschluß der Pionierbaumart statt, verbunden mit einer ausgeprägten schichtinternen Differenzierung des Unterwuchses. In der vierten Aufbauphase verdichten sich die jungen Altersklassenwälder generativ, die Ablösung der ersten Schlüsselart *Larix decidua* durch den Haupt-Konkurrenten *Picea abies* zeichnet sich ab. Die weitere Waldentwicklung ist jedoch anthropogen bzw. glazifluvial gestört.

In allen drei Untersuchungsgebieten ist das Störungsregime entscheidend für die Artenvielfalt. Die relativ am wenigsten gestörte bzw. am längsten ungestörte Vegetation ist zugleich die artenärmste. Dagegen sind bei mittlerem Störungsniveau auf mittleren Sukzessionsstadien die höchsten Artenzahlen zu verzeichnen. Für die Naturschutzpraxis ist daraus die Schlußfolgerung zu ziehen, daß eine hohe Diversität ohne Störungseinfluß in den untersuchten Ökosystemen nicht dauerhaft gewährleistet ist. Störungen sind deshalb als integraler Bestandteil von Schutzkonzepten zu berücksichtigen, sofern die Erhaltung der Biodiversität zu den Schutzzielen gehört.

Summary

Vegetation dynamics in high mountain regions are to an exceptional extent influenced by natural disturbances. However, within these habitats, some sites are rarely or never influenced by disturbance regimes. The concept of natural disturbance (SOUSA 1984) provides an appropriate background for studying exogenous vegetation dynamics. Likewise, in the case of endogenous vegetation dynamics the mosaic cycle concept (REMMERT 1991) proves to be a promising approach. Unfortunately, lack of conceptual clarity has impeded the wide-spread acceptance of this concept in the past. A mosaic cycle exists only when an established ecosystem is driven by endogenous cycles. On the contrary permanently disturbed ecosystems are basically driven by exogenous cycles. In that case the disturbance factor should be called „inherent", because the system could not exist without its specific disturbance regime, even if the disturbance factor is exogenous to the system (BÖHMER 1997).

In order to estimate the ratio between exogenous and endogenous vegetation dynamics it is important to decipher vegetation pattern, process and mechanism at one site. Typical ecosystems of humid high mountain regions - alpine sedge mat (*Caricetum curvulae*), alpine heathland (*Loiseleurietum*) and subalpine *Larix*-forest - were selected to explore cause and progress of vegetation dynamics.

The alpine sedge mat in the Glatzbach area (Hohe Tauern, Austria) is characterised by long-term stability. The keystone competitive species *Carex curvula* exerts enormous stress on other species in undisturbed parts of the sedge mat. Other vascular plants are unable to establish themselves when the *Carex* population is well developed. The endogenous vegetation dynamics shown here can be called mosaic cycle or carousel dynamics (VAN DER MAAREL & SYKES 1993).

These dense mats can only be destroyed mechanically, as a rule, by frost dynamics. Cryoturbation creates small areas of disturbance in the homogenous ecosystem. Distinctive vegetation zonation is formed resulting in concentric patterns of decreasing intensity of disturbance. The majority of species are abundant, or in some cases completely limited, to these disturbed areas. The disturbance regime creates a diversified community series (*Cryptogam* aspect, *Luzula* aspect, first *Primula* aspect, second *Primula* aspect), which develops after a climax-like transitional phase into a herbal stage with *Carex curvula* („herbal climax"). This stage probably alternates cyclically with a poor „absolute climax" and a stage with additional abundance of *Oreochloa disticha* („grass climax").

The alpine heathland at the Saualpe (Carinthia/Austria) is the result of an inherent disturbance regime. The keystone species, *Loiseleuria procumbens*, successfully achieves sustainability because the permanent influence of the disturbance factor „wind" impedes the establishment of strong competitors. Thus a species poor but wide-spread stable plant community prospers, exhibiting a dominance of *Loiseleuria procumbens*. Within these dense spots of *Loiseleuria* clones vegetation dynamics are driven internally: *Loiseleuria* regenerates itself constantly, occasionally accompanied by *Vaccinium gaultherioides*. When higher impact disturbances take place, the dominant *Loiseleuria* dissolves into sickle-like patches („Windsicheln"). These phenomena may be described as a cycle made up of four distinctive phases: hollow, building, mature, degenerate. Alpine pioneer-species contribute to the early stages as external specialists.

Analysis of catastrophic events such as glacier advances identifies a series of five regeneration stages for a subalpine glacier vorfeld in the Gressoney valley (Aosta/ Italy). First, there is a species poor initial stage, characterized by sparse vegetation cover. It is followed by an initial constitution phase with appearance of woody species. This phase shows a high species and site diversity. Within the second constitution phase woody species spread and establish, preparing a multi-layer structure. The third constitution phase is characterized by continous closure of the canopy, accompanied by diversification of stand structure. Within the fourth constitution phase young cohorts densify by generative reproduction. *Larix decidua* is replaced by *Picea abies*. The following development is disturbed by anthropogenic or glacio-fluvial impact.

In each of the three of the ecosystems studied, the specific disturbance regimes prove to be decisive for the resulting species diversity. There is a clear correlation of disturbance magnitude and frequency with species diversity: a strong disturbance impact results in low diversity. Highest diversity is formed under intermediate disturbance conditions within intermediate successive stages.

For the purpose of nature conservation it has to be concluded that there is no opportunity of permanently ensuring high diversity within these ecosystems without allowing the influence of disturbance. Disturbance has to be perceived as integral factor of conservation management, so long as maintenance of biodiversity is a declared goal.

Riassunto

La dinamica della vegetazione nelle zone di alta montagna è soggetta in special modo a influssi naturali perturbanti. Ci sono però anche in montagna punti che sono raramente o mai toccati da regimi di disturbo. Mentre nel primo caso il „concept of natural disturbance" (SOUSA 1984) rappresenta la cornice più indicata per l'osservazione della dinamica della vegetazione, in caso di dinamica endogena è il „Mosaik-Zyklus-Konzept" (mosaic cycle concept, REMMERT 1991) a fornire un'impostazione molto promettente.

Purtroppo indeterminatezze concettuali e di contenuto hanno impedito nel passato una più ampia accettazione del concetto del „Ciclo a mosaico". Di un ciclo a mosaico si può parlare solo nel caso in cui un ecosistema maturo si conservi per mezzo di cicli endogeni. A questo caso va contrapposta la ciclicità esogena di ecosistemi disturbati permanentemente. In tali casi è più appropriato parlare di „disturbi inerenti", perché il regime di disturbo interviene sì sul sistema dall'esterno, quest'ultimo però non può esistere senza l'influsso perturbante.

Per la valutazione del rapporto tra dinamica della vegetazione endogena ed esogena in un determinato luogo è importante scoprire: a) il modello tipo della vegetazione, b) i processi che determinano questo modello e c) i meccanismi regolatori che stanno alla base di questi processi. Basandosi su ecosistemi scelti si è cercato con l'aiuto di dati contemporaneamente misurati di trarre conclusioni sullo sviluppo e sulle cause della dinamica della vegetazione.

I prati di carice ricurva (*Carex curvula*) nel bacino idrografico del Glatzbach (Alti Tauri, Austria) testimoniano una stabilità da molto perdurante. In prati indisturbati la specie chiave (keystone species) *Carex curvula* esercita un'enorme pressione concorrenziale che in presenza di sviluppo ottimale della popolazione non permette l'insediamento di altre specie di cormofita. La dinamica della vegetazione endogena che si presenta in questo caso può essere definita Mosaik-Zyklus (mosaic cycle) o dinamica semplice a carosello (carousel model, VAN DER MAAREL & SYKES 1993). Questi prati fitti possono essere distrutti solo meccanicamente, di regola ad opera di dinamica del gelo.

La crioturbazione crea nel prato omogeneo piccole superfici disturbate, sulle quali l'intensità che diminuisce concentricamente del fattore di disturbo provoca una chiara zonizzazione della vegetazione. La maggior parte delle specie è limitata alle zone disturbate o vi si concentra particolarmente. Il regime di disturbo dà origine a una successione differenziata (Fase crittogame, Fase *Luzula*, Prima Fase *Primula*, Seconda Fase *Primula*), che dopo una fase di transizione sfocia in uno stadio relativamente ricco di piante erbacee con *Carex curvula* („Krautklimax"). Questo stadio si alterna presumibilmente in modo ciclico con un „climax assoluto" povero di specie ed uno stadio con *Oreochloa disticha* („Grasklimax").

Le brughiere nate sotto l'influsso del vento di Saualpe (Carintia) sono espressione di un regime di disturbo inerente. La specie chiave *Loiseleuria procumbens* si afferma in modo duraturo, perché l'influsso permanente del fattore di disturbo „vento" non permette l'insediamento di specie fortemente concorrenziali. Pertanto ha origine su una vasta superficie una società permanente povera di specie, dominata dalla *Loiseleuria*. Nelle consistenze di piante fortemente concentrate dai cloni di *Loiseleuria* si delineano cicli nel corso dei quali la specie chiave si rigenera autonomamente oppure in avvicendamento con la specie *Vaccinium gaultherioides*. Nel luogo in cui il regime di disturbo attacca, la folta consistenza si disgrega in chiazze falciformi („falci del vento"). Qui va inteso un ciclo a quattro fasi (fase iniziale, fase di sviluppo, fase di maturità, fase di disgregazione) nel quale specie alpine prendono parte come specialisti „esterni" al ciclo rigenerativo.

Su un terreno subalpino antistante un ghiacciaio in Valle di Gressoney (Valle d'Aosta) la vegetazione si sviluppa continuativamente in cinque fasi dopo la perturbazione catastrofica „avanzamento di ghiacciaio". La fase iniziale povera di specie si distingue per un manto vegetale rado, in gran parte di crittogame. La „prima fase di sviluppo" (iniziale successione di boscaglia) è al contrario molto ricca di specie e caratterizzata da una elevata diversità dei singoli punti. Nella seconda fase di sviluppo si stabiliscono i primi alberi e gruppi d'alberi, e diventa riconoscibile la formazione di diversi strati di vegetazione. Nelle terza fase di sviluppo ha luogo il raggiungimento graduale del pieno sviluppo della consistenza della specie arborea pioniera, coniugato con una sviluppata differenziazione interna alla strato del sottobosco. Nella quarta fase di sviluppo si concentrano in modo generativo i boschi di giovani classi di età e si profila la sostituzione della prima specie chiave *Larix decidua* per mezzo della concorrente principale *Picea abies*. Lo sviluppo ulteriore del bosco è però disturbato dagli uomini o da ghiaccio e flussi d'acqua.

In tutte e tre le zone di ricerca il regime di disturbo è decisivo per la varietà di specie. La vegetazione relativamente meno disturbata oppure più a lungo indisturbata è allo stesso tempo la più povera di specie. Al contrario, in caso di livello di disturbo medio, negli stadi di successione medi, si registrano le quantità di specie più elevate. Per la prassi della tutela della natura va da ciò tratta la conclusione che negli ecosistemi esaminati una elevata diversità non è garantita in modo duraturo senza influssi perturbanti. Dei disturbi perciò bisogna tenere conto come parte integrante dei programmi di protezione, fintanto che la conservazione della biodiversità appartenga agli obiettivi di salvaguardia.

F Literaturverzeichnis

ADLER, W., OSWALD, K. & R. FISCHER (1994): Exkursionsflora von Österreich. - Stuttgart.
AGNEW, A. D. Q., COLLINS. S. L. & E. VAN DER MAAREL (1993): Mechanisms and processes in vegetation dynamics: Introduction. - J. Veg. Sci. 4: 146-148.
AHNERT, F. (1996): Einführung in die Geomorphologie. - Stuttgart.
ALESTALO, J. (1971): Dendrochronological interpretation of geomorphic processes. - Fennia 105.
ALLEN, T. F. H. & T. W. HOEKSTRA (1991): Toward a unified ecology. - New York.
ANAND, M. (1994): Pattern, process and mechanism - The fundamentals of scientific inquiry applied to vegetation science. - Coenoses 9 (2): 81-92.
ANTONIETTI, A. (1968): Le assoziazioni forestali dell'orizzonte des Cantone Ticino su substrati pedogenetici ricchi die carbonati. - Mitt. Schweiz. Anst. Forstl. Versuchsw. 44/2.
ARBEITSGRUPPE BODENKUNDE (1982): Bodenkundliche Kartieranleitung. - 3. Aufl., Hannover.
ARENTZ, L., WALLOSSEK, C. & D. J. WERNER (1985): Vegetation und Kleinrelief auf dem Plateau des Zanggenbergs (Provinz Trient, Norditalien). - Colloq. phytosoc. 13, Veg. et Geomorph.: 825-845.
AUBREVILLE, A. (1938): La foret coloniale: Les forets de l'Afrique occidentale francaise. - Ann. Ac. Sci. colon. Paris 9: 1-245.
AUER, C. (1947): Untersuchungen über die natürliche Verjüngung der Lärche im Arven-Lärchenwald des Oberengadins. - Mitt. Eidg. Anst. Forstl. Versuchsw. 25: 3-140.
AUER, C. (1977): Dynamik von Lärchenwicklerpopulationen längs des Alpenbogens. - Mitt. Eidg. Anst. Forstl. Versuchsw. 53: 70-105.
BACHMANN, R. C. (1978): Gletscher der Alpen. - Bern.
BÄUMLER, E. (1988): Untersuchungen zur Besiedlungsdynamik und Populationsbiologie einiger Pionierpflanzen im Morteratschvorfeld. - Diss. Univ. Basel.
BAKKER, J. P. (1989): Nature Management by Grazing and Cutting. - Geobotany 14.
BARCLAY-ESTRUP, P. & C. H. GIMINGHAM (1969): The description and interpretation of caclical processes in a heath community. I. Vegetational change in relation to the *Calluna* cycle. - J. Ecol. 57: 737-758.
BARKMAN, J. J., MORAVEC, J. und S. RAUSCHERT (1986): Code der pflanzensoziologischen Nomenklatur. - Vegetatio 67: 145-195.
BARSCH, D. & N. CAINE (1984): The nature of Mountain Geomorphology. - Mountain Research and Development 4: 287-298.
BATTLES, J. J., FAHEY, T. J. & E. M. B. HARNEY (1995): Spatial patterning in the canopy gap regime of a subalpine Abies-Picea forest in the northeastern United States. - J. Veg. Sci. 6: 807-814.
BAXTER, F. P. & F. D. HOLE (1967): Ant (*Formica cinerea*) pedoturbation in a prairie soil. - Soil Sci. Soc. Am. Proc. 31: 425-428.
BAYFIELD, N. G. (1984): The dynamics of heather (*Calluna vulgaris*) stripes in the Cairngorm mountains. - J. Ecol. 72: 515-527.
BECK-MANNAGETTA, P. (1953): Die Eiszeitliche Vergletscherung der Koralpe. - Z. Gletscherk. u. Glazialgeologie 2: 263-277.
BEGON, M., HARPER, J. L. & C. R. TOWNSEND (1991): Ökologie: Individuen, Populationen und Lebensgemeinschaften. - Basel.
BEINLICH, B. & D. MANDERBACH (1995): Die historische Landschafts- und Nutzungsentwicklung in Württemberg unter besonderer Berücksichtigung der Schwäbischen Alb. - Beih. Veröff. Naturschutz Landschaftspflege Bad. Württ. 83: 9-11.
BEMMERLEIN-LUX, F. & H. FISCHER (1990): Multivariate Methoden in der Ökologie. - Unveröff. Manuskript. IFANOS, Nürnberg.
BEMMERLEIN-LUX, F., FISCHER, H. & R. LINDACHER (1993): Aufnahmemethoden. Multivariate Methoden in der Ökologie. - Unveröff. Manuskript. IFANOS, Nürnberg.

BENDER, O. (1994): Die Kulturlandschaft am Brotjacklriegel (Vorderer Bayerischer Wald). Eine angewandt historisch-geographische Landschaftsanalyse als vorbereitende Untersuchung für die Landschaftsplanung und -pflege. - Deggendorfer Geschichtsblätter 15.

BENNINGHOFF, W. S. (1965): Relationships between Vegetation and Frost in Soils. - Proceed. Permafrost Internat. Conf. 1956: 9-13.

BERDOWSKI, J. J. M. & R. ZEILINGA (1983): The effect of the heather beetle (*Lochmaea suturalis* Thomson) on *Calluna vulgaris* (L.) Hull as a cause of mosaic pattern in heathlands. - Acta Bot. Neerl. 32: 250-251.

BERRY, H. H. & W. R. SIEGFRIED (1991): Mosaic-Like Events in Arid and Semi-Arid Namibia. - In: H. Remmert (Hg.), The Mosaic-Cycle Concept of Ecosystems, S. 147-160. Ecological Studies 85. Berlin.

BEZZEL, E. (1991): Mosaik-Zyklus-Konzept und Naturschutzpraxis - ein sehr subjektives Schlußwort. - In: H. Remmert (Hg.), Das Mosaik-Zyklus-Konzept und seine Bedeutung für den Naturschutz. Laufen/Salzach.

BIANCOTTI, A. & L. MERCALLI (1991): Variazioni climatiche a breve termine (1927-89) a Gressoney (Valle dÀosta, Italia), 1850m s. l. m. - Rev. Valdotaine Hist. Nat. 45: 5-19.

BÖHMER, H. J. (1993): Die Vegetation im Einzugsgebiet des Glatzbaches (südl. Hohe Tauern) unter besonderer Berücksichtigung von Morphodynamik, Sukzession und sommertouristischer Trittbelastung. - Unveröffentl. Diplomarbeit (Institut für Geographie), Erlangen.

BÖHMER, H. J. (1994a): Struktur und Dynamik des alpinen Krummseggenrasens im Spiegel der Mosaik-Zyklus-Theorie. - Geoökodynamik 15: 89-103.

BÖHMER, H. J. (1994b): Die Halbtrockenrasen der Fränkischen Alb - Strukturen, Prozesse, Erhaltung. - Mitteilungen der Fränkischen Geographischen Gesellschaft 41: 323-343.

BÖHMER, H. J. (1997): Zur Problematik des Mosaik-Zyklus-Begriffes. - Natur und Landschaft 72 (7/8): 333-338.

BÖHMER, H. J. & M. RICHTER (1996): Regeneration - Versuch einer Typisierung und zonalen Ordnung. GR 48, H. 11: 626-632.

BÖHMER, H. J., RAUSCH, S. & U. TRETER (1998): Dynamik eines Bergwaldes am Monte Cimino (Valle di Gressoney/Aosta). - Naturschutz und Landschaftsplanung 30 (10): 309-315.

BÖSCHE, H. (1996): Die Vegetation im Vorfeld des Lys-Gletschers (Val di Gressoney/Aosta) unter besonderer Berücksichtigung der jüngeren Rückzugsstadien. - Unveröffentl. Diplomarbeit (Institut für Geographie), Erlangen.

BORMANN, F. H. & G. E. LIKENS (1981): Pattern and Process in a Forested Ecosystem. - Berlin.

BORNKAMM, R. (1985): Vegetation changes in herbaceous communities. - In: J. White (Hg.), The population structure of vegetation science, S. 89-109. Dordrecht (= Handbook of Vegetation Science 3).

BRADSHAW, R. H. W. & G. E. HANNON (1992): Climatic change, human influence and disturbance regime in the control of vegetation dynamics within Fiby Forest, Sweden. - J. Ecol. 80: 625-632.

BRAUN-BLANQUET, J. (1951): Pflanzensoziologie. - 2. Aufl., Wien.

BRAUN-BLANQUET, J. (1961): Die inneralpine Trockenvegetation. - Stuttgart.

BRAUN-BLANQUET, J. & H. Jenny (1926): Vegetationsentwicklung und Bodenbildung in der alpinen Stufe der Zentralalpen (Klimaxgebiet des *Caricion curvulae*). - Denkschr. Schweiz. Naturforsch. Ges. 63: 183-349.

BRAUN-BLANQUET, J., PALLMANN, J. & R. BACH (1954): Pflanzensoziologische und bodenkundliche Untersuchungen im schweizerischen Nationalpark und seinen Nachbargebieten. - Liestal 1954.

BROKAW, N. V. L. (1982): The definition of treefall gap and its effect on measures of forest dynamics. - Biotropica 14: 158-160.

BROKAW, N. V. L. (1985): Treefalls, Regrowth, and Community Structure in Tropical Forests. - In: S. T. A. Pickett & P. S. White, The Ecology of Natural Disturbance and Patch Dynamics, 53-69.
BUCHENAUER, H. W. (1990): Gletscher- und Blockgletschergeschichte der westlichen Schobergruppe (Osttirol). - Marburger Geogr. Schr., H. 117.
BUNDESAMT FÜR NATURSCHUTZ (=BfN, 1995): Systematik der Biotoptypen- und Nutzungskartierung (Kartieranleitung). - Schriftenreihe für Landschaftspflege und Naturschutz, H. 45.
BUNZA, G. (1989): Oberflächenabfluß und Bodenabtrag in der alpinen Grasheide der Hohen Tauern an der Großglockner-Hochalpenstraße. - Veröff. des Österr. MaB-Hochgebirgsprogrammes 13: 155-199.
BURGER, R. & H. FRANZ (1969): Die Bodenbildung in der Pasterzenlandschaft. - Wissensch. Alpenvereinshefte 21: 253-264.
BURTSCHER, M. (1982): Zur Vegetation und Flora zweier Gletschervorfelder im Venedigergebiet. - Diss. Univ. Innsbruck.
CARBIENER, R. (1970): Frostmusterböden, Solifluktion, Pflanzengesellschafts-Mosaik und -Struktur, erläutert am Beispiel der Hochvogesen. - In: R. Tüxen (Hg.): Gesellschaftsmorphologie. Ber. Intern. Symp. Stolzenau: 187-217.
CERNUSCA, A. (1976): Bestandesstruktur, Bioklima und Energiehaushalt von alpinen Zwergstrauchbeständen. - Oecol. Plant. 11: 71-102.
CERNUSCA, A. (1989): Kohlenstoffbilanz einer alpinen Grasheide (*Caricetum curvulae*) in 2300m in den Hohen Tauern. - Veröff. des österr. MaB-Hochgebirgsprogrammes 13: 397-403.
CLAR, E. (1950): Die geologische Karte des Großglocknergebietes. - Carinthia 9: 168-171.
CLEMENTS, F. E. (1916): Plant succession: Analysis of the development of vegetation. - Carnegie Institute of Washington, Publication 242. Washington.
CLEMENTS, F. E. (1936): Nature and structure of the climax. - J. Ecol. 24: 252-284.
COLLINS, S. L., GLENN, S. M. & D. W. ROBERTS (1993): The hierarchical continuum concept. - J. Veg. Sci. 4: 149-156.
CONNELL, J. H. (1978): Diversity in tropical rain forests and coral reefs. - Science 199: 1302-1310.
CONNELL, J. H. (1979): Tropical rain forests and coral reefs as open non-equilibrium systems. - In: R. M. Anderson, B. D. Turner & L. R. Taylor (Hg.), Population dynamics, S. 141-163. Oxford.
CONNELL, J. H. & M. J. KEOUGH (1985): Disturbance and Patch Dynamics of Subtidal Marine Animals on Hard Substrata. - In: S. T. A. Pickett & P. S. White (Hg.), The Ecology of Natural Disturbance and Patch Dynamics, S. 125-152. San Diego.
CONNELL, J. H. & R. O. SLATYER (1977): Mechanisms of succession in natural communities and their role in community stability and organisation. - American Naturalist 111: 1119-1144.
COOPER, W. S. (1926): The fundamentals of vegetation change. - Ecology 7: 391-413.
CORNELIUS, H. P. & E. CLAR (1935): Erläuterungen zur geologischen Karte des Großglocknergebietes. - Wien.
CORNELIUS, H. P. & E. CLAR (1939): Geologie des Großglocknergebietes. - Abh. d. Zweigst. Wien d. Reichsst. f. Bodenforschung 25 (1). Wien.
CORNELIUS, R., SCHULTKA, W. & G. MEYER (1990): Zum Invasionspotential florenfremder Arten. - Verh. Ges. Ökol. 19: 20-29.
COWLES, H. C. (1899): The ecological relations of the vegetation on the sand dunes of Lake Michigan. - Bot. Gazette 27: 95-117, 167-202, 281-308, 361-391.
CRAWFORD, R. M. M. (1989): Studies in plant survival. Ecological case histories of plant adaptations to adversity. - Oxford.
DAHL, E. (1956): Rondane. Mountain vegetation in South Norway and its relation to the environment. - Skr. utg. av. Videnskab. Akad. 3. Oslo.

DANIELS, F. J. A. (1988): On the relations between biotic and abiotic variables of dwarf shrub heath communities of Southeast Greenland. - In: J. J. Barkman & K. V. Sýkora (Hg.), Dependent Plant Communities: 119-134.
DAUBENMIRE, R. F. (1968): Ecology of fire in grasslands. - Adv. Ecol. Res. 5: 209-266.
DENSLOW, J. S. (1985): Disturbance-Mediated Coexistence of Species. - In: S. T. A. Pickett & P. S. White, The Ecology of Natural Disturbance and Patch Dynamics, 307-324. San Diego.
DE SMIDT, J. T. (1977): Interaction of *Calluna vulgaris* and the heather beetle (*Lochmaea suturalis*) - In: R. Tüxen (Hg.), Vegetation und Fauna, S. 179-186. Vaduz.
DIERSCHKE, H. (1994): Pflanzensoziologie. - Stuttgart.
DIERSSEN, K. (1990): Einführung in die Pflanzensoziologie (Vegetationskunde). - Darmstadt.
DIERSSEN, K. (1996): Vegetation Nordeuropas. - Stuttgart.
DÜLL, R. (1991): Die Moose Tirols. Bad Münstereifel/Ohlerath.
DURING, H. J. (1979): Life strategies of Bryophytes: a preliminary review. - Lindbergia 5: 2-18.
EGLER, F. (1954): Philosophical and practical considerations of the Braun-Blanquet-system of phytosociology. - Castanea 19: 54-60.
EGLER, F. (1983): Platonic Ideas and Theophrastian Characters in the History of Vegetation Science. - Unveröff. Vortragsmanuskript (University of Wisconsin, Madison).
EHRENDORFER, F. (1973): Liste der Gefäßpflanzen Mitteleuropas. - Stuttgart.
EHRENFELD, D. (1970): Biological Conservation. - New York.
ELLENBERG, H. (1956): Grundlagen der Vegetationsgliederung. I. Teil: Aufgaben und Methoden der Vegetationskunde. Stuttgart.
ELLENBERG, H. (1978): Vegetation Mitteleuropas mit den Alpen. 3. Aufl., Stuttgart.
ELLENBERG, H. (1986a): Vegetation Mitteleuropas mit den Alpen. 4. Aufl., Stuttgart.
ELLENBERG, H. (Hg.) (1986b): Ökosystemforschung. Ergebnisse des Sollingprojekts 1966-1986. - Stuttgart.
ELLENBERG, H. & F. KLÖTZLI (1972): Waldgesellschaften und Waldstandorte der Schweiz. Mitt. Schweiz. Anst. Forstl. Versuchsw. 48.
ELLENBERG, H.,WEBER, H. E.,DÜLL, R. & V.WIRTH (1991): Zeigerwerte von Pflanzen in Mitteleuropa. - Scripta Geobotanica, Bd. 18. Göttingen.
ERSCHBAMER, B. (1994): Populationsdynamik der Krummseggen (*Carex curvula* ssp. *rosae*, *Carex curvula* ssp. *curvula*). - Phytocoenologia 24: 579-596. Berlin.
FISCHER, A. (1992): Long term vegetation development in Bavarian Mountain Forest ecosystems following natural destruction. - Vegetatio 103: 93-104.
FISCHER, H. (1994): Konzept zur Auswertung der Naturschutzförderprogramme auf Feuchtgrünland. - Unveröff. Manuskript, IFANOS, Nürnberg.
FLECKENSTEIN, M. (1982): Deformation und Metamorphose in der alpinen Subduktionszone südlich des Monte Rosa-Massivs. - Diss. Köln.
FORMAN, R. T. T. & M. GODRON (1986): Landscape Ecology. - New York.
FRAHM, J.-P. & W. FREY (1987): Moosflora. - 2. Aufl. Berlin.
FRANK, W. (1969): Geologie der Glocknergruppe. - Wissenschaftl. Alpenvereinshefte 21: 95-111. München.
FRANZ, H. (1979): Ökologie der Hochgebirge. - Stuttgart.
FRANZ, W. R. (1986): Auswirkungen von Wind, Kammeis und anderen abiotischen Faktoren auf verschiedene Pflanzengesellschaften im Kärntner Natur- und Landschaftsschutzgebiet Nockberge. - Sauteria 1: 65-88.
FRIEDEL, H. (1938): Die Pflanzenbesiedlung im Vorfeld des Hintereisferners. - Z. Gletscherkunde 26: 215-239.
FRIEDEL, H. (1956): Die alpine Vegetation des obersten Mölltales (Hohe Tauern). Erläuterungen zur Vegetationskarte der Umgebung der Pasterze. - Wissenschaftl. Alpenvereinshefte 16. Innsbruck.

FRIEDEL, H. (1961): Schneedeckendauer und Vegetationsverteilung im Gelände. - Mitt. Forstl. Bundesversuchsanstalt Wien 59: 317-369. Wien.

FURRER, G. (1954): Solifluktionsformen im Schweizerischen Nationalpark. - Ergeb. Wiss. Unters. d. Schweiz. Nationalparks 4, N. F.: 203-275.

GARLEFF, K. (1977): Formen und Pflanzengesellschaften der periglazialen Höhenstufe, Beispiele aus Sogn und Oppland (Norwegen). - Abh. Akad. d. Wiss. Gött., Math.-Phys. Kl. 3F. Nr. 31: 77-91.

GAUCKLER, K. (1938): Steppenheide und Steppenheidewald der Fränkischen Alb in pflanzensoziologischer, ökologischer und geographischer Betrachtung. - Ber. Bayer. Bot. Ges. 23: 5-134.

GIACOMINI, V. & A. PIROLA (1959): Osservazioni geobotaniche su alcuni esempi di fenomeni crionivali delle Alpi Retiche. - Bolletino dell' Istituto Botanico della Universita di Catania, Ser. II., Vol. I: 138-148.

GIGON, A. (1984): Typologie und Erfassung der ökologischen Stabilität und Instabilität mit Beispielen aus Gebirgsökosystemen. - Verh. d. Ges. f. Ökologie Bd. 12: 13-29.

GIGON, A. (1994): Positive Interaktionen bei Pflanzen in Trespen-Halbtrockenrasen. - Verh. d. Ges. f. Ökologie 23: 1-6.

GIGON, A. & H. BOLZERN (1988): Was ist das Biologische Gleichgewicht? Überlegungen zur Erfassung eines Phänomens, das es strenggenommen gar nicht gibt. - Aus Forschung und Medizin, 3. Jhrg., H. 1: 18-28.

GIGON, A. & P. RYSER (1986): Positive Interaktionen zwischen Pflanzenarten. - I. Definition und Beispiele aus Grünland-Ökosystemen. - Veröff. Geobot. Inst. ETH, Stiftung Rübel, Zürich 87: 372-387.

GIGON, A. & A. LEUTERT (1996): The dynamic keyhole-key model of coexistence to explain diversity of plants in limestone and other grasslands. J. Veg. Sci. 7: 29-40.

GIMINGHAM, C. H. (1978): *Calluna* and its associated species: some aspects of co-existence in communities. - Vegetatio 36: 179-186.

GIMINGHAM, C. H. (1996): Vegetational Dynamics in *Calluna* heaths. - Verh. d. Ges. f. Ökologie 25: 235-240.

GJAEREVOLL, O. (1956): The Plant Communities of the Scandinavian Alpine Snowbeds. Det. Kong. Norske Vidensk. Selsk. Skrifter 1956, Bd. 1. Trondheim.

GLEASON, H. A. (1926): The Individualistic Concept of the Plant Association. - Bull. Torrey Bot. Club 53: 7-26.

GLEASON, H. A. (1927): Further views of the succession concept. - Ecology 8, 299-326.

GLENN, S. M. & S. L. COLLINS (1990): Patch structure in tallgrass prairies: dynamics of satellite species. - Oikos 57: 229-236.

GLENN, S. M. & S. L. COLLINS (1993): Experimental analysis of patch dynamics in tallgrass prairie plant communities. - J. Veg. Sci. 4: 157-162.

GLENN-LEWIN, D. C. & E. VAN DER MAAREL (1992): Patterns and processes of vegetation dynamics. - In: Glenn-Lewin, D. C., Peet, R. K. und T. T. Veblen (1992): Plant Succession - Theory and prediction. London.

GRABHERR, G. (1979): Variability and ecology of the alpine dwarf shrub community *Loiseleurio-Cetrarietum*. - Vegetatio 41: 111-120.

GRABHERR, G. (1987a): Produktion und Produktionsstrategien im Krummseggenrasen (*Caricetum curvulae*) der Silikatalpen und ihre Bedeutung für die Bestandesstruktur. - Veröff. des österr. MaB-Hochgebirgsprogrammes 10: 234-241.

GRABHERR, G. (1987b): Tourismusinduzierte Störungen, Belastbarkeit und Regenerationsfähigkeit der Vegetation in der alpinen Stufe. Veröff. des österr. MaB-Hochgebirgsprogrammes 10: 243-256.

GRABHERR, G. (1989): On community structure in high alpine grasslands. - Vegetatio 83: 223-227.
GRABHERR, G. (1993): Heiden in den Alpen. - Ber. d. Reinh.-Tüxen-Ges. 5: 77-90.
GRABHERR, G. & L. MUCINA (Hg.) (1993): Die Pflanzengesellschaften Österreichs. - Bd. 1-3. Stuttgart.
GREIG-SMITH, P. (1979): Pattern in vegetation. - J. Ecol. 67: 755-779.
GRIME, J. P. (1974): Vegetation classification by reference to strategies. - Nature 250: 26-31.
GRIME, J. P. (1979): Plant Strategies and Vegetation Processes. - Chichester.
GRIME, J. P., HODGSON, J. G. & R. HUNT (1988): Comparative Plant Ecology - A functional approach to common British species. - London.
GRIMS, F. (1982): Über die Besiedlung der Vorfelder einiger Dachsteingletscher (Oberösterreich). Stapfia 10: 203-233. Linz.
GRUBB, P. J. (1976): A theoretical background to the conservation of ecologically distinct groups of annuals and biennials in the chalk grassland ecosystem. - Biol. Conserv. 10: 53-76.
GRUBB, P. J. (1988): The uncoupling of disturbance and recruitment, two kinds of seedbank, and persistence of plant populations at the regional and local scales. - Ann. Zool. Fennici 25: 23-36.
HAEUPLER, H. (1982): Evenness als Ausdruck der Vielfalt in der Vegetation. Untersuchungen zum Diversitäts-Begriff. - Diss. Bot. 65. Vaduz.
HAFFER, J. (1991): Mosaic Distribution Patterns of Neotropical Forest Birds and Underlying Cyclic Disturbance Processes. - In: H. Remmert (Hg.), The Mosaic-Cycle Concept of Ecosystems, S. 83-105. Ecological Studies 85. Berlin.
HAGEN, T. (1996): Vegetationsveränderungen in Kalk-Magerrasen des Fränkischen Jura. Untersuchung langfristiger Bestandsveränderungen als Reaktion auf Nutzungsumstellung und Stickstoff-Deposition. - ANL. Laufen.
HANZIG, E. (1989): Die „Katastrophe" in den Naturwissenschaften - philosophische Grenzfragen im Naturbild der neuen mathematisch-physikalischen „Chaostheorien". - In: Hegel-Jahrbuch 1989: 355-364. Bochum.
HARD, G. (1995): Spuren und Spurenleser. Zur Theorie und Ästhetik des Spurenlesens in der Vegetation und anderswo. - Osnabrücker Studien zur Geographie 16.
HARPER, J. L. (1977): Population Biology of Plants. - London.
HARRINGTON, T. C. (1986): Growth decline of wind-exposed red spruce and balsam fir in the White Mountains. - Can. J. For. Res. 16: 232-238.
HELM, D. J. & E. B. ALLEN (1995): Vegetation Chronosequence near Exit Glacier, Kenai Fjords National Park, Alaska, USA. - Arctic and Alpine Research 27: 246-257.
HENDRY, R. J. & J. M. MCGLADE (1995): The role of memory in ecological system. Proceedings of the Royal Society of London, Series B - Biological Sciences 259: 153-159. London.
HENLE, K. (1994): Naturschutzpraxis, Naturschutztheorie und theoretische Ökologie. - Z. Ökologie u. Naturschutz 3: 139-153.
HERBEN, T, KRAHULEC, F., HADINCOVÁ, V., PECHÁCKOVÁ, S. & M. KOVÁROVÁ (1997): Fine-scale spatio-temporal patterns in a mountain grassland: do species replace each other in a regular fashion? - J. Veg. Sci. 8: 217-224.
HERBST, J. (1994): Vergleichende Untersuchungen der Höhenstufen der Vegetation am Zirbitzkogel und an der Saualpe/Österreich. - Unveröff. Diplomarbeit (Institut für Geographie), Erlangen.
HESS, H., LANDOLT, E. und R. HIRZEL (1967-1972): Flora der Schweiz und angrenzender Gebiete, Bd. 1-3. Basel.
HILL, M. O. (1973): The intensity of spatial pattern in plant communities. - J. Ecol. 61: 225-235.
HÖFNER, T. (1993): Fluvialer Sedimenttransfer in der periglazialen Höhenstufe der Zentralalpen, südliche Hohe Tauern, Osttirol. - Bamberger Geographische Schriften 13. Bamberg.
HÖFNER, T. & K. GARLEFF (1993): Fluviale Dynamik in der zentralalpinen Periglazialstufe. - In: D. Barsch & H. Karrasch (Hg.), Geographie und Umwelt, S. 339-344. Stuttgart.

HÖLLERMANN, P. W. (1967): Zur Verbreitung rezenter periglazialer Kleinformen in den Pyrenäen und Ostalpen. Göttinger Geogr. Abh., H. 40. Göttingen.

HOLTMEIER, F. K. (1967): Die Verbreitung der Holzarten im Oberengadin unter dem Einfluß des Menschen und des Lokalklimas. - Erdkunde 21: 249-258.

HOLTMEIER, F.-K. (1989): Ökologie und Geographie der oberen Waldgrenze. - Ber. d. Reinh.-Tüxen-Ges. 1: 15-45.

HOLTMEIER, F. K. (1993): Der Einfluß der generativen und vegetativen Verjüngung auf das Verbreitungsmuster der Bäume und die ökologische Dynamik im Waldgrenzbereich. - Geoökodynamik 14: 153-182.

HUBER, R. (1994): Changes in plant species richness in a calcareous grassland following changes in environmental conditions. - Folia Geobot. Phytotax. 29: 469-482.

HÜPPE, J. (1993): Entwicklung der Tieflands-Heidelandschaften Mitteleuropas in geobotanisch-vegetationsgeschichtlicher Sicht. - Ber. d. Reinh.-Tüxen-Ges. 5: 49-75.

HUSTON, M. (1979): A general hypothesis of species diversity. - Am. Nat. 113: 81-101.

IVERSEN, J. (1964): Retrogressive vegetational succession in the post glacial. - J. Ecol. 52 (Suppl.): 59-70.

JABORNEGG, Frh. v. (1875): In: Kärntner Landwirthschafts-Gesellschaft (Hg.), Die Alpenwirthschaft in Kärnten (1873/75). - Klagenfurt.

JAX, K. (1994a): Mosaik-Zyklus und patch-dynamics - Synonyme oder verschiedene Konzepte? Eine Einladung zur Diskussion. - Zeitschrift für Ökologie und Naturschutz 3: 107-112.

JAX, K. (1994b): Renaturierung kleiner Fließgewässer. Möglichkeiten und Probleme einer Einbeziehung des Konzepts der natürlichen Störungen. - In: U. Grünewald (Hg.), Wasserwirtschaft und Ökologie, 118-126. Taunusstein (= UmweltWissenschaften, Bd. 2).

JAX, K., ZAUKE, G. P. und E. VARESCHI (1992): Remarks on terminology and the description of ecological systems.- Ecological Modelling 63: 133-141.

JENNY-LIPS, H. (1930): Vegetationsbedingungen und Pflanzengesellschaften auf Felsschutt. - Beih. bot. Zentralbl. 46: 119-296.

JOCHIMSEN, M. (1970): Die Vegetationsentwicklung auf Moränenböden in Abhängigkeit von einigen Umweltfaktoren. - Veröff. Univ. Innsbruck 46: 1-21.

JOHANN, E. (1968): Geschichte der Waldnutzung in Kärnten unter dem Einfluß der Berg-, Hütten- und Hammerwerke. - Archiv für vaterländische Geschichte und Topographie 63: 1-248. Klagenfurt.

JOHNSTON, C. A., PASTOR, J. & R. J. NAIMAN (1993): Effects of beaver and moose on boreal forest landscapes. - In: R. Haines-Young, D. R. Green & S. H. Cousins (Hg.): Landscape Ecology and GIS.

JONASSON, S. & S. E. SKÖLD (1983): Influences of frost-heaving on vegetation on nutrient regime of polygon patterned ground. - Vegetatio 53: 97-112.

JONGMAN, R. H. G., TER BRAAK, C. J. F. & O. F. R. VAN TONGEREN (1996): Data analysis and landscape ecology. - Cambridge.

KARRER, G. (1980): Die Vegetation im Einzugsgebiet des Grantenbaches südwestlich des Hochtores (Hohe Tauern). - Veröff. des österr. MaB-Hochgebirgsprogrammes 3: 35-67.

KAZMIERCZAK, E., VAN DER MAAREL, E. & V. NOEST (1995): Plant communities in kettle-holes in central Poland: change occurrence of species? - J. Veg. Sci. 6: 863-874.

KERNER VON MARILAUN (1863): Das Pflanzenleben der Donauländer. - Innsbruck.

KERSHAW, K. A. (1963): Pattern in vegetation and its causality. - Ecology 44: 377-388.

KERSHAW, K. A & J. H. H. LOONEY (1985): Quantitative and Dynamic Plant Ecology. - 3. Aufl., London.

KIKVIDZE, Z. (1996): Neighbour interaction and stability in subalpine meadow communities. - J. Veg. Sci. 7: 41-44.

KIMMINS, J. P. (1987): Forest ecology. - New York.
KING, L. (1974): Studien zur postglazialen Gletscher- und Vegetationsgeschichte des Sustenpassgebietes. - Basler Beiträge zur Geographie 18.
KITAYAMA, K., MUELLER-DOMBOIS, D. & P. M. VITOUSEK (1995): Primary succession of Hawaiian montane rain forest on a chronosequence of eight lava flows. - J. Veg. Sci. 6: 211-222.
KLUG-PÜMPEL, B. (1981): Effects of microrelief on species distribution and phytomass variations in a *Caricetum curvulae* stand. - Vegetatio 48: 249-254.
KLUG-PÜMPEL, B. (1989): Phytomasse und Nettoproduktion naturnaher und anthropogen beeinflußter alpiner Pflanzengesellschaften in den Hohen Tauern. - Veröff. des österr. MaB-Hochgebirgsprogrammes: 331-355.
KNAPP, R. (Hg.) (1974): Vegetation dynamics. - The Hague (= Handbook of Vegetation Science VIII).
KNAPP, R. (1982a): Einige Perspektiven gegenwärtiger Sukzessionsuntersuchungen und Bibliographie zur Vegetationsdynamik V. - Excerpta Bot. Sect. B. 22 (3): 199-230.
KNAPP, R. (1982b): Struktur und Dynamik in Wäldern verschiedener Klimazonen im Zusammenhang mit Vorgängen der Regeneration und Fluktuation. - In: H. Dierschke (Hg.), Struktur und Dynamik von Wäldern, Ber. Int. Symp. d. Int. Ver. f. Vegetationskunde (Rinteln 13.-16.4. 1981), S. 39-48. Vaduz.
KOIZUMI, T. (1979): Periglacial processes and alpine plant communities on the high mountains in Japan. - Japan. Journ. Ecol. 29: 281-287.
KÖRNER, C. (1976): Wasserhaushalt und Spaltenverhalten von *Loiseleuria procumbens* (L.) Desv. und *Calluna vulgaris* (L.) Hull. Diss. Univ. Innsbruck.
KORN, H. (1991): Small Mammals and the Mosaic-Cycle Concept of Ecosystems. - In: H. Remmert (Hg.), The Mosaic-Cycle Concept of Ecosystems, S. 106-131. Ecological Studies 85. Berlin.
KRAUSCH, H.-D. (1969): Über die Bezeichnung Heide und ihre Verwendung in der Vegetationskunde. - Mitt. Flor.-soz. Arb.gem. N. F. 14: 435-457.
KRETSCHMER, W. & F. FOECKLER (1991): Literaturrecherche Arten- und Biotopschutz. - In: K. Henle & G. Kaule (Hg.), Arten- und Biotopschutzforschung für Deutschland, S. 91-93. Jülich.
KUHLE, M. (1991): Glazialgeomorphologie. - Darmstadt.
LABHART, T. (1992): Geologie der Schweiz. - Thun.
LANDOLT, E. (1977): Ökologische Zeigerwerte zur Schweizer Flora. - Zürich.
LARCHER, W. (1977): Produktivität und Überlebensstrategien von Pflanzen und Pflanzenbeständen im Hochgebirge. - Sitz. Ber. Öster. Akad. Wiss. math. nat. Kl. Abt. I 186: 373-386.
LARCHER, W. (1980): Klimastreß im Gebirge - Adaptionstraining und Selektionsfilter für Pflanzen. - Rhein.-Westf. Akad. Wiss. N291: 49-88.
LEHMKUHL, F. (1989): Geomorphologische Höhenstufen in den Alpen unter besonderer Berücksichtigung des nivalen Formenschatzes. - Gött. Geogr. Abh. 88. Göttingen.
LEIBUNDGUT, H. (1982): Europäische Urwälder der Bergstufe. - Bern.
LEUTERT, A. (1983): Einfluß der Feldmaus, *Microtus arvalis* (Pall.) auf die floristische Zusammensetzung von Wiesen-Ökosystemen. - Veröff. Geobot. Inst. ETH, Stift. Rübel 79. Zürich.
LINDACHER, R. & M. PIETSCHMANN (1990): Altersstadien moosreicher Vegetation auf *Castanea sativa* in Elba. - Herzogia 8: 383-401.
LINDACHER, R., BOCKER, R., BEMMERLEIN-LUX F. A., KLEEMANN, A. & S. HAAS (1995): PHANART - Datenbank der Gefäßpflanzen Mitteleuropas. Veröff. Geobot. Inst. Eidg. Tech. Hochschule, Stiftung Rübel, H. 125. Zürich.
LIPPE, E., DE SMIDT, J. T. & D. C. GLENN-LEWIN (1985): Markov models and succession: a test from heathland in the Netherlands. - J. Ecol. 73: 775-791.
LIU, Q. & H. HYTTEBORN (1991): Gap structure, disturbance and regeneration in a primeval *Picea abies* forest. - J. Veg. Sci. 2: 391-402.

LÖTSCHERT, W. (1969): Pflanzen an Grenzstandorten. - Stuttgart.
LONDO, G. (1975): Dezimalskala für die vegetationskundliche Aufnahme von Dauerquadraten. - In: W. Schmid (Hg.), Sukzessionsforschung, S. 613-617. Vaduz.
LOUCKS, O. L., PLUMB-MENTJES, M. L. & D. ROGERS (1985): Gap processes and large-scale disturbances in sand prairies. - In: S. T. A. Pickett & P. S. White, The Ecology of Natural Disturbance and Patch Dynamics, 71-83.
LUDEMANN, T. (1992): Im Zweribach. Vom nacheiszeitlichen Urwald zum Urwald von morgen. - Beih. Veröff. Naturschutz Landschaftspflege Bad.-Württ. 63. Karlsruhe.
LÜDI, W. (1944): Besiedlung und Vegetationsentwicklung auf den jungen Seitenmoränen des großen Aletschgletschers. - Ber. Geobot. Inst. Rübel 1944: 35-112.
LÜDI, W. (1958): Beobachtungen über die Besiedlung von Gletschervorfeldern in den Schweizer Alpen. - Flora 146: 386-407.
LUX, A. (in Vorb.): Die Dynamik der Kraut-Gras-Schicht in einem Mittel- und Niederwaldsystem. - Diss. Univ. Erlangen, Inst. f. Geographie.
MACARTHUR, R. H. & E. O. WILSON (1967): The Theory of Island Biogeography. - Princeton. (Übersetzung o. J.).
MAISCH, M. (1989): Der Gletscherschwund in den Bündner-Alpen seit dem Hochstand von 1850. - GR 41 (9): 474-482.
MATTICK, F. (1941): Die Vegetation frostgeformter Böden der Arktis, der Alpen und des Riesengebirges. - Feddes Rep. Beih. 126. Berlin.
MAYER, H. (1986): Europäische Wälder. - Stuttgart.
MAYER, H., ZUKRIGL, H., SCHREMPF, W. und G. SCHLAGER (1987): Urwaldreste, Naturwaldreservate und schützenswerte Naturwälder in Österreich. - Universität f. Bodenkultur, Institut für Waldbau. Wien.
MCCARTHY, D. P., LUCKMAN, B. H. & P. E. KELLY (1991): Sampling Height-Age Error Correction for Spruce Seedlings in Glacial Forefields, Canadian Cordillera. - Arctic and Alpine Research 23: 451-455.
MCCOOK, L. J. (1994): Understanding ecological community succession: Causal models and theories, a review. - Vegetatio 110: 115-147.
MEILLEUR, A., BOUCHARD, A. und Y. BERGERON (1992): The use of understory species as indicators of landform ecosystem type in heavily disturbed forest: an evaluation in the Haut-Saint-Laurent, Quebec. - Vegetatio 102: 13-32.
MENELLA, C. (1970): Il Clima D'Italia. - Napoli.
MILES, J. (1987): Vegetation succession: Past and present perceptions. - In: A. J. Gray, M. J. Crawley & P. J. Edwards (Hg.), Colonization, Succession and Stability, 1-29. Oxford.
MONTERIN, H. (1924): La valle di Gressoney e la sua geomorfologia. - Sociéte de la Flore Valdotaine, Boll. 17: 91-126.
MONTERIN, W. (1991): Variazioni del ghiacciaio del Lys dallànno 1812 ai nostri giorni. - o. A..
MOONEY, H. A. & M. GODRON (Hg.) (1983): Disturbance and Ecosystems. - Berlin.
MOOR, M. (1958): Pflanzengesellschaften schweizerischer Flußauen. - Mitt. Schweiz. Anst. Forstl. Versuchswesen 34: 221-361.
MORER, M. (1900): St. Bartholomäus auf der Saualpe. - Carinthia I (90): 81-85.
MOSIMANN, Th. (1985): Untersuchungen zur Funktion subarktischer und alpiner Geoökosysteme. - Physiogeographica (Basler Beiträge zur Physiogeographie) 7.
MOSIMANN, Th. und B. BAUMGARTNER (1983): Mikroklima und Bodenwasserverhältnisse ausgewählter Standorte im Aletschgebiet. - Bull. Murithienae 101: 97-111.
MÜLLER, S. (1962): Isländische Thufur- und alpine Buckelwiesen - ein genetischer Vergleich. - Natur und Museum, Ber. Senckenberg. Naturf. Ges. 92: 267-274 u. 299-304. Frankfurt.
MUELLER-DOMBOIS, D. (1987): Natural Dieback in Forests. - BioScience 37 (8): 575-585.

MUELLER-DOMBOIS, D. (1991): The Mosaic Theory and the Spatial Dynamics of Natural Dieback and Regeneration in Pacific Forests. - In: H. Remmert (Hg.), The Mosaic-Cycle Concept of Ecosystems, S. 46-60. Ecological Studies 85. Berlin.

MUELLER-DOMBOIS, D. (1993): Forest Decline in the Hawaiian Islands: A Brief Summary. - In: R. F. Huettl & D. Mueller-Dombois (Hg.), Forest Decline in the Atlantic and Pacific Regions, S. 229-235. Berlin.

MUELLER-DOMBOIS, D. & H. ELLENBERG (1974): Aims and Methods of Vegetation Ecology. - New York.

MÜLLER-HOHENSTEIN, K. (1995): Umweltforschung ohne Geographie? Historische und aktuelle Ansätze ganzheitlich vernetzten Arbeitens in der Physischen Geographie. - Die Erde 126: 271-285.

MÜLLER-SCHNEIDER, P. (1964): Verbreitungsbiologie und Pflanzengesellschaften. - Acta Bot. Croat. 4: 79-87.

MÜLLER-SCHNEIDER, P. (1986): Verbreitungsbiologie der Blütenpflanzen Graubündens. - Veröff. Geobot. Inst. Rübel ETH 85. Zürich.

NEUWINGER, I. (1970): Böden der subalpinen und alpinen Stufen in den Tiroler Alpen. - Mitteil. d. ostalpin-dinarischen Ges. f. Vegetationskunde, Bd. 11: 135-150.

NEUWIRTH, F. (1983): Die klimatologischen Verhältnisse im Großraum Hohe Tauern. Veröff. des österr. MaB-Hochgebirgsprogrammes 6: 15-36.

NOBLE, I. R. & R. O. SLATYER (1979): The effect of disturbance on plant succession. - Proc. Ecol. Soc. Austr. 10: 135-145.

NOBLE, I. R. & H.GITAY (1996): A functional classification for predicting the dynamics of landscapes. - J. Veg. Sci. 7: 329-336.

NOGLER, P. (1993): DENS. - Unveröff. Manuskript, WSL, Birmensdorf.

NÖSSING, L. (1988): Erosion in hochalpinen Lagen aus geologischer Sicht in Südtirol. In: Ingenieurbiologie - Erosionsbekämpfung im Hochgebirge. Aachen.

OBERDORFER, E. (1951): Die Schafweide im Hochgebirge. - Forstwissenschaftl. Centralblatt 74: 117-124.

OBERDORFER, E. (1959): Borstgras- und Krummseggenrasen in den Alpen. - Beitr. Naturk. Forsch. SW-Deutschl. 18: 117-143.

OBERDORFER, E.(1977/1978/1983/1992): Süddeutsche Pflanzengesellschaften, Teil I-IV. - Stuttgart.

OBERDORFER, E. (1990): Pflanzensoziologische Exkursionsflora.- 6. Aufl., Stuttgart.

ODUM, E. P. (1969): The stratega of ecosystem development. - Science 164: 262-270.

ODUM, E. P. (1971): Fundamentals of ecology. - Philadelphia.

ODUM, E. P. (1991): Prinzipien der Ökologie - Lebensräume, Stoffkreisläufe, Wachstumsgrenzen. - Heidelberg.

ORLOCI, L. (1988): Detecting vegetation patterns. - ISI Atlas of Science 1: 173-177.

OROMBELLI, G. und S. C. PORTER (1981): Il rischio di frane nelle Alpi. - Le Scienze 156: 68-79.

OTTO, H.-J. (1994): Waldökologie. - Stuttgart.

OZENDA, P. (1988): Die Vegetation der Alpen im europäischen Gebirgsraum. - Stuttgart.

PACHERNEGG, G. (1973): Struktur und Dynamik der alpinen Vegetation auf dem Hochschwab (NO-Kalkalpen). Lehre.

PAINE, A. D. M. (1985): `Ergodic´ reasoning in geomorphology: time for a review of the term? - Progress in Physical Geography 9: 1-15.

PEARSON, O. P. (1959): Biology of the subterranean rodents, Ctenomys, in Peru. - Memorias del Museo de Historia Natural "Javier Prado" 9 (Lima).

PETERSON, J. (1994): Der Einfluß der Steppenwühlmaus *Microtus brandtii* (Radde 1861) auf Struktur und Dynamik der Steppenvegetation in der Mongolei. - Diss. Univ. Halle-Wittenberg.

PFISTER, C. (1985): Klimageschichte der Schweiz. - Stuttgart 1985.

PICKETT, S. T. A. & P. S. WHITE (1985): Patch-Dynamics - A Synthesis. - In: S. T. A. Pickett & P. S. White (Hg.), The Ecology of Natural Disturbance and Patch Dynamics, S. 371-384. San Diego.
PICKETT, S. T. A., COLLINS, S. L. und J. J. ARMESTO (1987): Models, mechanisms, and pathways of succession. - Botanical Review 53: 335-371.
PILGER, A. & R.SCHÖNENBERG (1975): Geologie der Saualpe. - Clausthaler Geologische Abhandlungen, Sonderband 1: 1-232.
PLATT, W. J. (1975): The colonization and formation of equilibrium plant species associations on badger disturbances in a tall-grass prairie. - Ecol. Monogr. 45: 285-305.
POELT, J. & A. VEZDA (1981): Bestimmungsschlüssel europäischer Flechten. Ergänzungsheft II.
PORTER, S. C.& G. OROMBELLI (1980): Catastrophic rockfall of September 12, 1717 on the Italian flank of the Mont Blanc massif. - Z. Geomorph. N. F. 24 (2): 200-218.
POSCHLOD, P. (1991): Diasporenbänke in Böden - Grundlagen und Bedeutung. - In: B. Schmid & J. Stöcklin (Hg.): Populationsbiologie der Pflanzen, S. 15-35. Basel.
POTT, R. (1992): Die Pflanzengesellschaften Deutschlands. - Stuttgart.
RABOTNOV, T. A. (1975): On phytocoenotypes. - Phytocoenologia 2: 66-72.
RAMENSKY, L. G. (1938): The fundamental law in in developing the vegetation cover. - In: E. J. Kormondy (Hg.), Readings in Ecology, S. 151-152.
RAMSBECK, M. (1996): Dendrochronologische Untersuchungen der Waldbestände im Bereich der älteren Rückzugsstadien des Lys-Gletschers (Val di Gressoney/Aosta). - Unveröff. Diplomarbeit (Institut für Geographie), Erlangen.
RATHJENS, C. (1982): Geographie des Hochgebirges. - Stuttgart.
RAUSCH, S. (1996): Struktur und Entwicklungsdynamik des Bergwaldes am Monte Cimino (Valle di Gressoney/Aosta). - Unveröff. Diplomarbeit (Institut für Geographie), Erlangen.
REBERTUS, A. J. & Th. T. VEBLEN (1993): Structure and tree-fall gap dynamics of old-growth Nothofagus forests in Tierra del Fuego, Argentina. - J. Veg. Sci. 4: 641-654.
REBERTUS, A. J., Th. T. VEBLEN & Th. KITZBERGER (1993): Gap-formation and dieback in Fuego-Patagonian Nothofagus forests. - Phytocoenologia 23: 581-599.
REISE, K. (1991): Mosaic Cycles in the Marine Benthos. - In: H. Remmert (Hg.), The Mosaic-Cycle Concept of Ecosystems, S. 61-82. Ecological Studies 85. Berlin.
REISIGL, H. (1987): Die Untersuchung der alpinen Grasheide im Rahmen der Klimaxvegetation des Gurglertales (Ötztaler Alpen). Veröff. des österr. MaB-Hochgebirgsprogrammes 10: 191-203.
REISIGL, H. und R. KELLER (1987): Alpenpflanzen im Lebensraum. Alpine Rasen-, Schutt- und Felsvegetation. - Stuttgart.
REMMERT, H. (1984): Ökologie. - 3. Aufl., Stuttgart.
REMMERT, H. (1985): Was geschieht im Klimax-Stadium? Ökologisches Gleichgewicht durch Mosaik aus desynchronen Zyklen. - Naturwissenschaften 72: 505-512. Berlin.
REMMERT, H. (1987): Sukzessionen im Klimax-System. - Verh. d. Ges. f. Ökologie 16: 27-34. Göttingen.
REMMERT, H. (1988): Gleichgewicht durch Katastrophen. - Aus Forschung und Medizin 3 (1): 7-17. Berlin.
REMMERT, H. (1990): Naturschutz. - 2. Aufl., Berlin.
REMMERT, H. (Hg.) (1991a): Das Mosaik-Zyklus-Konzept und seine Bedeutung für den Naturschutz. - Laufen/Salzach.
REMMERT, H. (1991b): The Mosaic-Cycle Concept of Ecosystems - An Overview. In: H. Remmert (Hg.), The Mosaic-Cycle Concept of Ecosystems, S. 1-21. Ecological Studies 85. Berlin.
REMMERT, H. (1992): Ökologie. 5. Aufl., Stuttgart.
REMMERT, H. (1993): Diversität, Stabilität und Sukzession im Licht moderner Waldforschung. - Rundgespräche der Kommission für Ökologie 6: 15-20.

RENNERT, R. (1991): Geoökologische Untersuchungen zur Bodengefrornis an der Untergrenze des alpinen Permafrostes. - Unveröff. Diplomarbeit, Univ. Bayreuth.
RICHARD, J. L. (1968): Les groupements vegetaux de la reserve d'Aletsch. - Beitr. Geobot. Landesaufnahme der Schweiz 51.
RICHTER, D. (1974): Grundriß der Geologie der Alpen. - Berlin.
RICHTER, M. (1994): Die Pflanzensukzession im Vorfeld des Tschierva-Gletschers/Oberengadin. - Geoökodynamik 1/94: 55-88.
ROBERTS, D. W. (1987): A dynamical systems perspective on vegetation theory. - Vegetatio 69: 27-33.
ROTH, S. & M. MEURER (1994): Kalk-Magerrasen im Altmühltal. - Naturschutz und Landschaftsplanung 26 (5): 169-178.
ROTHER, K. (1966): Gressoney - Skizze einer Walsersiedlung am Monte Rosa. - Ber. z. dt. Landeskunde 37: 16-39.
RUNKLE, J. R. (1985): Disturbance Regimes in Temperate Forests. - In: S. T. A. Pickett & P. S. White (Hg.), The Ecology of Natural Disturbance and Patch Dynamics, S. 17-34. San Diego.
RYSER, P. (1990): Influence of gaps and neighbouring plants on seedling establishment in limestone grassland. - Veröff. Geobot. Inst. ETH, Stift. Rübel, 104. Zürich.
SABARTH, E. (1992): Geoökologische Untersuchungen zur Hangstabilität und zum fluvialen Oberflächenabtrag an der Untergrenze des alpinen Permafrostes im Bereich der südlichen Glocknergruppe (Osttirol). - Unveröff. Diplomarbeit, Univ. Bayreuth.
SCHAFFER, W. M. (1974): Optimal reproductive effort in fluctuating environments. - American Naturalist 108: 783-790.
SCHARFETTER, R. (1938): Das Pflanzenleben der Ostalpen. - Wien.
SCHEFFER, F. und P. SCHACHTSCHABEL (1983): Lehrbuch der Bodenkunde. - 11. Aufl., Stuttgart.
SCHENK, E. (1955): Die Mechanik der periglazialen Strukturböden. - Abh. Hess. Landesamt f. Bodenforsch., Heft 13. Wiesbaden.
SCHERZINGER, W. (1991): Das Mosaik-Zyklus-Konzept aus der Sicht des zoologischen Artenschutzes. - In: H. Remmert (Hg.), The Mosaic-Cycle Concept of Ecosystems, S. . Ecological Studies 85. Berlin.
SCHERZINGER, W. (1996): Naturschutz im Wald. Qualitätsziele einer dynamischen Waldentwicklung. - Stuttgart.
SCHILLIG, D. (1966): Geomorphologische Untersuchungen auf der Saualpe (Kärnten). - Tübinger Geographische Studien 21: 1-81.
SCHMEIL, O. & J. FITSCHEN (1988): Flora von Deutschland und seinen angrenzenden Gebieten. - 88. Auflage. Wiesbaden.
SCHMID, J. (1955): Der Bodenfrost als morphologischer Faktor. - Heidelberg.
SCHROETER, C. (1908): Das Pflanzenleben der Alpen. Eine Schilderung der Hochgebirgsflora. - Zürich.
SCHROETER, C. (1926): Das Pflanzenleben der Alpen. -2. Aufl., Zürich.
SCHUMM, S. A. & R. W. LICHTY (1965): Time, Space, and Causality in Geomorphology. - American Journal of Science 263: 110-119.
SCHWEINGRUBER, F. H. (1972): Die subalpinen Zwergstrauchgesellschaften im Einzugsgebiet der Aare. - Schweizer Anst. f. Forstl. Versuchsw. 48: 197-504.
SCHWEINGRUBER, F. H. (1993): Jahrringe und Umwelt - Dendroökologie. - Eidgenössische Forschungsanstalt für Wald, Schnee und Landschaft. Birmensdorf.
SERNANDER, R. (1936): Granskär och Fiby Urskog. En Studie över Stormluckornas och Marbuskarnas Betydelse i den Svenska Granskogens Regeneration. - Acta Phytogeographica Sueica VIII. Uppsala.
SHUGART, H. H. (1984): A Theory of Forest Dynamics. - New York.
SHUGART, H. H. (1987): The dynamic ecosystem consequences of coupling birth and death processes in trees. - BioScience 37: 596-602.

SIEBEN, A. & A. OTTE (1992): Nutzungsgeschichte, Vegetation und Erhaltungsmöglichkeiten einer historischen Agrarlandschaft in der südlichen Frankenalb (Landkreis Eichstätt). - Ber. Bayer. Bot. Ges. 63, Beih. 6.
SMITH, T. & M. HUSTON (1989): A theory of the spatial and temporal dynamics of plant communities. Vegetatio 83: 49-69.
SOLBRIG, O. T. (1994): Biodiversität. Wissenschaftliche Fragen und Vorschläge für die internationale Forschung. Bonn (UNESCO).
SÖYRINKI, N (1954): Vermehrungsökologische Studien in der Pflanzenwelt der der bayrischen Alpen. Ann. Bot. Soc. Zool.-Bot. Fenn. Vanamo 27, S. 9-232. Helsinki.
SOMMER, U. (1991): Phytoplankton: Directional Succession and Forced Cycles. - In: H. Remmert (Hg.), The Mosaic-Cycle Concept of Ecosystems, S. 132-146. Ecological Studies 85. Berlin.
SOUSA, W. P. (1984): The role of disturbance in natural communities. Ann. Rev. Ecol. System. 15: 353-391.
SPANDAU, L. (1988): Angewandte Ökosystemforschung im Nationalpark Berchtesgaden, dargestellt am Beispiel sommertouristischer Trittbelastung auf die Gebirgsvegetation. Nationalpark Berchtesgaden, Forschungsbericht 16. Berchtesgaden.
SPATZ, G. (1981): Die Weidewirtschaft im Gebirge und ihre Auswirkung auf die Bodenerosion. In: Berichte über die Landwirtschaft N. F. 197. Sonderheft: 49-54. Hamburg.
SPURR, S. H. & B. V. BARNES (1980): Forest Ecology. - 3. Aufl., New York.
STEARNS, S. C. (1976): Life history tactics: a review of the ideas. Quarterly Review of Biology 51: 3-47.
STEIGER, P. (1994): Die Wälder der Schweiz. - 2. Aufl., Thun.
STEINMANN, S. (1978): Postglaziale Reliefgeschichte und gegenwärtige Vegetationsdifferenzierung in der alpinen Stufe der Südtiroler Dolomiten (Puez- und Sellagruppe). Landschaftsgenese und Landschaftsökologie 2. Cremlingen-Destedt.
STINGL, H. (1969): Ein periglazialmorphologisches Nord-Süd-Profil durch die Ostalpen. Gött. Geogr. Abh., H. 49. Göttingen.
STINGL, H.& H. VEIT (1988): Fluviale und solifluidale Morphodynamik des Spät- und Postglazials in den südlichen Hohen Tauern im Raum um Kals/Osttirol. 15. Tagung Deutscher Arbeitskreis für Geomorphologie, Exkursionsführer Osttirol - Dolomiten: 5-69. Bayreuth.
STOCK, M., BERGMANN, H.-H., HELB, H.-W., KELLER, V., SCHNIEDRIG-PETRIG, R. & H.-C. ZEHNTER (1994): Der Begriff Störung in naturschutzorientierter Forschung: ein Diskussionsbeitrag aus ornithologischer Sicht. - Z. Ökologie u. Naturschutz 3: 49-57.
STÖCKLIN, J. & E. BÄUMLER (1996): Seed rain, seedling establishment and clonal growth strategies on a glacier foreland. - J. Veg. Sci. 7: 45-56. Uppsala.
STOUTJESDIJK, Ph. (1959): Heaths and Inland Dunes of the Veluwe. - Wentia 2: 1-96.
STOUTJESDIJK, Ph. & J. J. BARKMAN (1992): Microclimate, vegetation and fauna. - Uppsala.
STRADA, E. (1988): Le variazioni del ghiacciaio del Lys dalla „Piccola Glaciazione" ai nostri giorni. - Natura Bresciana, Ann. Mus. Civ. Sc. Nat. 24: 245-258.
STRASBURGER, E. (1983): Lehrbuch der Botanik. - 32. Aufl., Stuttgart.
STÜTZER, A. (1992): Die Waldgrenze und die waldfreien Hochlagen der Saualpe in Kärnten. Dissertation (Nat. Fak. III). Erlangen.
STÜTZER, A. (1994): Die *Carex bigelowii*-Gesellschaft der Saualpe. - Carinthia II, 184./104. Jahrgang: 431-439.
STÜTZER, A. (1998): Beobachtungen zur natürlichen Regeneration einer anthropogenen Trittfläche im *Loiseleurio-Cetrarietum* auf der Saualpe. - Carinthia II, im Druck.
STURM, M. (1992): Snow Distribution and Heat Flow in the Taiga. - Arctic and Alpine Research, Vol. 24, No. 2, S. 145-152.
STURM, K. (1993): Prozeßschutz - ein Konzept für naturschutzgerechte Waldwirtschaft. - Z. Ökologie u. Naturschutz 2: 181-192.

TANSLEY, A. G. (1935): The use and abuse of vegetational concepts and terms. - Ecology 16: 284-307.
TANSLEY, A. G. (1939): British ecology during the past quarter-century: the plant community and the ecosystem. - J. ecol. 27: 513-530.
TER BRAAK, C. J. F. (1988): Partial canonical correspondence analysis. - In: H. H. Bock (Hg.): Classification and related methods of data analysis, S. 551-558. Amsterdam.
TEUFL, J. (1981): Vegetationsgliederung in der Umgebung der Rudolfshütte und des Ödenwinkelkees-Vorfeldes. Dissertation, Univ. Innsbruck.
THEURILLAT, J. P. (1992): Abgrenzungen von Vegetationskomplexen bei komplizierten Reliefverhältnissen, gezeigt an Beispielen aus dem Aletschgebiet (Wallis, Schweiz). Ber. d. Reinh.-Tüxen-Ges. 4: 147-166. Hannover.
TILMAN, D. (1985): The resource ratio hypothesis of succession. - Americ. Nat. 125: 827-852.
TILMAN, D. (1997): Community invasibility, recruitment limitation, and grassland biodiversity. - Ecology 78: 81-92.
TOLLNER, H. (1969): Klima, Witterung und Wetter in der Großglocknergruppe. - Wiss. Alpenvereinshefte 21: 83-94. München.
TOMASELLI, R. (1973): La vegetazione forestale d'Italia. - Minist. Agric. For., Collana Verde 33. Roma.
TOULMIN, S. & J. GOODFIELD (1985): Entdeckung der Zeit. - Frankfurt.
TOWNSEND, C. R. (1989): The patch dynamics concept of stream community ecology. - Journ. of the North American Benthological Society 8: 36-50.
TREPL, L. (1994): Geschichte der Ökologie vom 17. Jahrhundert bis zur Gegenwart. - 2. Aufl., Frankfurt.
TRETER, U. (1984): Die Baumgrenzen Skandinaviens. - Wissenschaftliche Paperbacks Geographie. Wiesbaden.
TRETER, U. (1992): Entwicklung der Vegetation und Bestandsstruktur auf Waldbrandflächen des Flechten-Fichten-Waldlandes in Zentral-Labrador/Kanada. - Die Erde 123: 235-250.
TRETER, U. (1993): Die borealen Waldländer. - Braunschweig.
TRETER, U. (1995):Fire-induced succession of lichen-spruce woodland in Central Labrador-Ungava, Canada. - Phytocoenologia 25 (2): 161-183.
TROLL, C. (1941): Studien zur vergleichenden Geographie der Hochgebirge der Erde. - Ber. Ges. d. Freunde u. Förderer d. Univ. Bonn 1941: 49-96.
TROLL, C. (Hg.) (1972): Landschaftsökologie der Hochgebirge Eurasiens. - Erdwissenschaftliche Forschung 4. Mainz.
TU Dresden (Hg.) (1994): Fachwörterbuch Angewandte Ökologie. - Berlin.
TURBIGLIO, I., SINISCALCO, C. und F. MONTACCHINI (1986): Gli alberi della valle d'Ayas (Val d'Aosta).
TURBIGLIO, I., SINISCALCO, C. und F. MONTACCHINI (1987A): I popolamenti di faggio in Valle d'Aosta.
TURBIGLIO, I., SINISCALCO, C. und F. MONTACCHINI (1987B): I popolamenti di faggio in sinistra orografica della Valle d'Aosta.
TURNER, H. (1958): Maximaltemperaturen oberflächennaher Bodenschichten an der alpinen Waldgrenze. - Wetter und Leben 10: 1-12.
TURNER, H. (1970): Grundzüge der Hochgebirgsklimatologie. Die Welt der Alpen. Innsbruck.
UPTON, G. & B. FINGLETON (1985): Spatial Data Analysis by Example. - Chichester.
VAN ANDEL, J. & J. P. VAN DEN BERGH (1987): Disturbance of Grasslands. - In: J. van Andel, J. P. Bakker & R. W. Snaydon (Hg.), Disturbance in Grasslands - Causes, Effects and Processes (=Geobotany 10), S. 3-13. Dordrecht.
VAN DER MAAREL, E. (1988): Vegetation dynamics: patterns in time and space. - Vegetatio 77: 7-19.
VAN DER MAAREL, E. (1993): Some remarks on disturbance and its relations to diversity and stability. - J. Veg. Sci 4: 733-736.

VAN DER MAAREL, E. (1996): Pattern and process in the plant community: Fifty years after A. S. Watt. - J. Veg. Sci. 7: 19-28. Uppsala.
VAN DER MAAREL, E. & M. T. SYKES (1993): Small-scale species turnover in a limestone grassland: the carousel model and some comments on the niche concept. - J. Veg. Sci. 4: 179-188.
VAN DER MAAREL, E., NOEST, V. & M. W. PALMER (1995): Variation in species richness on small grassland quadrats: niche structure or small-scale plant mobility? - J. Veg. Sci. 7:741-752.
VAN TONGEREN, O. & I. C. PRENTICE (1986): A spatial simulation model for vegetation dynamics. - Vegetatio 65: 163-173.
VEBLEN, T. T. (1985): Stand Dynamics in Chilean *Nothofagus* Forests. - In: S. T. A. Pickett & P. S. White, The Ecology of Natural Disturbance and Patch Dynamics, S. 35-52. San Diego.
VEIT, H. (1988): Fluviale und solifluidale Morphodynamik des Spät- und Postglazials in einem zentralalpinen Flußeinzugsgebiet (südliche Hohe Tauern, Osttirol). - Bayreuther Geowiss. Arb., Bd. 13.
VER HOEF, J. M., CRESSIE, N. A. C. & D. C. GLENN-LEWIN (1993): Spatial models for spatial statistics: some unification. - J. Veg. Sci. 4: 441-452.
VERKAAR, H. J. & G. LONDO (1993): Life strategy variation in grassland vegetation. - Z. Ökologie u. Naturschutz 2: 137-144.
VILLALBA, R. & T. T. VEBLEN (1997): Regional patterns of tree population age structures in northern Patagonia: climatic and disturbance influences. - J. Ecol. 85: 113-124.
VOGL, (1974): Effects of fire on grasslands. - In: T. T. Kozlowski & C. E. Ahlgren (Hg.), Fire and Ecosystems, S. 139-194. New York.
WALLOSSEK, C. (1990): Vegetationskundlich-ökologische Untersuchungen in der alpinen Stufe am SW-Rand der Dolomiten (Prov. Bozen und Trient). - Diss. Bot. 154. Stuttgart.
WALTER, H. (1973): Allgemeine Geobotanik. - Stuttgart.
WALTER, H. (1986): Die Vegetation der Erde in öko-physiologischer Betrachtung. Bd. 2: Die gemäßigten und arktischen Zonen. - Stuttgart.
WARMING, E. (1896): Lehrbuch der ökologischen Pflanzengeographie. Eine Einführung in die Kenntnis der Pflanzenvereine. - Berlin.
WATT, A. S. (1923): On the ecology of British beechwoods with special reference to their regeneration. - J. Ecol. 11: 1-48.
WATT, A. S. (1940): Studies in the Ecology of Breckland. IV. The Grass Heath. - J. Ecol. 28: 42-70.
WATT, A. S. (1947): Pattern and Process in the plant community. - J. Ecol. 35 (1/2): 1-25.
WATT, A. S. (1955): Bracken versus heather, a study in plant sociology. - J. Ecol. 43: 490-506.
WEBB, L. J., TRACEY, J. G. & W. T. WILLIAMS (1972): Regeneration and pattern in the subtropical rain forest. - J. Ecol. 60: 675-695.
WEBER, U. (1996): Ecological pattern of larch bud moth (*Zeiraphera diniana*) ourbreaks in the Central Swiss Alps. - Dendrochronologia, im Druck.
WEISSENBACH, N. (1963): Die geologische Neuaufnahme des Saualpenkristallins (Kärnten). V. Zur Seriengliederung und Mineralisationsabfolge des Kristallins im Gipfelgebiet der Saualpe. - Carinthia II, 73: 5-23.
WELSS, W. (1985): Waldgesellschaften im nördlichen Steigerwald. - Disertationes Botanicae 83. Vaduz.
WHITE, P. S. (1979): Pattern, process, and natural disturbance in vegetation. - Bot. Rev. 45: 229-299.
WHITE, P. S. & S. T. A. PICKETT (1985): Natural Disturbance and Patch Dynamics: An Introduction. - In: S. T. A. *Pickett* & P. S. *White*, The Ecology of Natural Disturbance and Patch Dynamics, 3-13.

WHITTAKER, R. H. (1953): A consideration of climax theory: The climax as a population and pattern. - Ecol. Monogr. 23: 41-78.
WHITTAKER, R. H. (1975): Communities and Ecosystems. - 2. Aufl., New York.
WIEGLEB, G. (1986): Grenzen und Möglichkeiten der Datenanalyse in der Pflanzenökologie. - Tuexenia 6: 365-377.
WILBUR, H. M. (1976): Life history evolution in seven milkweeds of the genus Asclepias. - J. Ecol. 64: 223-240.
WILBUR, H. M., TINKLE, D. W. & J. P. COLLINS (1974): Environmental certainty, trophic level, and resource availability in life history evolution. - Am. Nat. 108: 805-817.
WILDI, O. (1986): Analyse vegetationskundlicher Daten. Theorie und Einsatz statistischer Methoden. - Veröff. Geobot. Inst. ETH Zürich, H. 90. Zürich.
WILDI, O. (1994): Datenanalyse mit MULVA 5. - Arbeitskopie WSL, Birmensdorf.
WILMANNS, O. (1989): Ökologische Pflanzensoziologie. - Stuttgart.
WILMANNS, O. (1993): Ericaceen-Zwergsträucher als Schlüsselarten. - Ber. d. Reinh.-Tüxen-Ges. 5: 91-112. Hannover.
WILSON, J. B., SYKES, M. T. & R. K. PEET (1995): Time and space in the community structure of a species-rich limestone grassland.- J. Veg. Sci. 6: 729-740.
WIRTH, V. (1980): Flechtenflora. Ökologische Kennzeichnung und Bestimmung der Flechten Südwestdeutschlands und angrenzender Gebiete. - Stuttgart.
WISSEL, C. (1991): A Model for the Mosaic-Cycle Concept. - In: H. Remmert (Hg.), The Mosaic-Cycle Concept of Ecosystems, S. 22-45. Ecological Studies 85. Berlin.
WOODWELL, G. M. (1967): Radiation and the patterns of nature. - Science 156: 461-470.
WOODWELL, G. M. & R. H. WHITTAKER (1968): Effects of chronic gamma irradiation on plant communities. - Quart. Rev. Biol. 43: 42-55.
ZEDLER, J. & O. L. LOUCKS (1969): Differential burning response of Poa pratensis fields and Andropogon scoparius prairies in central Wisconsin. - Am. Midl. Nat. 81: 341-352.
ZIERL, H. (1991): Das Mosaik-Zyklus-Konzept. Anmerkungen eines Anwenders im alpinen Raum. In: Remmert 1991a.
ZOLLITSCH, B. (1969): Vegetationsentwicklung im Pasterzenvorfeld. - Wiss. Alpenvereinshefte 21: 267-280.
ZOLTAI, S. C. (1993): Cyclic Development of Permafrost in the Peatlands of Northwestern Alberta, Canada. - Arctic and Alpine Research 25 (3): 240-246.
ZUBER, E. (1968): Pflanzensoziologische und ökologische Untersuchungen an Strukturrasen (besonders Girlandenrasen) im Schweizerischen Nationalpark. - Ergeb. Wiss. Unters. d. Schweiz. Nationalparks 60: 79-157.
ZUMBÜHL, H. (1980): Die Schwankungen der Grindelwaldgletscher in den historischen Bild- und Schriftquellen des 12.-19. Jahrhunderts. - Denkschr. Schweiz. Holzforsch. Ges. 92. Basel.